战略前沿新技术

——太赫兹出版工程

丛书总主编／曹俊诚

太赫兹光电导天线

Terahertz Photoconductive Antenna

施卫　侯磊／著

華東理工大學出版社
EAST CHINA UNIVERSITY OF SCIENCE AND TECHNOLOGY PRESS
·上海·

图书在版编目(CIP)数据

太赫兹光电导天线 / 施卫,侯磊著. —上海：华东理工大学出版社,2024.3
战略前沿新技术：太赫兹出版工程 / 曹俊诚总主编
ISBN 978-7-5628-7158-3

Ⅰ. ①太… Ⅱ. ①施… ②侯… Ⅲ. ①电磁辐射一光电导性一超导天线一研究 Ⅳ. ①TN827

中国国家版本馆 CIP 数据核字(2024)第 004983 号

内 容 提 要

本书结合作者二十余年的研究经历,对太赫兹时域光谱系统中最常使用的光电导天线的工作机理、制备工艺、影响因素及应用等进行详细讲解。全书共九章,具体内容包括：太赫兹波的产生和探测技术、光电导天线产生和探测太赫兹波的机理、光电导天线材料、光电导太赫兹天线结构、光电导天线制备工艺、相干合成光电导天线阵列、非线性光电导天线、光电导天线对太赫兹波的全信息探测技术、光电导天线的应用。

本书适用于从事太赫兹光电导天线、太赫兹时域光谱系统、半导体工艺、材料、生物医学等领域研究工作的工程技术人员,以及科研院所和大中专高校相关专业的学生和科研人员。

项目统筹 / 马夫娇　韩　婷
责任编辑 / 宋佳茗　韩　婷
责任校对 / 陈婉毓
装帧设计 / 陈　楠
出版发行 / 华东理工大学出版社有限公司
地址：上海市梅陇路 130 号,200237
电话：021-64250306
网址：www.ecustpress.cn
邮箱：zongbianban@ecustpress.cn
印　刷 / 上海雅昌艺术印刷有限公司
开　本 / 710 mm×1000 mm　1/16
印　张 / 17.75
字　数 / 306 千字
版　次 / 2024 年 3 月第 1 版
印　次 / 2024 年 3 月第 1 次
定　价 / 298.00 元

战略前沿新技术——太赫兹出版工程

丛书编委会

总序一

太赫兹是频率在红外光与毫米波之间、尚有待全面深入研究与开发的电磁波段。沿用红外光和毫米波领域已有的技术，太赫兹频段电磁波的研究已获得较快发展。不过，现有的技术大多处于红外光或毫米波区域的末端，实现的过程相当困难。随着半导体、激光和能带工程的发展，人们开始寻找研究太赫兹频段电磁波的独特技术，掀起了太赫兹研究的热潮。美国、日本和欧洲等国家和地区已将太赫兹技术列为重点发展领域，资助了一系列重大研究计划。尽管如此，在太赫兹频段，仍然有许多瓶颈需要突破。

作为信息传输中的一种可用载波，太赫兹是未来超宽带无线通信应用的首选频段，其频带资源具有重要的战略意义。掌握太赫兹的关键核心技术，有利于我国抢占该频段的频带资源，形成自主可控的系统，并在未来 6G 和空-天-地-海一体化体系中发挥重要作用。此外，太赫兹成像的分辨率比毫米波更高，利用其良好的穿透性有望在安检成像和生物医学诊断等方面获得重大突破。总之，太赫兹频段的有效利用，将极大地促进我国信息技术、国防安全和人类健康等领域的发展。

目前，国内外对太赫兹频段的基础研究主要集中在高效辐射的产生、高灵敏度探测方法、功能性材料和器件等方面，应用研究则集中于安检成像、无线通信、生物效应、生物医学成像及光谱数据库建立等。总体说来，太赫兹技术是我国与世界发达国家差距相对较小的一个领域，某些方面我国还处于领先地位。因此，进一步发展太赫兹技术，掌握领先的关键核心技术具有重要的战略意义。

当前太赫兹产业发展还处于创新萌芽期向成熟期的过渡阶段，诸多技术正处于蓄势待发状态，需要国家和资本市场增加投入以加快其产业化进程，并在一些新兴战略性行业形成自主可控的核心技术、得到重要的系统应用。

“战略前沿新技术——太赫兹出版工程”是我国太赫兹领域第一套较为完整的丛书。这套丛书内容丰富，涉及领域广泛。在理论研究层面，丛书包含太赫兹场与物质相互作用、自旋电子学、表面等离激元现象等基础研究以及太赫兹固态电子器件与电路、光电导天线、二维电子气器件、微结构功能器件等核心器件研制；技术应用方面则包括太赫兹雷达技术、超导接收技术、成谱技术、光电测试技术、光纤技术、通信和成像以及天文探测等。丛书较全面地概括了我国在太赫兹领域的发展状况和最新研究成果。通过对这些内容的系统介绍，可以清晰地透视太赫兹领域研究与应用的全貌，把握太赫兹技术发展的来龙去脉，展望太赫兹领域未来的发展趋势。这套丛书的出版将为我国太赫兹领域的研究提供专业的发展视角与技术参考，提升我国在太赫兹领域的研究水平，进而推动太赫兹技术的发展与产业化。

我国在太赫兹领域的研究总体上仍处于发展中阶段。该领域的技术特性决定了其存在诸多的研究难点和发展瓶颈，在发展的过程中难免会遇到各种各样的困难，但只要我们以专业的态度和科学的精神去面对这些难点、突破这些瓶颈，就一定能将太赫兹技术的研究与应用推向新的高度。

中国科学院院士

雷啸霖

2020 年 8 月

总序二

太赫兹频段介于毫米波与红外光之间，频率覆盖 0.1～10 THz，对应波长 3 mm～30 μm。长期以来，由于缺乏有效的太赫兹辐射源和探测手段，该频段被称为电磁波谱中的“太赫兹空隙”。早期人们对太赫兹辐射的研究主要集中在天文学和材料科学等。自 20 世纪 90 年代开始，随着半导体技术和能带工程的发展，人们对太赫兹频段的研究逐步深入。2004 年，美国将太赫兹技术评为“改变未来世界的十大技术”之一；2005 年，日本更是将太赫兹技术列为“国家支柱十大重点战略方向”之首。由此世界范围内掀起了对太赫兹科学与技术的研究热潮，展现出一片未来发展可期的宏伟图画。中国也较早地制定了太赫兹科学与技术的发展规划，并取得了长足的进步。同时，中国成功主办了国际红外毫米波-太赫兹会议（IRMMW - THz）、超快现象与太赫兹波国际研讨会（ISUPTW）等有重要影响力的国际会议。

太赫兹频段的研究融合了微波技术和光学技术，在公共安全、人类健康和信息技术等诸多领域有重要的应用前景。从时域光谱技术应用于航天飞机泡沫检测到太赫兹通信应用于多路高清实时视频的传输，太赫兹频段在众多非常成熟的技术应用面前不甘示弱。不过，随着研究的不断深入以及应用领域要求的不断提高，研究者发现，太赫兹频段还存在很多难点和瓶颈等待着后来者逐步去突破，尤其是在高效太赫兹辐射源和高灵敏度常温太赫兹探测手段等方面。

当前太赫兹频段的产业发展还处于初期阶段，诸多产业技术还需要不断革新和完善，尤其是在系统应用的核心器件方面，还需要进一步发展，以形成自主可控的关键技术。

这套丛书涉及的内容丰富、全面，覆盖的技术领域广泛，主要内容包括太赫兹半导体物理、固态电子器件与电路、太赫兹核心器件的研制、太赫兹雷达技术、超导接收技术、成谱技术以及光电测试技术等。丛书从理论计算、器件研制、系统研发到实际应用等多方面、全方位地介绍了我国太赫兹领域的研究状况和最新成果，清晰地展现了太赫兹技术和系统应用的全景，并预测了太赫兹技术未来的发展趋势。总之，这套丛书的出版将为我国太赫兹领域的科研工作者和工程技术人员等从专业的技术视角提供知识参考，并推动我国太赫兹领域的蓬勃发展。

太赫兹领域的发展还有很多难点和瓶颈有待突破和解决，希望该领域的研究者们能继续发扬一鼓作气、精益求精的精神，在太赫兹领域展现我国科研工作者的良好风采，通过解决这些难点和瓶颈，实现我国太赫兹技术的跨越式发展。

中国工程院院士

2020 年 8 月

丛书前言

太赫兹领域的发展经历了多个阶段，从最初为人们所知到现在部分技术服务于国民经济和国家战略，逐渐显现出其前沿性和战略性。作为电磁波谱中最后有待深入研究和发展的电磁波段，太赫兹技术给予了人们极大的愿景和期望。作为信息技术中的一种可用载波，太赫兹频段是未来超宽带无线通信应用的首选频段，是世界各国都在抢占的频带资源。未来6G、空-天-地-海一体化应用、公共安全等重要领域，都将在很大程度上朝着太赫兹频段方向发展。该频段电磁波的有效利用，将极大地促进我国信息技术和国防安全等领域的发展。

与国际上太赫兹技术发展相比，我国在太赫兹领域的研究起步略晚。自2005年香山科学会议探讨太赫兹技术发展之后，我国的太赫兹科学与技术研究如火如荼，获得了国家、部委和地方政府的大力支持。当前我国的太赫兹基础研究主要集中在太赫兹物理、高性能辐射源、高灵敏探测手段及性能优异的功能器件等领域，应用研究则主要包括太赫兹安检成像、物质的太赫兹“指纹谱”分析、无线通信、生物医学诊断及天文学应用等。近几年，我国在太赫兹辐射与物质相互作用研究、大功率太赫兹激光源、高灵敏探测器、超宽带太赫兹无线通信技术、安检成像应用以及近场光学显微成像技术等方面取得了重要进展，部分技术已达到国际先进水平。

这套太赫兹战略前沿新技术丛书及时响应国家在信息技术领域的中长期规划，从基础理论、关键器件设计与制备、器件模块开发、系统集成与应用等方面，全方位系统地总结了我国在太赫兹源、探测器、功能器件、通信技术、成像技术等领域的研究进展和最新成果，给出了上述领域未来的发展前景和技术发展趋势，将为解决太赫兹领域面临的新问题和新技术提供参考依据，并将对太赫兹技术的产业发展提供有价值的参考。

本人很荣幸应邀主编这套我国太赫兹领域分量极大的战略前沿新技术丛书。丛书的出版离不开各位作者和出版社的辛勤劳动与付出，他们用实际行动表达了对太赫兹领域的热爱和对太赫兹产业蓬勃发展的追求。特别要说的是，三位丛书顾问在丛书架构、设计、编撰和出版等环节中给予了悉心指导和大力支持。

这套丛书的作者团队长期在太赫兹领域教学和科研第一线，他们身体力行、不断探索，将太赫兹领域的概念、理论和技术广泛传播于国内外主流期刊和媒体上；他们对在太赫兹领域遇到的难题和瓶颈大胆假设，提出可行的方案，并逐步实践和突破；他们以太赫兹技术应用为主线，在太赫兹领域默默耕耘、奋力摸索前行，提出了各种颇具新意的发展建议，有效促进了我国太赫兹领域的健康发展。感谢我们的丛书编委，一支非常有责任心且专业的太赫兹研究队伍。

丛书共分 14 册，包括太赫兹场与物质相互作用、自旋电子学、表面等离激元现象等基础研究，太赫兹固态电子器件与电路、光电导天线、二维电子气器件、微结构功能器件等核心器件研制，以及太赫兹雷达技术、超导接收技术、成谱技术、光电测试技术、光纤技术及其在通信和成像领域的应用研究等。丛书从理论、器件、技术以及应用等四个方面，系统梳理和概括了太赫兹领域主流技术的发展状况和最新科研成果。通过这套丛书的编撰，我们希望能为太赫兹领域的科研人员提供一套完整的专业技术知识体系，促进太赫兹理论与实践的长足发展，为太赫兹领域的理论研究、技术突破及教学培训等提供参考资料，为进一步解决该领域的理论难点和技术瓶颈提供帮助。

中国太赫兹领域的研究仍然需要后来者加倍努力，围绕国家科技强国的战略，从“需求牵引”和“技术推动”两个方面推动太赫兹领域的创新发展。这套丛书的出版必将对我国太赫兹领域的基础和应用研究产生积极推动作用。

曹俊诚

2020 年 8 月于上海

前言

太赫兹(THz)波是频率从 0.1 THz 到 10 THz,相应波长从 3 mm 到 30 μm,介于毫米波与红外光之间的电磁辐射。太赫兹波由于其独特的性质,在物理、化学、电子信息、生命科学、材料科学、天文学、大气与环境监测、通信雷达、国家安全与反恐等众多重要领域具有广阔的应用前景,因此得到国内外政府和学术组织的高度重视。近年来,太赫兹科学和技术在很多领域都得到了蓬勃发展,尤其是太赫兹波光谱技术和太赫兹波成像技术,在毒品和爆炸物检测、无损探伤、安全检查、生物医学等领域越来越凸显出其独特的、不可替代的优势。

基于光电导天线的太赫兹时域光谱系统自从出现以后,一直是太赫兹领域的研究重点,也是目前商业化的太赫兹时域光谱系统中最常用的模式。可是这种时域光谱系统也存在很多问题,比如:辐射效率较低、传输损耗较大、频谱宽度较窄。人们为了获得效率更高、频谱范围更宽、扫描速度更快、成本更低、体积更小的太赫兹时域光谱系统,在此基础上做了很多改进。作者在国家自然科学基金重大科研仪器研制项目、重点项目、面上项目,国家重点基础研究发展计划(973 计划),国家高技术研究发展计划(863 计划)等项目的支持下,对光电导天线的辐射机理、非线性工作模式、光电导天线阵列的相干合成、光电导探测天线的全信息探测、光电导天线的制备工艺、基于光电导天线的太赫兹时域光谱系统在含水样品检测领域的应用等进行了详细研究。

作者感谢所有过去和现在共事的合作者们,本书是集体智慧的结晶,是共同创造的结果。本书的合作者包括本课题组的陈素果、闫志巾、马成、杨磊;正在本课题组学习及已经毕业的学生董陈岗、王志全、王海青；国内的相关专家曹俊诚、常胜江、陈健、常超、韩家广、田震、李泽仁、朱礼国、翟召辉等；国外相关专家张希成、张潮、Roger A. Lewis、Hongkyu Park 等。

鉴于作者水平有限，写作时间仓促，书中难免有疏漏和不妥之处，恳请广大读者不吝赐教，欢迎批评指正。

施卫

于西安

2023 年 6 月

Contents

目录

1 太赫兹波的产生和探测技术

本章主要介绍太赫兹波的基本特性及应用，对常用的太赫兹波的产生和探测技术进行归纳，着重介绍在太赫兹时域光谱系统中使用最广泛的基于光电导天线的太赫兹波的产生和探测技术。

1.1 太赫兹波简介

1.1.1 太赫兹波的特性及应用

太赫兹(THz)波是频率从 0.1 THz 到 10 THz，相应波长从 3 mm 到 30 μm，介于毫米波与红外光之间的电磁辐射，如图 1-1。频率为 1 THz 的电磁波的周期为 1 ps，波长为 300 μm，对应于 33 个波数，其光子能量约为 4 meV，特征温度是 48 K。

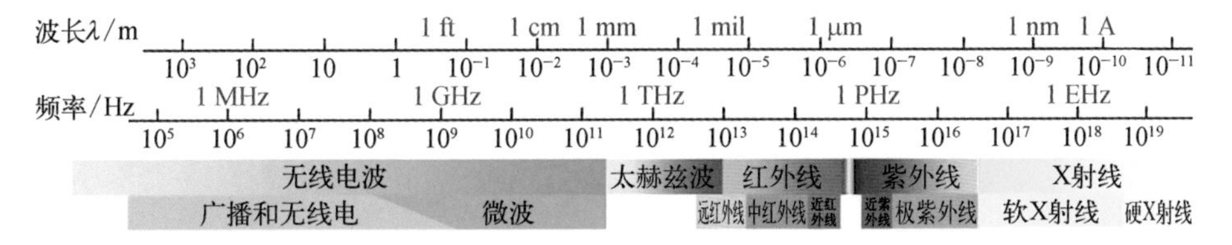

图 1-1 太赫兹波在电磁波谱中的位置

太赫兹波段两侧的微波和红外线已被广泛应用于通信、探测、成像、光谱等领域。而对于太赫兹波段，20 世纪 80 年代中期以前，由于缺乏高效的太赫兹发射源以及灵敏的探测器，人们对该波段电磁辐射的了解非常有限，因此该波段被称为电磁波谱中的“太赫兹空隙”，成为电磁波谱中有待全面研究的最后一个频率窗口。近年来，超快激光技术、超快光电子技术以及低尺度半导体技术的迅速发展，为太赫兹电磁波的研究提供了稳定、可靠的光源和有效的探测手段，使太赫兹波的科学和技术得到蓬勃发展。太赫兹波由于其独特的性质，在物理、化学、电子信息、生命科学、材料科学、天文学、大气与环境监测、通信雷达、国家安全与反恐等众多重要领域具有广阔的应用前景，因此得到国内外政府和学术组织的高度重视。近年来，太赫兹波的科学和技术在很多领域都得到了蓬勃发展，尤其是太赫兹波光谱技术和太赫兹波成像技术，在毒品和爆炸物检测、无损探伤、安全检查、生物医学等领域越来越凸显出其独特的、不可替代的优势。

1.1.2 太赫兹波的特性

太赫兹波之所以受到人们的广泛关注，是因为与其他波段的电磁波相比，太赫兹波具有很多独特的性质。

(1) 透视性

太赫兹波对于很多介电材料和非极性液体具有透视性，因此可以利用太赫兹波对部分不透明的物体进行透视成像。由于太赫兹波辐射的波长大于空气中悬浮的灰尘和烟尘颗粒的尺度（亚微米～几十微米），如图 1-2，这些悬浮颗粒对太赫兹波的散射远小于对光波和红外线的影响。太赫兹波在 30 m 长的 $ZnCl_2$ 烟尘环境中的传播实验表明，即使在烟尘浓度达到可视度为零时，烟尘对太赫兹波的损耗都可以忽略不计。因此太赫兹波是在浓烟和沙尘环境中成像的理想工具。

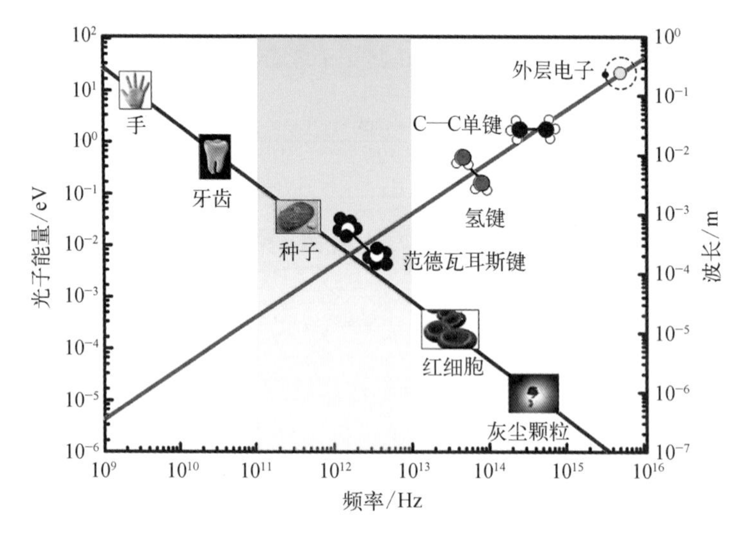

图 1-2 电磁波的波长和光子能量及其与一些实物尺寸、化学键能量的比较，阴影区为太赫兹波段

(2) 安全性

由图 1-2 可知，太赫兹波的光子能量只有毫电子伏（meV）量级，低于各种化学键的键能。例如频率为 1 THz 的电磁波的光子能量大约只有 4 meV，约为 X 射线光子能量的 $1/10^6$，不会对生物组织产生有害的电离。因此可以利用太赫兹波对旅客进行安全检查、对生物组织进行活体检测等。

(3) 光谱分辨

大多数分子，尤其是有机分子，其转动和振动的跃迁在太赫兹频段表现出强烈的吸收和色散特性，从而在太赫兹频谱中表现出特有的吸收峰。因此可以利用太赫兹光谱来鉴别物质的组分。太赫兹电磁波是对各种毒品、爆炸物检测的最有效的手段之一。

1.1.3 太赫兹波的应用

太赫兹波的高频率决定了它具有很高的空间分辨率；太赫兹波的短脉宽决定了它具有很高的时间分辨率，加之1.1.2节中叙述的太赫兹波的特性，这些都赋予了太赫兹波广阔的应用前景。太赫兹光谱技术和太赫兹成像技术构成了太赫兹波应用的两个主要关键技术，这里简单介绍一些应用的实例。

(1) 利用太赫兹光谱鉴定物质

太赫兹波谱测量技术有透射式和反射式两种测量方法。当太赫兹波穿过或者从样品表面反射回来的时候，由于样品对太赫兹波的吸收，在太赫兹波谱中会形成样品的特征吸收峰，图1-3是12种化学样品、生物样品和爆炸物的太赫兹波谱。由于每一种物质的太赫兹波谱都不相同，因此太赫兹波谱被称为指纹谱，可以准确鉴定化学物质的种类。

利用太赫兹光谱技术检测爆炸物和毒品的主要优势有两点：① 不同的爆炸物和毒品在太赫兹波段具有不同的特征吸收峰，因此可以对爆炸物和毒品进行准确的鉴别；② 太赫兹波可以穿透非金属和非极性材料，可以对隐藏在包装材料中的毒品和爆炸物进行探测。

(2) 利用太赫兹波成像技术进行无损探伤

太赫兹波可以穿透大多数非极性电介质材料，因此可作为成像的载波用于无损检测。图1-4(a)是航空绝热泡沫样品，它由喷涂在铝板上的聚氨酯泡沫组成，在铝制底板上还有铝制拱起和铝条形成的增强结构，在绝热泡沫中预先设置了30个缺陷。图1-4(b)是利用0.2 THz的连续波，采用逐点扫描的方式获得的航空绝热泡沫的太赫兹波图像。先将太赫兹波聚焦，再将航空绝热泡沫放置在焦平面上。太赫兹波穿过航空绝热泡沫后被铝板反射，收集元件将反射波聚集到太赫兹波探测器中。利用电动平移台控制反射式太赫兹波成像系统(包含太赫兹波源和探测器)的运动，对样品平面进行逐点扫描。探测器将含有位置信息的太赫兹波信号转换成相应的电信号，再通过图像处理软件将电信号转换为太赫兹波图像。从图1-4(b)中可以清晰地看到底层铝板的结构，并检测到30个缺陷中的28个，两个遗漏的缺陷是由底部增强结构的阻挡造成的。

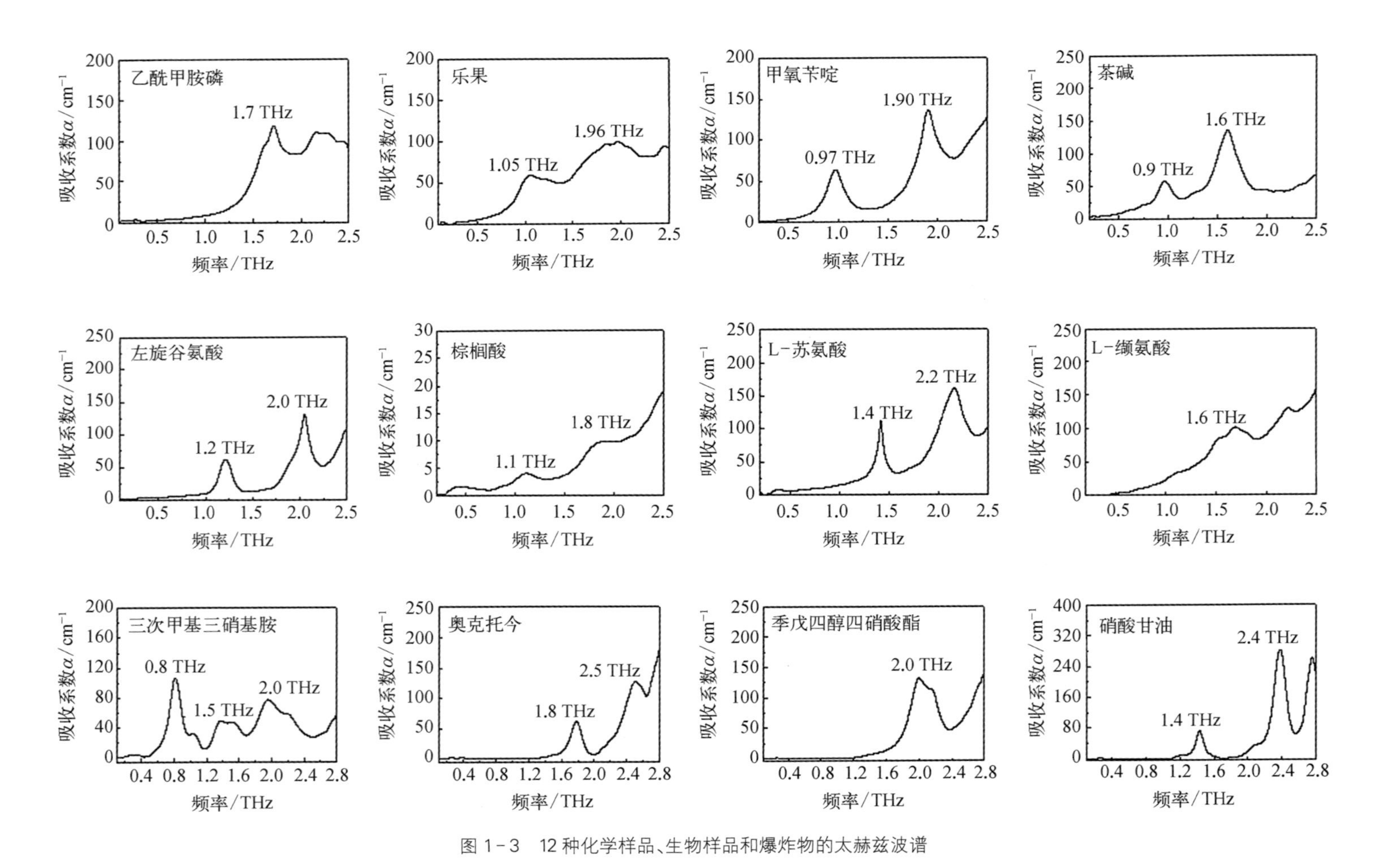

图 1-3　12 种化学样品、生物样品和爆炸物的太赫兹波谱

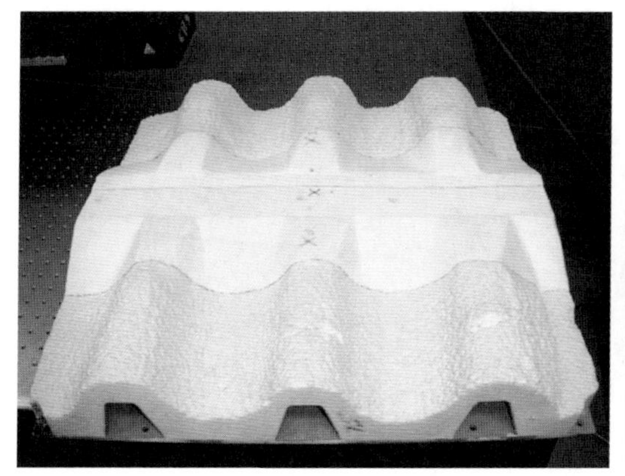

(a) 航空绝热泡沫样品

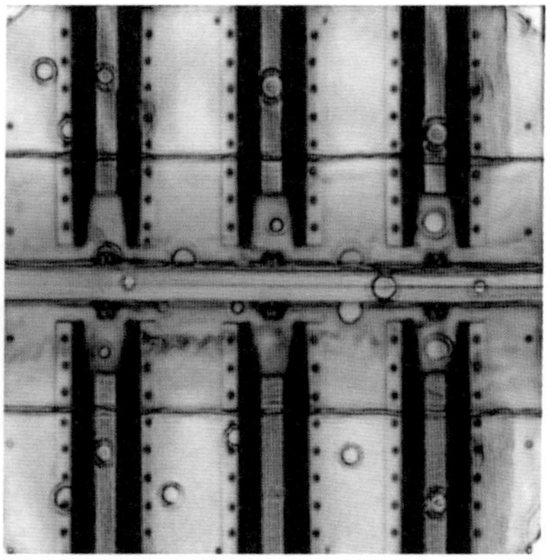

(b) 0.2 THz的太赫兹波图像

图 1-4　内部设置了30个缺陷的航空绝热泡沫照片

太赫兹连续波源与普通光学成像(可见光、X射线、电子束、中红外和超声波)原理一样,是利用从样品上反射或透射的太赫兹波携带的强度信息进行成像的。采用脉冲太赫兹源成像时,每个像素包含的是整个太赫兹脉冲的时域波形,而不仅仅是单一的光强信息。对时域波形做傅里叶变换,可得该像素的光谱。因此,脉冲太赫兹成像不但能够辨认物体的形状,而且能够通过分析各个像素的光谱信息来分辨物质的组分。另外,脉冲太赫兹成像还可以利用太赫兹脉冲的时间延迟(或相位变化)得到物体的折射率(或厚度)的分布。

(3) 利用太赫兹波成像进行疾病诊断

健康的组织和病变的组织对太赫兹波的成像不同,所以可以利用太赫兹波成像来诊断疾病和确定病灶。但是由于人体的多数组织都含有大量的水,而水可以剧烈地吸收太赫兹波,太赫兹波不能透过人体,因此太赫兹波成像技术对疾病的诊断往往局限在检查体表或组织切片上的病变情况,以及使用太赫兹波内窥镜检查人体内部。在人体的一些含水量较少的组织中,太赫兹波有一定的透过率。如乳房组织中含有大量的脂肪,太赫兹波在其中的穿透深度较大。图 1-5 为乳腺组织的太赫兹波图像。图 1-5(a)为乳腺组织的切片照片;图 1-5(b)为图 1-5(a)中方框部位的光学照片;图 1-5(c)为同一部位的太赫兹波图像,线状异物为一金属线,上部露出于组织外,下部隐藏于组织内部。

(4) 利用太赫兹技术进行安全检测

太赫兹波的穿透性使其可以应用于安全检测领域。图 1-6 为利用 0.094 THz

的电磁波对人体所成的太赫兹波图像，1.2 m 的正方形天线距离人体 7 m。从图中可以清晰地看到隐藏在报纸中的短刀和衣服中的手枪。

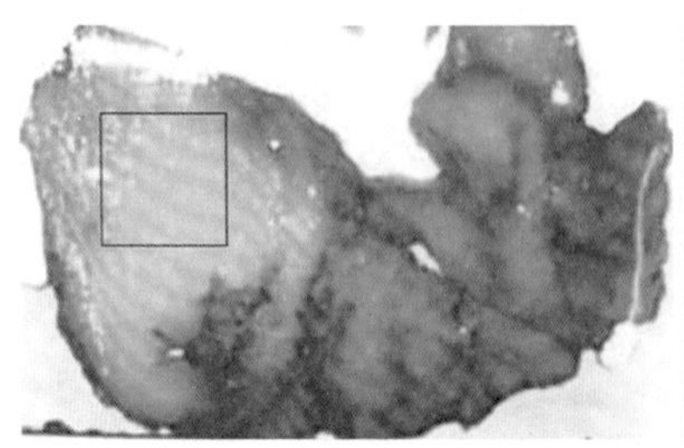
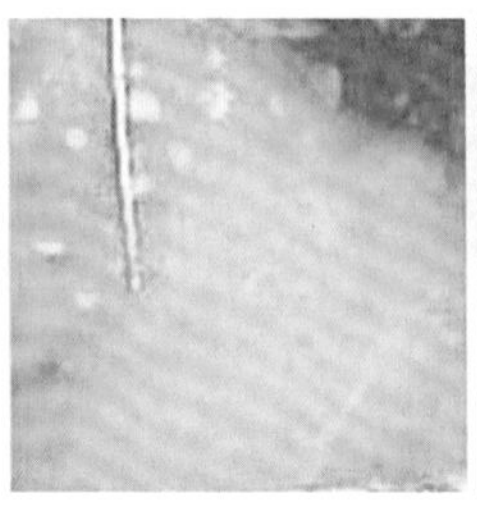
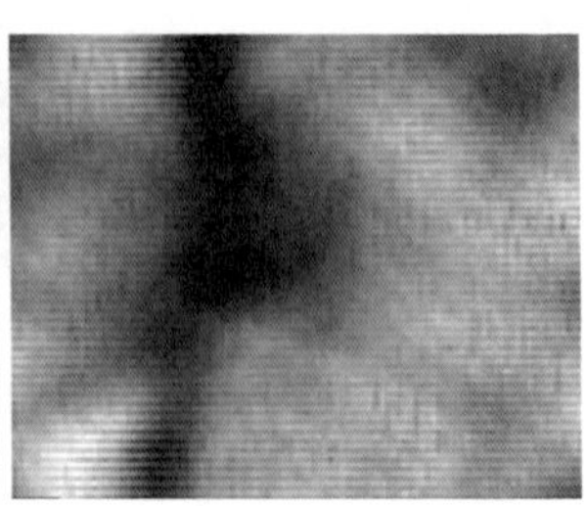

(a) 乳腺组织的切片照片

(b) 方框部位的光学照片

(c) 同一部位的太赫兹波图像

图 1-5　乳腺组织的太赫兹波图像

图 1-6　某人的光学照片(左)和用 0.094 THz 的电磁波对人体透视的太赫兹波图像(右)

除了上述的应用之外，太赫兹技术在远距离探测、雷达、通信、DNA 的检测与识别、食品安全检测等领域也有巨大的应用潜力。

1.1.4　制约太赫兹技术发展的因素

首先，太赫兹电磁波在应用上的局限来自其本身的特性。由于它不能穿透导体，因此无法对金属等导电材料进行透视研究。强极性液体对太赫兹电磁波有非常强的吸收能力，如液态水在 1 THz 时的吸收系数是 230 cm^{-1}。水对太赫兹波的强烈吸收导致太赫兹波不适合探测人体内部的情况。水蒸气对太赫兹波的吸收表现出显著的光谱特性，这使得在其吸收峰之间存在一些窗口，如在 0.4～1 THz 之间有 0.5 THz、0.65 THz、0.87 THz 等窗口。这些频率的太赫兹波能够在空气中传播相当远的距离,可以实现远距离探测和中短距离通信。即便如此,太赫兹波在空气中的远距离传播依然受到气体吸收的限制。图 1-7 给出了不同波段的电磁波在大气中的衰减系数。由于被水蒸气、O_2 和 CO_2 等气体所吸收,太赫兹波在空气中的衰减系数很大。

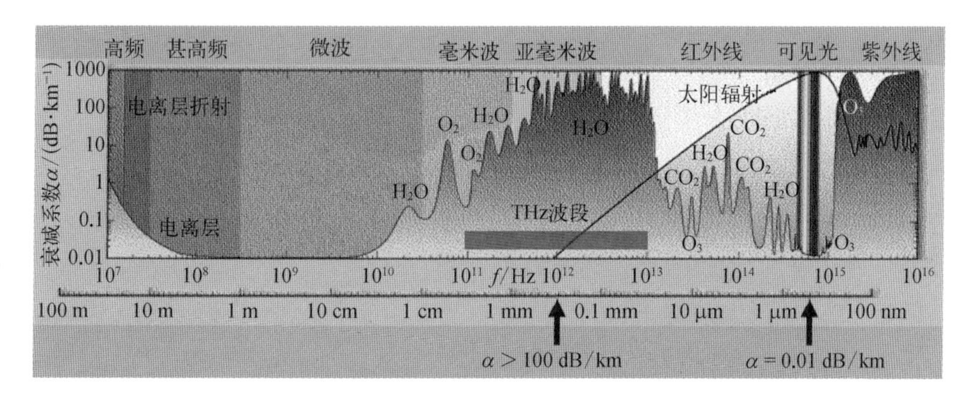

图 1-7　不同波段的电磁波在大气中的衰减系数

其次,技术手段的限制是制约太赫兹电磁波应用的另一个因素。虽然太赫兹技术在过去的三十多年中取得了迅猛的发展,但是到目前为止,仍然不成熟。研制功率高、稳定性好的太赫兹源,以及信噪比高、灵敏度好、可室温操作的太赫兹探测器仍然是推动太赫兹技术发展的关键。

1.2　太赫兹时域光谱技术

1970 年,科学家们将微波技术和光学技术引入太赫兹领域。1971 年,K. H. Yang 等取得重大突破,使用超快激光通过非线性频率转换的方式产生了太赫兹辐射。紧接着,Y. R. Shen 等利用超短光脉冲通过光整流的方法产生了太赫兹脉冲。这些突破性的技术受制于当时的激光相关技术水平并没有得到很好的发展。

1980 年以来,随着飞秒激光器的普及,这种情况得到了很大的改观。1985 年,Auston 和 Cheung 在贝尔实验室首先发现了太赫兹时域光谱系统。在此后的十年中,这个强大的新技术变得越来越流行,太赫兹波的产生和检测也取得了一系列的突破。1988 年,Peter Smith 等也是在贝尔实验室首先报道了光电导天线产生和探测太赫兹脉冲,该天线产生的太赫兹频率为 0.1～2 THz。1989 年,Exter 等优化了光电导天线的结构，并使用抛物面镜和蓝宝石透镜对太赫兹波操作，获得了很好的效果。1990年，Darrow等利用大尺寸的光电导天线辐射太赫兹波。与小间隙天线相比，大尺寸天线制作简单，不容易出现光饱和，在高功率激光照射下可辐射出更强的太赫兹波。张希成等人报道了使用飞秒激光照射GaAs、InAs半导体表面产生太赫兹脉冲，发现p型掺杂的InAs比n型掺杂InAs的发射效率高。半导体表面辐射太赫兹效率较低，因此张希成等人还研究了外磁场下半导体表面太赫兹脉冲的辐射情况。1995年，Nahata等通过光整流的方式在ZnTe中产生太赫兹脉冲。与光电导天线相比，利用电光晶体产生和探测太赫兹可以获得更大的带宽，但是其辐射的太赫兹功率比较小。限制光电导天线辐射太赫兹频谱的一个主要因素为激发光脉冲的脉宽，而限制晶体产生太赫兹频谱的主要因素还包括晶体中太赫兹波与激发脉冲的相位匹配情况。为了获得更宽的太赫兹频谱，必须选择更短脉宽的激光器和更薄的晶体。R. Huber等人利用10 fs的激光脉冲，90 μm厚的GaSe(用于产生)和10.3 μm厚的ZnTe(用于探测)将太赫兹的频谱宽度扩展到了41 THz。1995年，Hu和Nuss首次将太赫兹时域光谱系统应用到成像上。此后，太赫兹波成像引起了研究人员的极大关注，并逐渐发展起来了一些新的太赫兹波成像技术，如：连续太赫兹波二维成像技术、合成孔径成像技术、太赫兹波近场成像技术、脉冲太赫兹波飞行时间成像技术、太赫兹波计算机辅助层析成像技术。

虽然晶体产生和探测可以产生接近中红外的太赫兹辐射，但是由于晶体内部声子振动频率的限制，其辐射脉冲的频谱在声子振动频率附近都会出现剧烈的吸收峰。为了克服这一缺点，人们开始研究气体产生和探测太赫兹脉冲。1993年，Hamster等人将峰值功率为10^{12} W的飞秒激光聚焦在气体中辐射太赫兹波，空气的非线性过程为三阶非线性，因此Hamster等人认为太赫兹辐射的过程为四波混频。2000年，Cook等用800 nm和400 nm的飞秒激光聚焦在空气中产生了强场太赫兹脉冲。2006年，Jianming Dai等人使用400 nm和800 nm的飞秒激光聚焦在空气中实现了强场太赫兹脉冲的产生和探测，其带宽远远大于ZnTe的平衡探测。基于气体产生和探测的太赫兹时域光谱系统(干燥N_2中测得)是目前频谱最宽且最平滑的系统，在其带宽内没有吸收峰。

20世纪80年代，由AT&T、Bell实验室和IBM公司研发了一种太赫兹时域相干探测(Terahertz time-domain spectrum，简写为THz-TDS)技术。THz-TDS技术是通过探测物质在太赫兹波段内的时域光谱(或特征吸收谱)来分析研究物质结构、成分及其相互作用关系的一种技术，其基本原理是利用飞秒激光脉冲产生并探测太赫兹电场，获得包含反映待测样品特性的具有强度(振幅)和相位信息的太赫兹时域波形，通过傅里叶变换以及对频域信号的分析研究，得到样品在太赫兹波段的透过率、折射率、吸收系数和电导率等一系列光电参量。

THz－TDS技术可以有效地抑制远红外背景噪声的干扰，获得较高的信噪比。在目前的技术条件下，在0.1～3.0 THz的频率范围内，THz－TDS的信噪比要远高于傅里叶变换红外(Fourier transform infrared，简写为FTIR)光谱技术的信噪比，可以达到10^5或更高，同时辐射强度测量技术具有更好的稳定性，使得测量结果具有极高的可信度。

THz－TDS技术和FTIR光谱技术的比较如表1－1所示。通过THz－TDS技术还可以直接测量太赫兹波的电场随时间的变化关系，利用傅里叶变换得到的太赫兹波的振幅信息和相位信息，基于THz－TDS技术提取光学常数的原理能够方便地计算出所测材料的介电常数和吸收系数等参数。同时，与根据Kramers-Kronig关系提取材料光学常数的方法相比，THz－TDS技术不仅将整个运算过程简单化，同时也提高了测量结果的可靠性和精度。THz－TDS技术具有探测信号的信噪比高、分辨力强，探测频带宽、无损伤，以及能在室温环境下正常工作等诸多特点和优势，这些优势决定了其在基础研究、工业应用、医学卫生、军事技术、生物卫生等领域有着非常广阔的应用前景。目前，THz－TDS技术主要应用在太赫兹光谱分析、太赫兹成像以及产品研发等方面。

表1－1 THz－TDS和FTIR光谱比较

	THz－TDS	FTIR光谱
频谱范围/THz	0.1～10.0	全光谱
优势范围/THz	0.1～3.0	>10
测量物理量	电场强度	光强
时间分辨率	皮秒	纳秒
相干测量	相干	非相干

目前THz－TDS技术已经商业化，中国、美国、欧洲和日本的一些厂家开始生产商用THz时域光谱仪。常见的THz－TDS有透射式和反射式两种，主要由飞秒激光器、太赫兹波发射装置、太赫兹波探测元件、时间延迟控制系统以及数据采集

与信号处理系统组成。

1.2.1 基于光电导天线的太赫兹时域光谱系统

基于光电导天线的太赫兹时域光谱系统自从出现以后，一直是太赫兹领域的研究重点。Grischkowsky 的研究小组在这个方向上做了很多工作，他们改进了天线的结构，优化了太赫兹时域光谱系统光路，并用其对半导体和气体进行了研究。他们的研究为太赫兹时域光谱系统的应用打下了良好的基础。目前使用的基于光电导天线的太赫兹时域光谱系统都源自他们的工作。可是这种时域光谱系统也存在很多问题，比如辐射效率较低、传输损耗较大、频谱宽度较窄。人们为了获得效率更高、频谱范围更宽、扫描速度更快、成本更低、体积更小的太赫兹时域光谱系统，在此基础上做了很多改进。主要的改进方向为改变光电导天线的结构、提高辐射效率和频谱宽度、发展太赫兹波导减小太赫兹的传输损耗、寻找新的材料制作光电导天线提高发射功率和频谱宽度、改变激光的波长使其能在光纤中传输提高系统的可靠性、采用旋转延迟线或者双飞秒激光器异步采样技术提高扫描速度等。

图 1-8 是用光电导天线产生和探测太赫兹脉冲的太赫兹时域光谱系统示意图。该系统主要由飞秒激光器、延时线、太赫兹发射器和探测器等光学元件组成。飞秒激光器发出的激光束经过二分之一波片和偏振分光棱镜后被分为两束，反射光为泵浦光，透射光为探测光。泵浦光经过一个二分之一波片和一个偏振分光棱镜，然后经过由步进电机和两个反射镜组成的光学延时后，被一个透镜聚焦在发射天线上，产生太赫兹脉冲，此太赫兹脉冲经过硅半球透镜耦合到自由空间，经两个 TPX 透镜或 HDPE 透镜聚焦在探测天线的硅透镜上，太赫兹波由自由空间耦合到探测天线的两电极间隙处，探测光经过两个反射镜和一个透镜后被聚焦在探测天线的两电极间隙处。探测光在探测器的电极间隙处产生光生载流子，这些光生载流子有一定的寿命，这也就形成了一个以光生载流子寿命为函数的时间窗口。在这个时间窗口内有太赫兹电场出现时即可实现太赫兹波的探测。

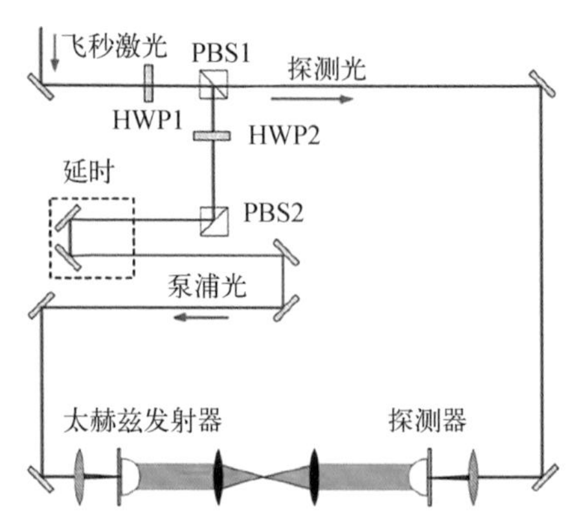

图 1-8　光电导天线产生和探测太赫兹脉冲的太赫兹时域光谱系统示意图

HWP—二分之一波片；PBS—偏振分光棱镜

1.2.2 光电导天线

作为太赫兹时域光谱系统中产生和探测太赫兹波使用最广泛的器件之一，光电导天线最常用的材料是 GaAs，它最大的优点是电阻率高。近年来，InGaAs 材料制备的天线被用于使用 1 560 nm 光通信波段的激光器作为光源的太赫兹时域光谱系统中。通过光电导的方法获得太赫兹脉冲辐射，需要有瞬态电流源，而高速的光电导材料恰好可以提供，从而可以获得脉冲辐射，光电导天线辐射太赫兹波的示意图如图 1-9 所示。其辐射机制是当光子的能量比所使用天线材料的能隙宽度大时，即 $h\nu \geqslant E_g$，在超快激光的作用下，光电导材料内部会产生电子-空穴对，在偏置电场的加速作用下，载流子加速产生瞬变光电流，并向外辐射出电磁波。

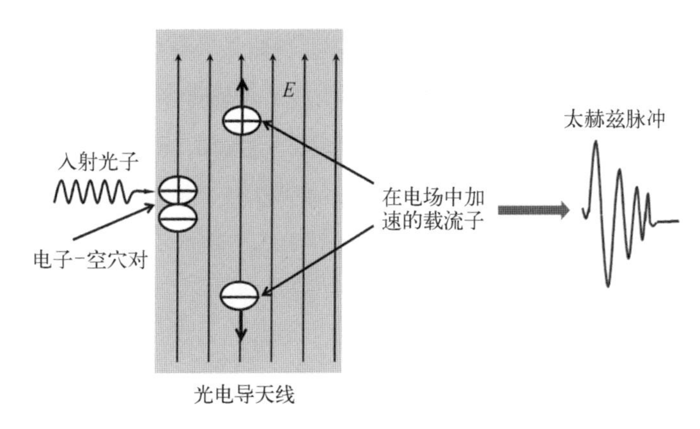

图 1-9 光电导天线辐射太赫兹波的示意图

光电导天线上光生电流的方向沿着光电导天线间隙的方向，其远场辐射强度与光生电流对时间的一阶导数成正比，所辐射的太赫兹电场的振动方向与光电流的方向相平行，所以产生的太赫兹波具有线偏振的特点。

光电导材料的性质、光电导天线的几何结构以及飞秒激光器的性能是影响光电导方法产生太赫兹波特性的三个主要因素。光电材料的载流子迁移率决定了光电导天线辐射太赫兹波的电场强度，因此在相同的实验条件下，载流子迁移率越高的光电导材料所辐射的太赫兹波就越强；暗态电阻越高的光电导体，天线两端能经受的偏置电压就越高，太赫兹辐射的强度也就越高；在半导体材料中掺入浓度合适的缺陷，形成陷阱或复合中心，有助于降低载流子的寿命，获得高强度的太赫兹辐射。

光电导天线的种类很多，常用的有平行线天线[图 1-10(a)]，蝶形天线[图 1-10(b)]及共振偶极天线[图 1-10(c)]。而对数螺旋和对数周期天线一般用于光混频太赫兹源，本书不讨论此类天线。按照辐射面积，可以分为大孔径天线和小孔径天线。单个天线的辐射功率有限,使用光电导天线阵列可以提高天线的辐射功率。

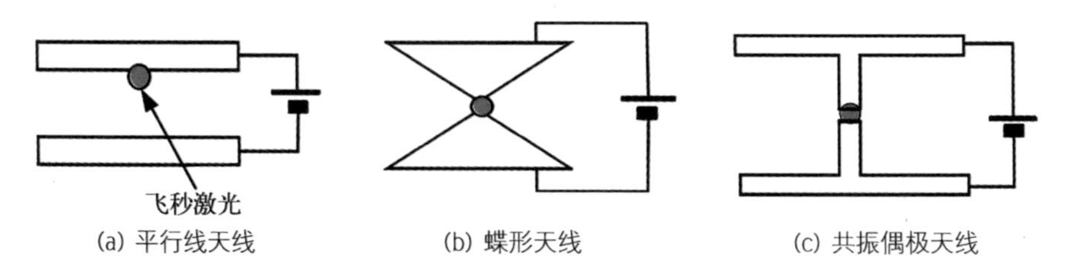

图 1-10　常用的光电导天线结构示意图

光电导天线探测太赫兹波的过程是产生太赫兹波的逆过程,探测天线中的光生载流子在太赫兹电场作用下运动,产生电流,电流在探测天线电极两端被电流表和前置放大器放大后,信号被接收,接入锁相即可测量太赫兹波在探测天线中产生的电流。假设探测天线中的载流子寿命远小于太赫兹脉冲的周期,那么测得的电流与太赫兹电场成正比。改变太赫兹波和探测光之间的延迟时间,即可获得太赫兹脉冲的时域波形。对于一般的 LT - GaAs 探测天线,其载流子寿命(载流子捕获时间)和太赫兹脉冲周期是可以比拟的,且由于屏蔽场的作用,探测天线测得的太赫兹波形将发生失真。

1.3　太赫兹光电导天线的研究历史与现状

20 世纪 70 年代,Austo 和 Lee 利用锁模钕玻璃激光器分别在高阻硅和半绝缘砷化镓样品上实现了光电导开关的开关过程。1981 年,Mourou 等利用超快激光脉冲触发砷化镓光电导开关,并利用微波探测器观察到脉宽在皮秒量级的微波脉冲。1984 年,Auston 等利用光电导开关发射了具有皮秒脉宽的电磁脉冲,在脉冲传播一段距离后,利用一个与发射源对称的装置检测到了该脉冲(图 1-11)。这一实验报道的太赫兹脉冲的产生和检测方法与当前使用的技术基本一致,这一实验也标志着太赫兹光电子学的诞生。

此后,在利用光电导方法产生太赫兹脉冲以及在探测技术方面开展了颇具成效的研究工作。同时,飞秒激光技术和半导体材料技术的发展,尤其是钛宝石激光器的发展以及低温砷化镓和蓝宝石外延硅等材料的制备,为脉冲太赫兹技术的发展提供了极大的技术支持。多年来,人们一直致力于提高光电导天线产生太赫兹电磁波的效率和探测效率,这些研究工作推动着太赫兹技术的发展。

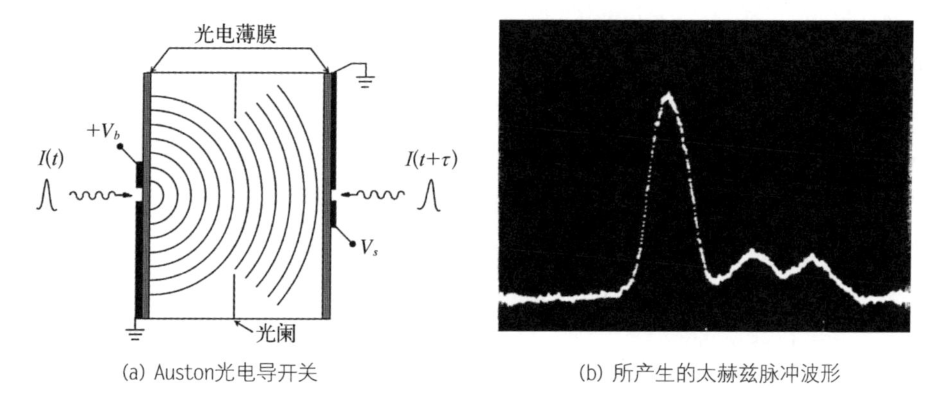

(a) Auston光电导开关　　(b) 所产生的太赫兹脉冲波形

图 1-11　用 Auston 光电导开关产生的太赫兹脉冲波及其波形

1989 年，Exter 等优化了光电导天线的结构，如图 1-12 所示，这一优化使得太赫兹辐射的产生模式和传播模式相匹配。这种天线结构，以及他们在实验中使用离轴抛物面镜、蓝宝石透镜来操作太赫兹波的方法在后来的太赫兹实验中一直被沿用。

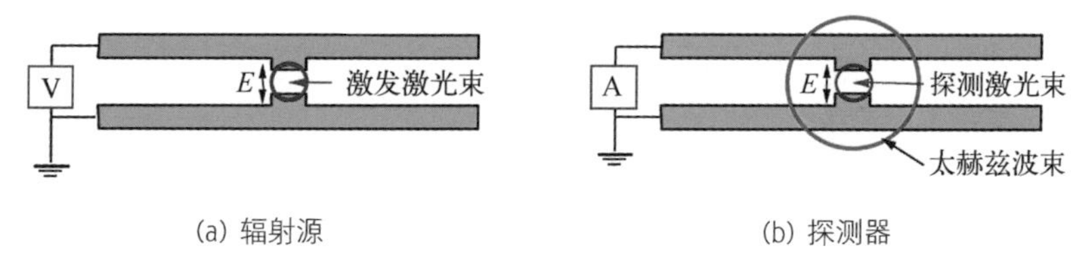

(a) 辐射源　　(b) 探测器

图 1-12　Grischkowsky 天线用作太赫兹辐射源和超快探测器

1989 年，Fattinger 和 Grischkowsky 采用蓝宝石透镜把太赫兹脉冲从微带线有效地耦合到自由空间中。1990 年，Exter 和 Grischkowsky 报道了用光电导天线产生太赫兹电磁波的功率为 38 nW。2002 年，Van Rudd 和 Mittleman 研究了透镜耦合的光电导天线辐射太赫兹电磁波的模式。

1990 年，Darrow 使用大孔径光电导天线产生脉冲太赫兹波。与小间隙天线相比，大孔径天线制作简单，而且在高激发光功率的情况下不容易出现饱和现象，适合发射高功率太赫兹辐射。

1996 年，Uhd Jepsen 等研究了光电导天线辐射太赫兹电磁波时其内部电子的动力学行为。

1991 年，Grischkowsky 发现将光斑聚焦后照射阳极附近区域时可产生更强的太赫兹辐射，其原因是在阳极附近存在陷阱增强电场。1997 年，Cai 等观察到当激光脉冲被聚焦并照射有尖端的电极时，其辐射太赫兹电磁波的幅值要大于规则的电极。2002 年，Andrews 采用线状聚焦光束触发天线，通过优化天线的几何尺寸，产生了功率为 30 μW 的太赫兹辐射。2002 年，Zhao 等采用循环水冷却光电导天线，利用 SI－GaAs 光电导天线可产生 40 μW 的太赫兹辐射。水冷系统可以将天线产生的热量带走，使天线能在更高的偏置电场下工作。

2003 年，Shen 报道了使用 12 fs 激光器以非对称的方式触发低温 GaAs 光电导天线，并用 20 μm 厚的 ZnTe 作为探测晶体，该方法可以探测到天线辐射太赫兹电磁波的频率超过 30 THz。

2005 年，A. Dreyhaupt 等提出了叉指电极光电导天线阵列用于产生太赫兹辐射，使天线结构如图 1－13 所示。如果没有上层的金属层交替覆盖电极，将会出现相邻两电极间电流反相，如图中 1 所示，辐射出的太赫兹波的极性相反，最终辐射的太赫兹波强度为 0。使用金属层（图中 3）交替覆盖后，只让有相同偏置电场的天线阵元被光触发，辐射太赫兹波，这样才能起到增强太赫兹辐射的效果。该叉指电极结构为以后光电导天线阵列的设计提供了一种新的思路。

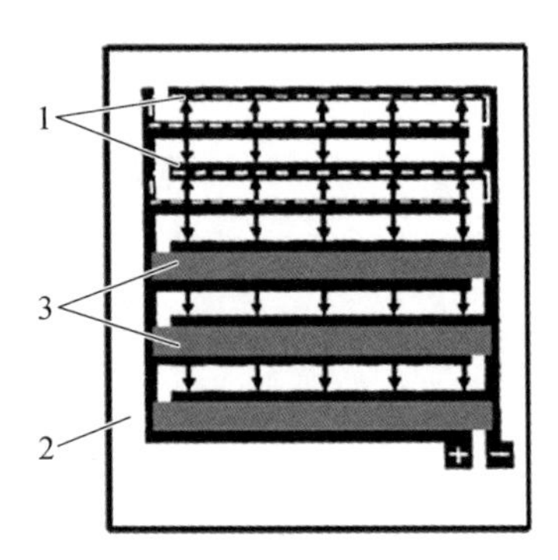

图 1－13　叉指电极光电导天线阵列

2006 年，Kim 研究了影响天线屏蔽效应的因素，发现使用大光斑激光束触发光电导天线能够减小屏蔽效应。

2010 年，Mona 等研究了使用亚波长阵列结构增强局域电场从而提高太赫兹波的辐射功率，并于 2011 年设计了接触电极光栅，金属光栅表面可以激发表面等离子体波，有助于入射光通过亚波长光栅孔有效地传输到光吸收衬底中。他们于 2012 年提出了在光电导天线的电极中使用具有纳米级尺寸和距离的均匀矩形棒。2013 年，他们通过使用纳米等离子体结构减小了光载流子传输距离，将光电导天线辐射太赫兹波的效率提高了两个数量级，其结构如图 1－14 所示。

2011 年，Zhang 等通过在电极和天线材料之间制备一层绝缘层，制作了一种无载流子注入的光电导天线，利用频率较高的射频交流电源为天线施加偏置电场的方法，提高了天线中电场分布的均匀性，利用光斑覆盖间隙触发，提高天线的发射效率。

2012 年，Park 等提出了一种具有银纳米岛的纳米等离子体光电导天线，结构如图 1－15(a)所示，这种纳米等离子体光电导天线显示出比传统光电导天线的太赫兹脉冲发射功率增强 2 倍。同年，他们又通过将光学纳米天线与太赫兹光电导天线相结合来提高太赫兹发射功率，该结构的特点是在一个电极上的两个微电极之间有金纳米棒阵列结构，如图 1-15(b)所示。结果表明，纳米天线等离子体激元共振导致了太赫兹波的发射功率显著增强。

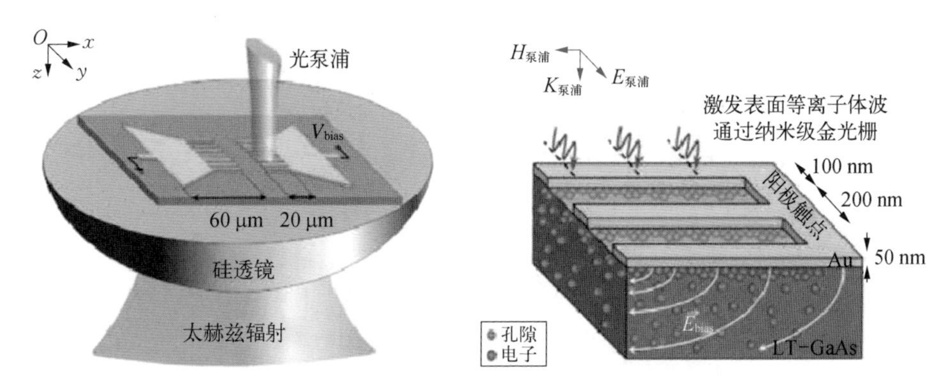

图 1-14 等离子体光电导天线

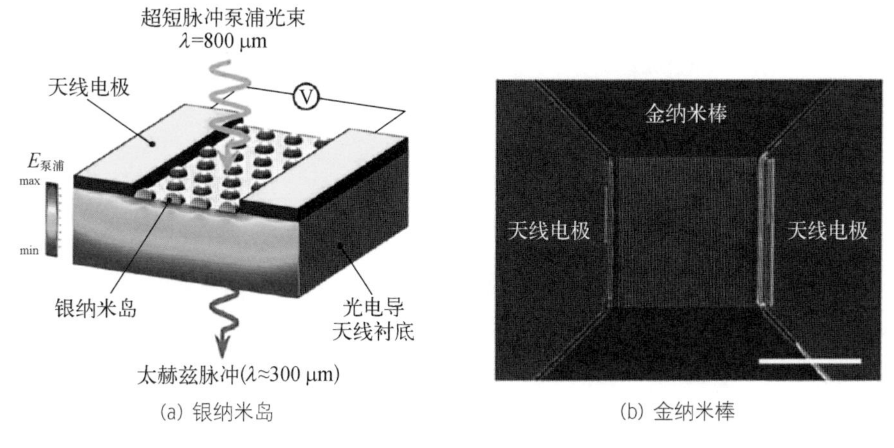

(a) 银纳米岛　　(b) 金纳米棒

图 1-15 银纳米岛光电导天线和金纳米棒光电导天线

2017 年，Bashirpour 等设计了双层纳米盘阵列的新型光电导天线结构，该结构将吸收率提高到 76%，结构模型图如图 1-16(a)所示。随后他们又于 2019 年对该结构进行优化，优化过结构的三维图如图 1-16(b)所示，该结构将吸收率提高到 86%，太赫兹波的辐射效率提高了 5.6 倍。

2020 年，Anvarin 等在传统光电导天线电极之间的间隙处添加了金纳米棒阵列，如图 1-17 所示，该结构大大增强了激光功率的表面吸收并促进太赫兹波的产生，将吸收率提高到 96%，光电流增强了 2 倍。

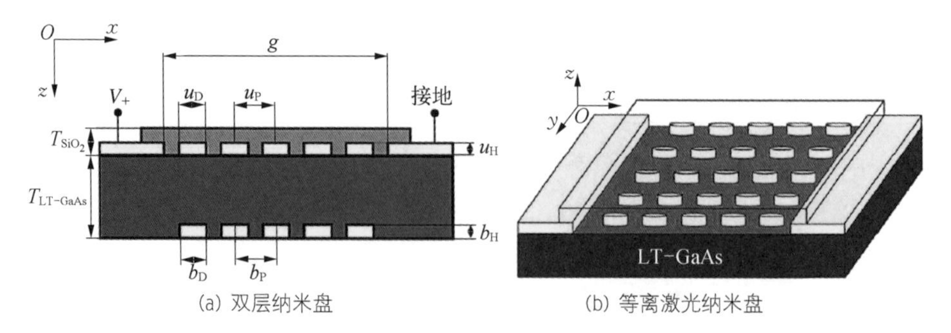

(a) 双层纳米盘　　　　(b) 等离激光纳米盘

图 1－16　双层纳米盘阵列光电导天线和等离激元纳米盘光电导天线

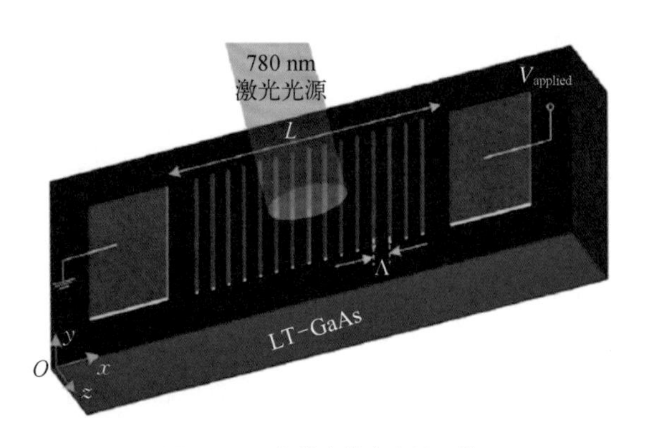

图 1－17　金纳米棒光电导天线

2021 年，Alfred 等研究了基于半绝缘 GaAs 和半绝缘 InP 的各种具有不同特性的蝶形天线结构作为光电导天线太赫兹发射器。研究发现，光电导天线发射太赫兹波的性能在很大程度上取决于光电导天线的材料和结构，与相同结构和尺寸的半绝缘 GaAs 发射体相比，半绝缘 InP 发射体的太赫兹场幅值较低，带宽较窄。

2003 年以来，施卫等在光电导天线的辐射机理、噪声、制备工艺、阵列的合成效率、太赫兹全信息探测等领域开展了卓有成效的研究工作，本书后续章节将展开论述。

1.4　光电导天线研究中存在的问题

（1）屏蔽现象

光电导天线辐射太赫兹波的电场正比于触发光的光强和外加偏置电场的场强。然而在实际应用中，上述线性比例关系只有在低触发光能和弱偏置电场的情况下才能适用。当激光触发天线材料时，天线材料不再是纯介电物质，会在材料表面产生光生载流子。这些光生电子和空穴在外加电场的作用下分别向阳极和阴极运动，所形成的内建电场的方向和外加偏置电场的方向相反，从而对外加电场形成屏蔽，被称为空间电荷屏蔽(库仑屏蔽)。这时半导体中光生电流密度用式(1-1)表示：

$$J_s(t)=\frac{\sigma_s(t)E_b}{1+\frac{\sigma_s(t)\eta_0}{1+n}} \tag{1-1}$$

式中，σ_s 为半导体的电导率；η_0 为空气的阻抗，$\eta_0=377\ \Omega$；n 为半导体的折射率。其中 σ_s 是由触发光的光强 I_0 决定的，可以认为 $\sigma_s(t)\propto I_{opt}$。由下一章讲到的电流瞬冲模型得

$$E_{THz}\propto\frac{\frac{d\sigma_s(t)}{dt}}{\left[1+\frac{\sigma_s(t)\eta_0}{1+n}\right]^2}\propto\frac{I_{opt}}{(1+kI_{opt})^2} \tag{1-2}$$

由式(1-2)知，太赫兹电场随着触发光的光强 I_{opt} 增加而增加，最终达到一饱和值。图1-18为不同偏压下的GaAs天线发射太赫兹电磁波的电场与触发光流量的关系。在每一偏置电场下，随着光流量的增加，天线发射太赫兹电磁波的电场都达到饱和。

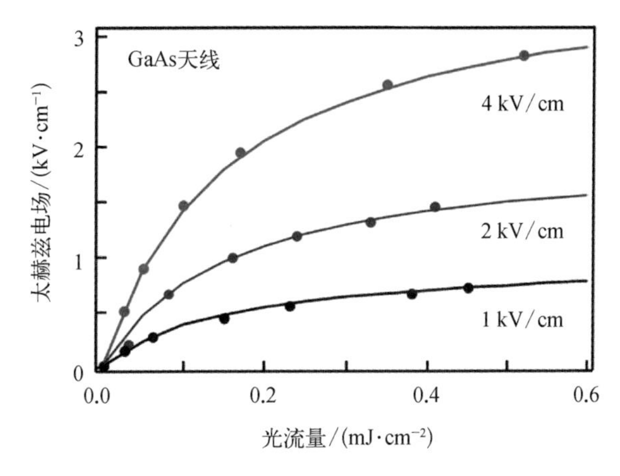

图1-18 不同偏压下的GaAs天线发射太赫兹电磁波的电场与触发光流量的关系

除了空间电荷屏蔽之外，天线辐射的太赫兹电磁波的电场也会对偏置电场造成屏蔽，称为辐射电场屏蔽。在Kim的模拟中，随触发光斑的增大，空间电荷屏蔽

迅速减小，辐射电场屏蔽也会缓慢减小，见图 1-19。当光斑直径大于 100 μm 时，辐射电场屏蔽起到主要作用，所以采用大光斑触发大孔径光电导天线，可以有效地减小屏蔽效应。

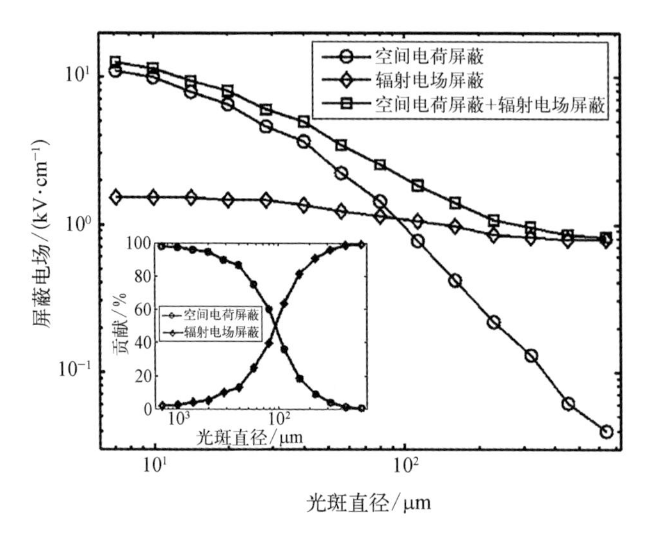

图 1-19　空间电荷屏蔽电场和辐射屏蔽电场随触发光斑直径的变化（图中插图为不同光斑直径下空间电荷屏蔽和辐射电场屏蔽对屏蔽电场的贡献）

(2) 电场分布不均匀

Grischkowsky 观察到当聚焦激光束触发阳极附近区域时，由于陷阱增强电场可提高太赫兹电磁辐射的电场强度，Salem 等都证实了激光照射靠近阳极区域时辐射太赫兹电磁波的电场强度比照射其他区域时提高了很多倍。根据式(1-2)，在天线材料、触发光能、偏置电压一定的情况下，导致上述现象的原因是天线中电场分布不均匀。Grischkowsky 实验测得在 80 μm 间隙的 SI-GaAs 天线两电极间电场的分布，其中 90%的电压分布在距离阳极 5 μm 的区域内。因此为了获得较强的太赫兹辐射功率，就要把激光光斑聚焦到直径大约为 5 μm，照射到电场较强的阳极附近区域，这样屏蔽效应非常明显，对提高天线辐射太赫兹电磁波的效率不利。

为了使两电极之间的电场均匀分布，Zhang 等在电极和天线材料之间制备一层绝缘层，制作了一种无电注入载流子的光电导天线，并利用频率较高的射频交流电源为天线施加偏置电场。经测试，当触发光功率为 150 mW 时，两电极间电场的分布较均匀，但是触发光功率为 15 mW 时，电场的分布仍然不均匀。

(3) 天线的耐压不够高

通常天线的耐压能力与天线衬底材料、天线电极结构与形状以及所采取的绝缘保护措施有关。虽然 SI－GaAs 的体击穿电场强度高达 250 kV/cm，但是由于表面闪络、电极的结构与形状、热击穿等因素的限制，在电场强度远小于 250 kV/cm 时该材料就已经被击穿损坏。在不加任何绝缘保护措施的情况下，SI－GaAs 的表面闪络电场强度仅为 12 kV/cm。用 SF_6 气体[(1.7～3.4)×10^5 Pa]封装时，表面闪络电场强度可提高到 20～30 kV/cm，采用液体介质如纯水、绝缘油等，绝缘强度可达 143 kV/cm，但是上述结构需要气体或液体密封装置，比较复杂。施卫采用全固态双层透明绝缘介质做绝缘保护。第一层介质是 Si_3N_4 绝缘薄膜，与通常的钝化保护层相同；第二层介质为有机硅凝胶，它的绝缘强度大于 280 kV/cm，在 360～1 200 nm 波长范围内的平均透过率约为 95%，对触发光的吸收几乎可以忽略。这种结构不需要密封装置，使用方便，这种设计可以应用于光电导天线的研究中。

(4) 天线的热击穿

天线在较高的场强下工作时，热量的积累会导致天线温度升高而引起热击穿，因此散热对提高天线的耐压性和延长寿命至关重要。Planken 采用循环水冷却，可以给未加绝缘保护的 0.4 mm 的光电导天线施加 50 kHz，±400 V 的方波交流电压，得到功率高达 100 μW 的太赫兹电磁辐射。

(5) 系统的信噪比

在采用光电导天线作为太赫兹源的研究中，人们一直致力于提高光电导天线的功率，而在实际的应用中，系统的信噪比也是一个非常重要的参数。如果信号和噪声的功率同时被提高，那么提高天线的功率是没有意义的。光电导天线作为太赫兹源，其噪声与天线结构、天线芯片材料、工作温度等因素的关系尚未被系统研究过。

参考文献

[1] Verghese S, McIntosh K A, Brown E R. Highly tunable fiber-coupled photomixers with coherent terahertz output power[J]. IEEE Transactions on Microwave Theory and Techniques, 1997, 45(8): 1301－1309.

[2] Wietzke S, Rutz F, Jördens C, et al. Applications of terahertz spectroscopy in the plastics industry[C]//Photonics Asia 2007. Proc SPIE 6840, Terahertz Photonics,

Beijing, China. 2008, 6840: 188 - 196.

[3] 许景周,张希成.太赫兹科学技术和应用[M].北京:北京大学出版社,2007:4 - 5.

[4] Markelz A G, Roitberg A, Heilweil E J. Pulsed terahertz spectroscopy of DNA, bovine serum albumin and collagen between 0.1 and 2.0 THz[J]. Chemical Physics Letters, 2000, 320(1 - 2): 42 - 48.

[5] Corridon P M, Ascazubi R, Krest C, et al. Time-domain terahertz spectroscopy of artificial skin [C]//Advanced Biomedical & Clinical Diagnostic Systems IV. International Society for Optics and Photonics, 2006: 8007.

[6] Png G M, Choi J W, Ng B W H, et al. The impact of hydration changes in fresh bio-tissue on THz spectroscopic measurements[J]. Physics in Medicine and Biology, 2008, 53(13): 3501 - 3517.

[7] Liu H B, Chen Y Q, Bastiaans G J, et al. Detection and identification of explosive RDX by THz diffuse reflection spectroscopy[J]. Optics Express, 2006, 14(1): 415.

[8] Hooper J, Mitchell E, Konek C, et al. Terahertz optical properties of the high explosive β-HMX[J]. Chemical Physics Letters, 2009, 467(4 - 6): 309 - 312.

[9] Huang F, Schulkin B, Altan H, et al. Terahertz study of 1, 3, 5-trinitro-s-triazine by time-domain and Fourier transform infrared spectroscopy[J]. Applied Physics Letters, 2004, 85(23): 5535 - 5537.

[10] Hu Y, Huang P, Guo L T, et al. Terahertz spectroscopic investigations of explosives [J]. Physics Letters A, 2006, 359(6): 728 - 732.

[11] Singh S. Sensors—An effective approach for the detection of explosives[J]. Journal of Hazardous Materials, 2007, 144(1 - 2): 15 - 28.

[12] Davies A G, Burnett A D, Fan W H, et al. Terahertz spectroscopy of explosives and drugs[J]. Materials Today, 2008, 11(3): 18 - 26.

[13] Karpowicz N, Zhong H, Zhang C L, et al. Compact continuous-wave subterahertz system for inspection applications[J]. Applied Physics Letters, 2005, 86(5): 054105.

[14] Karpowicz N, Zhong H, Xu J Z, et al. Comparison between pulsed terahertz time-domain imaging and continuous wave terahertz imaging[J]. Semiconductor Science and Technology, 2005, 20(7): S293 - S299.

[15] Woodward R M, Cole B E, Wallace V P, et al. Terahertz pulse imaging in reflection geometry of human skin cancer and skin tissue[J]. Physics in Medicine and Biology, 2002, 47(21): 3853 - 3863.

[16] Zhang X C, Xu J. Introduction to THz Wave Photonics[M]. Boston: Springer, 2010.

[17] Clery D. Brainstorming their way to an imaging revolution[J]. Science, 2002, 297 (5582): 761 - 763.

[18] Zhong H, Redo-Sanchez A, Zhang X C. Standoff sensing and imaging of explosive related chemical and bio-chemical materials using THz-TDS[J]. International Journal of High Speed Electronics and Systems, 2007, 17(2): 239 - 249.

[19] Cooper K B, Dengler R J, Llombart N, et al. An approach for sub-second imaging of concealed objects using terahertz (THz) radar[J]. Journal of Infrared, Millimeter, and

Terahertz Waves, 2009, 30(12): 1297 - 1307.
[20] Fitch M J, Osiander R. Terahertz waves for communications and sensing[J]. Johns Hopkins APL Technical Digest, 2004, 25(4): 348 - 355.
[21] Nagel M, Richter F, Haring-Bolívar P, et al. A functionalized THz sensor for marker-free DNA analysis[J]. Physics in Medicine and Biology, 2003, 48(22): 3625 - 3636.
[22] Ung B S Y, Fischer B M, Ng W H, et al. Towards quality control of food using terahertz[J]. Proc Spie, 2007, 6799: 67991E - 67991E - 4.
[23] Globus T, Bykhovski A, Khromova T, et al. Low-terahertz spectroscopy of liquid water - art. no. 67720S[J]. Proceedings of SPIE - The International Society for Optical Engineering, 2007, 6772.
[24] Dreyhaupt A, Winnerl S, Dekorsy T, et al. High-intensity terahertz radiation from a microstructured large-area photoconductor[J]. Applied Physics Letters, 2005, 86(12): 2764 - 2756.
[25] 张存林.太赫兹感测与成像[M].北京：国防工业出版社，2008：22 - 39.
[26] Cai Y, Brener I, Lopata J, et al. Design and performance of singular electric field terahertz photoconducting antennas[J]. Applied Physics Letters, 1997, 71(15): 2076 - 2078.
[27] Bonvalet A, Joffre M, Martin J L, et al. Generation of ultrabroadband femtosecond pulses in the mid-infrared by optical rectification of 15 fs light pulses at 100 MHz repetition rate[J]. Applied Physics Letters, 1995, 67(20): 2907 - 2909.
[28] Auston D H. Picosecond optoelectronic switching and gating in silicon[J]. Applied Physics Letters, 1975, 26(3): 101 - 103.
[29] Lee C H. Picosecond optoelectronic switching in GaAs[J]. Applied Physics Letters, 1977, 30(2): 84 - 86.
[30] Mourou G, Stancampiano C V, Blumenthal D. Picosecond microwave pulse generation [J]. Applied Physics Letters, 1981, 38(6): 470 - 472.
[31] Auston D H, Cheung K P, Smith P R. Picosecond photoconducting hertzian dipoles [J]. Applied Physics Letters, 1984, 45(3): 284 - 286.
[32] Exter M V, Fattinger C, Grischkowsky D. High-brightness terahertz beams characterized with an ultrafast detector[J]. Applied Physics Letters, 1989, 55(4): 337 - 339.
[33] Fattinger C, Grischkowsky D. Point source terahertz optics[J]. Applied Physics Letters, 1988, 53(16): 1480 - 1482.
[34] Fattinger C, Grischkowsky D. Terahertz beams[J]. Applied Physics Letters, 1989, 54(6): 490 - 492.
[35] Exter M V, Grischkowsky D R. Characterization of an optoelectronic terahertz beam system[J]. IEEE Transactions on Microwave Theory and Techniques, 1990, 38(11): 1684 - 1691.
[36] Van Rudd J, Mittleman D M. Influence of substrate-lens design in terahertz time-domain spectroscopy[J]. Josa B, 2002, 19(2): 319 - 329.

[37] Darrow J T, Hu B B, Zhang X C, et al. Subpicosecond electromagnetic pulses from large-aperture photoconducting antennas[J]. Optics Letters, 1990, 15(6): 323 - 325.
[38] Jepsen P U, Jacobsen R H, Keiding S R. Generation and detection of terahertz pulses from biased semiconductor antennas[J]. Josa B, 1996, 13(11): 2424 - 2436.
[39] Ralph S E, Grischkowsky D. Trap-enhanced electric fields in semi-insulators: The role of electrical and optical carrier injection[J]. Applied Physics Letters, 1991, 59(16): 1972 - 1974.
[40] Andrews S R, Armitage A, Huggard P G, et al. Optimization of photoconducting receivers for THz spectroscopy[J]. Physics in Medicine and Biology, 2002, 47(21): 3705 - 3710.
[41] Zhao G, Schouten R N, van der Valk N, et al. Design and performance of a THz emission and detection setup based on a semi-insulating GaAs emitter[J]. Review of Scientific Instruments, 2002, 73(4): 1715 - 1719.
[42] Shi W, Xu J Z, Zhang X C. Terahertz generation from Si_3N_4 covered photoconductive dipole antenna[J]. 中国光学快报(英文版),2003,1(5): 308 - 310.
[43] Shen Y C, Upadhya P C, Linfield E H, et al. Ultrabroadband terahertz radiation from low-temperature-grown GaAs photoconductive emitters[J]. Applied Physics Letters, 2003, 83(15): 3117 - 3119.
[44] Kim D S, Citrin D S. Coulomb and radiation screening in photoconductive terahertz sources[J]. Applied Physics Letters, 2006, 88(16): 161117 - 1 - 3.
[45] Zhang H, Wahlstrand J K, Choi S B, et al. Contactless photoconductive terahertz generation[J]. Optics Letters, 2011, 36(2): 223 - 225..
[46] Darrow J T, Zhang X C, Auston D H, et al. Saturation properties of large-aperture photoconducting antennas[J]. IEEE Journal of Quantum Electronics, 1992, 28(6): 1607 - 1616.
[47] Salem B, Morris D, Aimez V, et al. Pulsed photoconductive antenna terahertz sources made on ion-implanted GaAs substrates[J]. Journal of Physics: Condensed Matter, 2005, 17(46): 7327 - 7333.
[48] Kim D S, Citrin D S. Efficient terahertz generation using trap-enhanced fields in semi-insulating photoconductors by spatially broadened excitation[J]. Journal of Applied Physics, 2007, 101(5): 053105 - 1 - 3.
[49] Isgandarov E, Ropagnol X, Singh M, et al. Intense terahertz generation from photoconductive antennas[J]. Frontiers of Optoelectronics, 2021, 14(1): 64 - 93.

2 光电导天线产生和探测太赫兹波的机理

本章将为读者介绍光电导天线辐射太赫兹波机理的主要模型，例如德鲁德-洛伦兹(Drude - Lorentz)模型、电流瞬冲模型以及作者提出的激光诱导等离子体辐射太赫兹波的理论模型，并将展开介绍光电导天线检测太赫兹波的机理。

2.1 德鲁德-洛伦兹模型

德鲁德-洛伦兹模型将光生载流子视为电子气，忽略半导体中的扩散效应。该模型需要考虑空间电荷屏蔽效应，有效地描述了激光激发的电子-空穴对的载流子输运过程，适用于强场的大孔径光电导天线，以及一般情况的小孔径光电导天线的输运过程。具体的载流子输运过程包括以下四个部分。

2.1.1 载流子密度的变化

利用激光超短脉冲触发光电导天线间隙的 GaAs 材料，一方面，当激光能量大于 GaAs 材料禁带宽度的能量时，就会产生光生电子-空穴对，同时电子和空穴在外加电场的作用下向相反的方向快速运动，即漂移运动。另一方面，电子-空穴对由于直接、间接等复合机制，导致光生载流子密度以及光生电流的减小。在光脉冲的激发下，载流子密度的动力学可以描述为

$$\frac{\mathrm{d}n_{\mathrm{c}}(t)}{\mathrm{d}t}=-\frac{n_{\mathrm{c}}(t)}{\tau_{\mathrm{c}}}+G=-\frac{n_{\mathrm{c}}(t)}{\tau_{\mathrm{c}}}+G_0\exp\left(-\frac{t^2}{\delta t^2}\right) \tag{2-1}$$

式中，

$$n_{\mathrm{c}}(t)=\begin{cases}\exp(-t/\tau_{\mathrm{c}}) & t>0\\ 0 & t<0\end{cases} \tag{2-2}$$

式中，τ_{c} 为载流子寿命，对于 GaAs 材料，其值一般为皮秒量级，它小于电子-空穴对的复合时间；G 是光脉冲激发下载流子的产生率。

2.1.2 漂移速度的变化

由于空穴的有效质量远大于电子，空穴的移动速度较慢，从而空穴产生电流与电子电流相比可以忽略。在偏压下，电子的运动速度与时间的关系为

$$\frac{d\vec{v}_e}{dt} = -\frac{\vec{v}_e}{\tau_s} + \frac{e}{m_e}\vec{E}_{dc} \tag{2-3}$$

式中，$\vec{v}_e$ 是电子平均运动速度，m_e 是电子的有效质量，$\vec{E}_{dc}$ 为直流偏置电场，τ_s 是载流子的弛豫时间。那么与时间有关的平均速率可表示为

$$\vec{v}(t) = \begin{cases} \mu_e \vec{E}_{dc}[1 - \exp(-t/\tau_s)] & t > 0 \\ 0 & t < 0 \end{cases} \tag{2-4}$$

这里，忽略了电子-空穴对分离产生的空间电荷屏蔽效应。

2.1.3 电场的屏蔽效应

由于在外加直流偏置电场的作用下，GaAs 的光生载流子在介质内部形成了与外加电场方向相反的内建电场。由于空间电荷的屏蔽效应，$\vec{E}_{total}$ 会有明显下降，具体如下式：

$$\vec{E}_{total} = \vec{E}_b - \frac{\vec{P}}{\alpha\varepsilon} \tag{2-5}$$

式中，$\vec{P}$ 为空间电荷产生的极化率；α 为几何常数。同样，由于电子的迁移率远大于空穴的迁移率，考虑电子为主要的电荷载流子。这里只考虑电子产生的电流密度，基于德鲁德-洛伦兹模型的三个过程，可以得到光电导天线的电流：

$$\begin{aligned} \vec{I}_{PC}(t) = \frac{\sqrt{2}}{\pi}\mu_e \vec{E}_{dc} I_{opt}\Big[&\exp\left(\frac{\tau_p^2}{4\tau_c^2} - \frac{t-t_0}{\tau_c}\right) \cdot \operatorname{erfc}\left(\frac{\tau_p}{2\tau_c} - \frac{t-t_0}{\tau_p}\right) \\ &- \exp\left(\frac{\tau_p^2}{4\tau_{cs}^2} - \frac{t-t_0}{\tau_{cs}}\right) \cdot \operatorname{erfc}\left(\frac{\tau_p}{2\tau_{cs}} - \frac{t-t_0}{\tau_p}\right)\Big] \end{aligned} \tag{2-6}$$

式中，$\frac{1}{\tau_{cs}} = \frac{1}{\tau_c} + \frac{1}{\tau_s}$，$\operatorname{erfc}(x) = 1 - \operatorname{erf}(x) = \frac{2}{\sqrt{\pi}}\int_x^{\infty}\exp(-t^2)dt$。这里，$\mu_e$ 为电子的迁移率；$\vec{E}_{dc}$ 为直流偏置电场；I_{opt} 为入射激光脉冲为高斯形的光强；τ_p 为高斯脉冲半宽度时间；τ_s 是砷化镓材料的弛豫时间；t_0 为高斯脉冲的延迟时间；τ_c 为载流子寿命。

2.1.4 电场的辐射

根据简单的赫兹偶极子理论，辐射的远场太赫兹波为

$$\vec{E}_{\text{THz}}(t)=-\frac{A}{4\pi r\varepsilon_0 c^2}\frac{\mathrm{d}}{\mathrm{d}t}\vec{J}_{\text{s}}\propto\frac{\mathrm{d}}{\mathrm{d}t}\vec{J}_{\text{s}}\propto\frac{\mathrm{d}}{\mathrm{d}t}\vec{I}_{\text{PC}}(t) \tag{2-7}$$

这里同样忽略了空穴产生的电流，而只考虑了电子电流 $\vec{J}=en\vec{v}_{\text{e}}$。于是有

$$\vec{E}_{\text{THz}}(t)\propto e\vec{v}\frac{\partial n}{\mathrm{d}t}+en\frac{\partial\vec{v}}{\mathrm{d}t} \tag{2-8}$$

从式(2-8)可看出，远场辐射的振幅正比于载流子密度的变化和载流子的加速度。相关文献给出了两者微分的讨论，对于表面电流时间变化率起到主要作用的是载流子浓度的时间变化率，而平均速度的时间变化率相对于载流子浓度时间变化率小 1～2 个数量级。

2.2 电流瞬冲模型

图 2-1 是大孔径光电导天线的结构示意图，触发光垂直入射到光电导天线表面，在天线两端所加的偏置电压为 U_{b}，天线内两电极间的偏置电场为 E_{b}。t 时刻天线产生的太赫兹电磁波在天线表面附近的内部和外部的电场强度分别为 $\boldsymbol{E}_{\text{r.in}}(t)$ 和 $\boldsymbol{E}_{\text{r.out}}(t)$；磁感应强度分别为 $\boldsymbol{H}_{\text{r.in}}(t)$ 和 $\boldsymbol{H}_{\text{r.out}}(t)$，$\boldsymbol{H}_{\text{r.in}}(t)$ 的方向垂直纸面向外，$\boldsymbol{H}_{\text{r.out}}(t)$ 的方向垂直纸面向里；天线表面附近的电流为 $\boldsymbol{J}_{\text{s}}(t)$。由于大孔径光电导天线辐射太赫兹电磁波的中心波长小于天线中有电流通过区域的长度，因此从天线表面辐射的太赫兹波可以作为平面波来处理，从而得到边界位置处的电磁场的边界条件。这种情况下，电磁场与天线中随时瞬变的参数之间没有时间延迟。选取两个互相垂直的平面，长和宽分别为 l 和 w，其中一个面的法线方向为 $\boldsymbol{n}_y$，垂直纸面向外，这个面的一部分在天线内部，另一部分在天线外部。另一个面的尺寸相同，法线方向为 $\boldsymbol{n}_x$，竖直向上。利用麦克斯韦方程组以及稳态时的边界条件可以得到近场太赫兹辐射场的表示式为

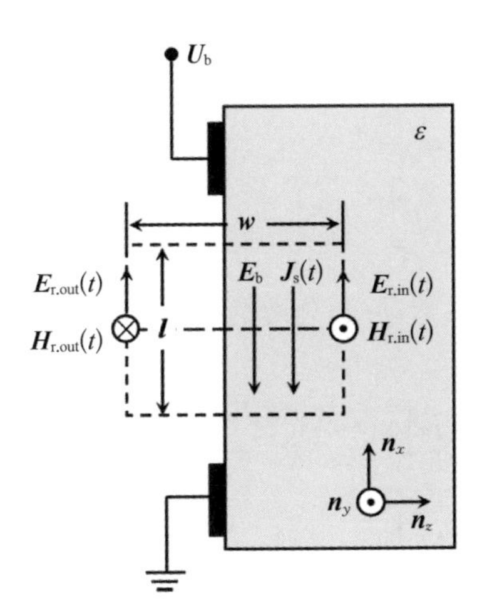

图 2-1　大孔径光电导天线的结构示意图

$$E_{\text{s}}(t)=E_{\text{r.in}}(t)=-E_{\text{b}}\frac{\sigma_{\text{s}}(t)\eta_0}{\sigma_{\text{s}}(t)\eta_0+(1+\sqrt{\varepsilon})} \tag{2-9}$$

远场太赫兹辐射场的表示式为

$$E_{\mathrm{r}}(r, t)=-\frac{AE_{\mathrm{b}}}{4\pi\varepsilon_0 c^2 r}\frac{\frac{\mathrm{d}\sigma_{\mathrm{s}}(t-|r-r'|/c)}{\mathrm{d}t}}{[\eta_0\sigma_{\mathrm{s}}(t-|r-r'|/c)+(1+\sqrt{\varepsilon})]^2} \tag{2-10}$$

式中，$\sigma_{\mathrm{s}}(t)$是天线材料的表面电导率，可表示为

$$\sigma_{\mathrm{s}}(t)=\frac{e(1-R)}{\hbar\omega}\int_{-\infty}^{t}\mathrm{d}t'\mu(t-t')I_{\mathrm{opt}}(t')\cdot\exp[-(t-t')]/\tau_{\mathrm{c}} \tag{2-11}$$

式中，e 为电子电量；R 为光电导天线芯片材料表面的反射率；$\mu(t)$为随时间变化的载流子迁移率；$I_{\mathrm{opt}}(t)$ 为随时间变化的光脉冲强度；$\hbar\omega$ 为光子能量；τ_{c} 为光生载流子寿命。

根据欧姆定律，天线表面电流密度 $J_{\mathrm{s}}(t)$ 可表示为

$$J_{\mathrm{s}}(t)=\sigma_{\mathrm{s}}(t)[E_{\mathrm{b}}+E_{\mathrm{r.in}}(t)] \tag{2-12}$$

为了准确地模拟天线辐射太赫兹电磁波的时域波形，必须知道 GaAs 内部载流子的动力学行为。根据电子在外场下的运动方程，可以得到迁移率随时间变化的表示式：

$$\mu(t)=\frac{e\tau_{\mathrm{s}}}{m_{\mathrm{e}}^*}\left[1-\exp\left(-\frac{t}{\tau_{\mathrm{s}}}\right)\right] \tag{2-13}$$

式中，τ_{s} 为平均自由时间，即载流子在电场中做漂移运动时，连续两次散射之间的平均时间。

式(2-11)中的 $I_{\mathrm{opt}}(t)$ 一般激光脉冲具有高斯型时间分布：

$$I_{\mathrm{opt}}(t)=\frac{F}{2\sqrt{\pi}\Delta t}\exp\left(-\frac{t^2}{\Delta t^2}\right) \tag{2-14}$$

式中，F 为总光流量；$\sqrt{\ln 2}\Delta t$ 为光脉冲的半峰全宽。

2.3 等离子体模型

电流瞬冲模型和德鲁德-洛伦兹模型是被大家认可的阐述 GaAs 光电导天线辐射太赫兹波机理的两种理论模型。两种模型很好地解释了 GaAs 光电导天线辐射太赫兹波的强度随时间的变化规律，其理论上的时域特性与实验测得的时域波

形相符。尽管通过傅里叶变换可以得到辐射太赫兹波的频谱特性，可是两种理论模型都没有阐明光电导天线辐射太赫兹波强度与频率关系的物理机理。接下来本章将基于激光诱导 GaAs 光电导天线产生等离子体，根据等离子体集体振荡理论，阐明 GaAs 光电导天线辐射太赫兹波的强度与频率关系的物理机理，指出太赫兹波频率的制约因素，从理论上确定 GaAs 光电导天线辐射太赫兹波的带宽和峰值频率。

2.3.1 激光诱导等离子体辐射太赫兹波的理论模型

(1) GaAs 光电导天线内朗缪尔波的产生

飞秒激光泵浦 GaAs 光电导天线产生大量的电子空穴对，大量的电子空穴对视为固体等离子体。以平板电极间均匀等离子体模型为例，假设没有外加偏置电场时电子温度为零，电子浓度 n_e 等于离子(空穴)浓度 n_i。当等离子体外加偏置电场时，电子和正离子在电场力的作用下，沿相反的方向运动，形成与外电场方向相反的内建电场 E_x。鉴于离子质量远大于电子质量，文中只考虑电子振动，忽略离子振动。等离子体的频率等于电子振动频率($\omega_p=\omega_{pe}$)。在内建电场恢复力的作用下，等离子体以角频率 ω_{pe} 振动，表达式如式(2-15)所示。

$$\omega_{pe}=\left(\frac{e^2 n_e}{\varepsilon_0 m_e}\right)^{\frac{1}{2}} \tag{2-15}$$

式中，n_e 和 m_e 分别为电子浓度和电子质量；e 表示电子电量。

根据式(2-15)，等离子体的角频率(简称频率)与等离子体浓度(电子浓度)的平方根成正比。

当电子温度 $T_e\neq 0$ 时，受电子热压力的驱动，等离子体振荡在等离子体内部传播。等离子体的集体振荡在等离子体内部的传播形成朗缪尔波。另外，外电场力也是等离子体振荡传输的动力之一。朗缪尔波的色散方程表示如下：

$$\omega^2=\omega_{pe}^2+k_x^2\left(\frac{\gamma e T_e}{m_e}\right) \tag{2-16}$$

式中，ω 为朗缪尔波的角频率；ω_{pe} 为等离子体固有频率；k_x 为波数的 x 分量；e 表示电子电量。

朗缪尔波是纵波，只能在等离子体或者其他介质中传播，不能在真空中传播，在某些条件下可以转化为横波，以电磁波的形式向外辐射。

(2) 朗缪尔波转化为电磁波

一般情况,波数等于 0 时,电磁波和朗缪尔波的色散关系相同,朗缪尔波能够转化成电磁波。

① 在均匀等离子体中,朗缪尔波的波数不为 0,不能转换为电磁波。

② 在非均匀等离子体中,由于等离子体浓度随位置和时间变化,朗缪尔波的频率也随之变化,波数是时间和位置的函数。在某些位置波数为 0,此时等离子体的朗缪尔波和电磁波有相同的色散关系,因此朗缪尔波能够转化为电磁波。当朗缪尔波的传播方向与非均匀等离子体浓度梯度方向有一定夹角时,在反射点以后朗缪尔波将实现纵波向和横波的转化,转化为电磁波,如图 2-2 所示。设朗缪尔波从低浓度区传向高浓度区,波矢 ($\vec{k}$) 与等离子体浓度梯度夹角为 θ,传播轨迹满足折射定律。

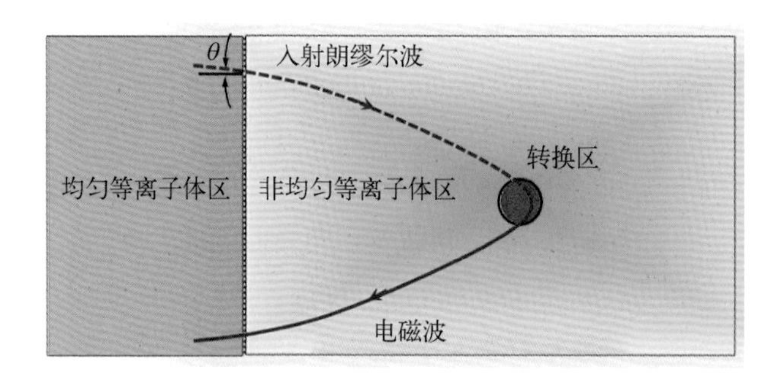

图 2-2 非均匀等离子体中朗缪尔波转化为电磁波示意图

在非均匀等离子体中,朗缪尔波满足 $k_y/k_x=E_y/E_x$,电场的旋度表示为

$$\nabla\times\vec{E}=\left(\frac{\partial E_y}{\partial x}-\frac{\partial E_x}{\partial y}\right)\vec{a}_z=\left(\frac{\partial E_y}{\partial x}-ik_yE_x\right)\vec{a}_z=\left(\frac{\partial E_y}{\partial x}-ik_xE_y\right)\vec{a}_z\neq 0 \tag{2-17}$$

根据式(2-17),旋度不为 0,朗缪尔波的电场矢量不仅在传播方向(x 轴)有分量,在垂直于传播方向(y 轴)上也有分量,所以朗缪尔波不再是纯粹的静电波(纵波),也有电磁波(横波)成分。然而,此时的朗缪尔波和电磁波的色散关系方程不一致,两种波不能耦合。只有当朗缪尔波到达转换点($k=0$)位置时,朗缪尔波的能量才能转化为电磁波的能量。转换点之后,波矢 $\vec{k}$ 沿着朗缪尔波的传播方向是个虚数,因此朗缪尔波迅速变弱,转换为电磁波。该电磁波的频率与原来的朗缪尔波的频率相同。

由于 GaAs 光电导天线内的等离子体是由飞秒激光泵浦产生的，而激光光强是空间和时间的函数，因此等离子体在水平方向和竖直方向也是不均匀的。在水平方向上，由于激光是经过聚焦后照到 GaAs 光电导天线上的，激光束满足高斯分布，激光光强中心高边缘低，因此激光泵浦产生的等离子体浓度也是呈高斯分布。在竖直方向，激光在天线材料中传播，材料吸收导致强度衰减，等离子体浓度也逐渐衰减。图 2－3 中，在偏置电场作用下，产生角频率为 ω 的朗缪尔波。当朗缪尔波传播方向 $\vec{k}$ 与等离子体浓度梯度方向存在夹角 θ 时，在转换点之后将辐射电磁波。电磁波穿过等离子体辐射到自由空间。转换效率是电磁波能量和转化之后的朗缪尔波能量之比。该效率与入射的朗缪尔波频率、入射角度和等离子体温度有关。

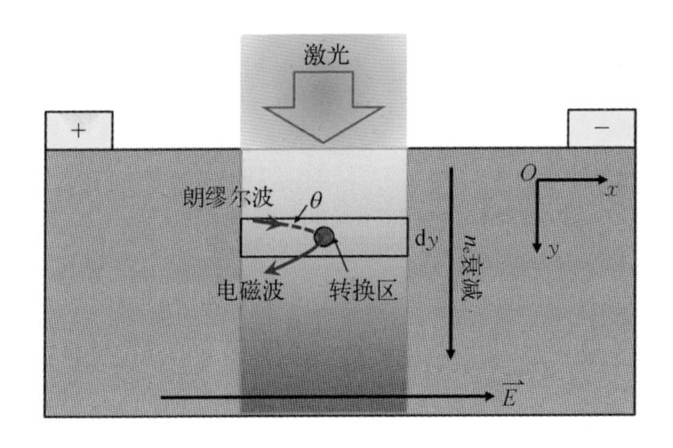

图 2－3　在厚度为 dy 的微元中等离子体振荡示意图

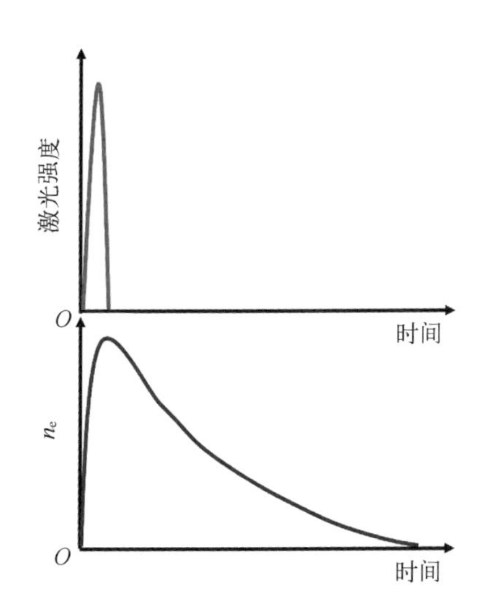

图 2－4　激光强度和等离子体浓度随时间的变化示意图

等离子体浓度 n_e 是位置的函数，在天线内沿 y 轴指数递减。取厚度为 dy 的薄层为体积元，在不同位置的体积元中，等离子体的频率是不同的，如图 2－3 所示。GaAs 光电导天线作为电磁波的辐射源，辐射电磁波的频谱中包含不同体积元中辐射出来的电磁波，因此从 GaAs 光电导天线辐射的电磁波是宽带的。频谱中的峰值频率由一个脉冲周期内等离子体浓度在各体积元中出现概率最大的浓度决定。

激光强度随时间变化呈高斯分布，另外考虑到载流子的复合也会导致载流子浓度 n_e 随时间变化。图 2－4 定性地说明激光强度和等离子体浓度随时间的变化情况。等离子体频率与等离子体浓度的平方根成正比，所以等离子体浓度决定了频谱的宽度。

(3) ω 的修正

等离子体处于电场中，电子和正离子在电场力的作用下分别向相反的方向运动，形成等离子体鞘层，如图 2-5 所示。鞘层的宽度为 s_m，等离子体厚度为 d。修正后等离子体的频率为 ω'，可由式(2-18)、式(2-19)得

$$\omega' = \omega\left(\frac{2s_m}{2s_m + d}\right)^{\frac{1}{2}} \tag{2-18}$$

$$s_m = \left(\frac{2\varepsilon_0 V_0}{en_s}\right)^{\frac{1}{2}} \tag{2-19}$$

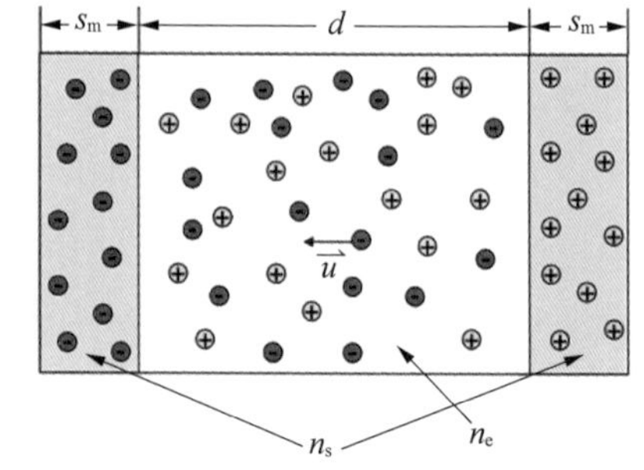

图 2-5　等离子体鞘层形成示意图

式中，V_0 是偏置电压；n_s 是鞘层中离子浓度，e 是电子电量。

根据式(2-13)、式(2-16)、式(2-18)和式(2-19)，ω' 可表示为式(2-20)。

$$\omega' = \left\{\frac{2\left[\dfrac{e^2 n_e}{\varepsilon_0 m_e} + k_x^2\left(\dfrac{\gamma e T_e}{m_e}\right)\right]}{2 + d\left(\dfrac{n_s e}{2\varepsilon_0 V_0}\right)^{\frac{1}{2}}}\right\}^{\frac{1}{2}} \tag{2-20}$$

存在偏置电压时，等离子体产生鞘层，原由式(2-16)决定辐射电磁波频率，现在修正为由式(2-20)决定。式(2-20)说明了偏置电场与电磁辐射频率的关系。电磁波的频率随电压的降低而降低。另外，n_s 随偏置电压 V_0 的减小而减小。当 $V_0 = 0$ 时，n_s 也趋于 0，式(2-18)和式(2-19)失去意义，此时等离子体内部没有鞘层，电磁波的频率仍由式(2-16)决定。

2.3.2　GaAs 光电导天线辐射太赫兹波频谱宽度的实验与理论计算

(1) 频谱宽度实验

实验中，钛宝石脉冲激光器(MaiTai)作为激光光源，其中心波长为 800 nm，重复频率为 80 MHz，脉宽为 60 fs。泵浦光能和探测光能分别为 100 mW 和 5 mW。用 1 mm 厚的 ZnTe 晶体作为探测器。应用间隙 150 μm 的半绝缘 GaAs 光电导天线作为太赫兹源，研究其频谱特性。在太赫兹时域光谱系统上，进行了测试。

图 2-6 是偏置电压为 100 V、117 V、124 V 时的太赫兹波频谱。带宽大约为 2.5 THz，峰值频率随着偏置电场的增强而增强。

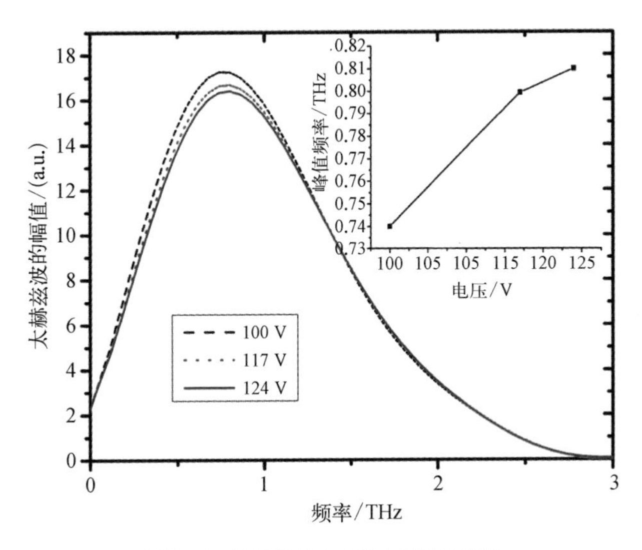

图 2-6　不同偏置电压的太赫兹波频谱

(2) 频谱宽度理论计算

根据前文分析，等离子体的频率由等离子体浓度决定，而浓度是时间和位置的函数。当频率为 ν、光强为 I_0 的入射光照射 GaAs 天线时，由于光在天线材料中的衰减，因此光抵达天线表面下方 y 处的光强为

$$I = I_0 \exp(-\alpha y) \tag{2-21}$$

式中，α 为吸收系数。

设光抵达天线表面时为计时起点，即 $t=0$。则 t 时刻在 y 位置处产生的载流子浓度为

$$n_e = \frac{I_0 \alpha \beta \tau}{h\nu} \exp(-\alpha y)\left[1-\exp\left(-\frac{t}{\tau}\right)\right] \tag{2-22}$$

光照持续 T 时间后停止，光生载流子由于复合，浓度表示为

$$n_e = \frac{I_0 \alpha \beta \tau}{h\nu} \exp(-\alpha y)\left[1-\exp\left(-\frac{T}{\tau}\right)\right]\exp\left(-\frac{t-T}{\tau}\right) \tag{2-23}$$

式中，β 为量子效率；τ 为载流子寿命；h 为普朗克常数。则可得：

$$
n_e = \begin{cases} \dfrac{I_0 \alpha\beta\tau}{h\nu} \exp(-\alpha y) \left[1 - \exp\left(-\dfrac{t}{\tau}\right)\right] & 0 < t < T \quad \text{载流子浓度上升阶段} \\ \dfrac{I_0 \alpha\beta\tau}{h\nu} \exp(-\alpha y) \left[1 - \exp\left(-\dfrac{T}{\tau}\right)\right] \exp\left(-\dfrac{t-T}{\tau}\right) & \\ & T < t < \tau \quad \text{载流子浓度下降阶段} \end{cases} \tag{2-24}
$$

根据式(2-20)和式(2-24)可知,在 t 时刻,GaAs 光电导天线辐射太赫兹波的频率随深度变化。取偏置电压为 100 V,β 为 1,激光能量和天线结构与上文相同,计算得到的光电导天线辐射太赫兹波的频率如图 2-7 所示。在光电导天线的表面,等离子体浓度最大,频率为 3.37 THz。随着深度的增长,等离子体浓度降低,辐射太赫兹波频率也随之降低,深度为 50 μm 处辐射太赫兹波的频率为 0.022 6 THz。因此,GaAs 光电导天线辐射的太赫兹波频谱范围是 0.022 6～3.37 THz。实验中应用 1 mm厚的 ZnTe 晶体作为探测器,其截止频率大约在 2.5 THz,即实验中测得 GaAs 光电导天线辐射太赫兹波的带宽是 2.5 THz,计算结果与实验吻合。

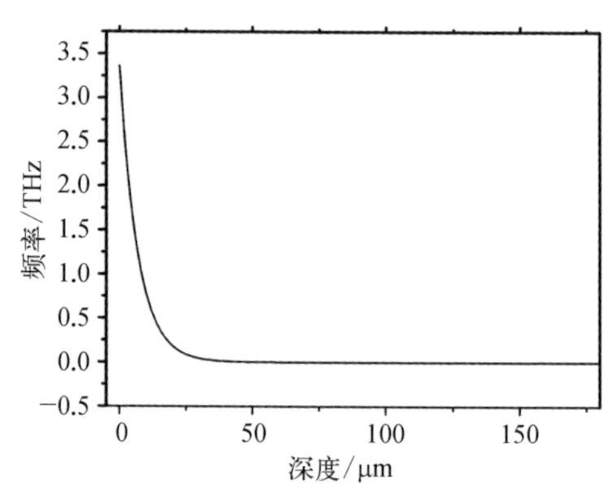

图 2-7　太赫兹波频率随光电导材料深度变化的关系图

2.3.3　GaAs 光电导天线辐射太赫兹波峰值频率的实验与理论计算

GaAs 光电导天线辐射太赫兹波的频率与等离子体的浓度相关,而等离子体浓度是时间和位置的函数,即太赫兹波的频率是时间和位置的函数。取 $\beta=1$,入射光功率为 100 mW,在天线表面下方 0.1 μm 处,等离子体浓度随时间的变化如图 2-8 所示。把等离子体看作成是由若干 dy 厚度的等离子

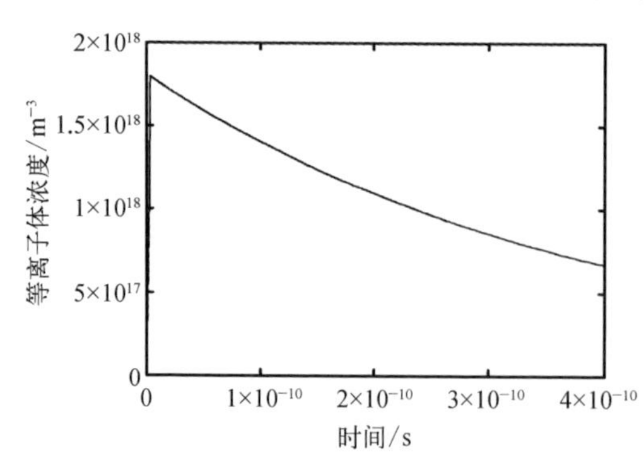

图 2-8　等离子体浓度随时间的变化(取 $\beta=1$,入射光功率为 100 mW,在天线表面下方 0.1 μm 处)

体体积元组成，暂时忽略水平方向的不均匀，认为 t 时刻任意位置 y 处的一个体积元内等离子体均匀分布，浓度为 n_e。峰值频率对应的等离子体浓度就是从一个激光脉冲打到 GaAs 光电导天线上产生载流子，直到载流子完全复合的时间里，在各等离子体体积元内出现概率最大的浓度。

根据式(2-24)，令 $(I_0\beta\alpha\tau)/(h\nu)=A$，$\left[1-\exp\left(-\dfrac{T}{\tau}\right)\right]=B$，则：

$$n_e=\begin{cases}A\exp(-\alpha y)\left[1-\exp\left(-\dfrac{t}{\tau}\right)\right] & 0<t<T \quad \text{载流子浓度上升阶段} \\ A\cdot B\exp(-\alpha y)\exp\left(-\dfrac{t-T}{\tau}\right) & T<t<\tau \quad \text{载流子浓度下降阶段}\end{cases} \tag{2-25}$$

(1) 载流子浓度上升阶段概率密度函数的求解

先求载流子浓度分布函数 $F_n(n)$，再求概率密度函数 $\varphi_N(n)$，概率密度的极值所对应的浓度即为峰值频率对应的浓度。

令 $M=\exp(-\alpha y) \quad y\in[0,\ y_0] \quad M\in[\exp(-\alpha y_0),\ 1]$

$$Z=1-\exp\left(-\frac{t}{\tau}\right) \quad t\in[0,\ T] \quad Z\in\left[0,\ 1-\exp\left(-\frac{T}{\tau}\right)\right] \tag{2-26}$$

① 求 M、Z 的分布函数 $F_M(m)$、$F_Z(z)$，概率密度函数 $\varphi_M(m)$、$\varphi_Z(z)$：

$$\begin{aligned}F_M(m)&=P(M\leqslant m)=P[\exp(-\alpha y)\leqslant m]\\&=P\left(y\geqslant-\frac{1}{\alpha}\ln m\right)=1-F_Y\left(-\frac{1}{\alpha}\ln m\right)\end{aligned}$$

$$M\in[\exp(-\alpha y_0),\ 1] \tag{2-27}$$

概率密度函数：
$$\varphi_M(m)=-\varphi_Y\left(-\frac{1}{\alpha}\ln m\right)\cdot\left(-\frac{1}{\alpha}\right)\left(\frac{1}{m}\right) \tag{2-28}$$

而
$$\varphi_Y(y)=\begin{cases}\dfrac{1}{y_0} & y\in[0,y_0]\\ 0 & \text{其他}\end{cases} \tag{2-29}$$

所以
$$\varphi_M(m)=\begin{cases}\dfrac{1}{y_0}\cdot\dfrac{1}{\alpha m} & m\in[\exp(-\alpha y_0),\ 1]\\ 0 & \text{其他}\end{cases} \tag{2-30}$$

$$\varphi_T(t)=\begin{cases}\dfrac{1}{T} & t\in[0,\ T]\\ 0 & \text{其他}\end{cases} \tag{2-31}$$

$$F_Z(z)=P(Z\leqslant z)=P\left[1-\exp\left(-\frac{t}{\tau}\right)\leqslant z\right]=P[t\leqslant -\tau\ln(1-z)]$$

$$=\int_0^{-\tau\ln(1-z)}\frac{1}{T}\mathrm{d}t=-\frac{1}{T}\tau\ln(1-z) \tag{2-32}$$

$$\varphi_Z(z)=\begin{cases}\dfrac{1}{T}\cdot\dfrac{\tau}{1-z} & z\in\left[0,\ 1-\exp\left(-\dfrac{T}{\tau}\right)\right]\\ 0 & \text{其他}\end{cases} \tag{2-33}$$

② 求载流子浓度分布函数 $F_N(n)$,再求概率密度函数 $\varphi_N(n)$:

令 $N=AMZ$

$$\varphi(m,\ z)=\varphi_M(m)\varphi_Z(z)$$

$$=\begin{cases}\dfrac{1}{\alpha m y_0}\cdot\dfrac{\tau}{T(1-z)} & m\in[\exp(-\alpha y_0),\ 1],\ z\in\left[0,\ 1-\exp\left(-\dfrac{T}{\tau}\right)\right]\\ 0 & \text{其他}\end{cases} \tag{2-34}$$

$$F_N(n)=P(N\leqslant n)=P(AMZ\leqslant n)=P\left(MZ\leqslant\frac{n}{A}\right) \tag{2-35}$$

当 $0\leqslant\dfrac{n}{A}\leqslant 1-\exp\left(-\dfrac{T}{\tau}\right)$ 时,$0\leqslant n\leqslant A\left[1-\exp\left(-\dfrac{T}{\tau}\right)\right]$。

当 $M=1$ 时,$Z=\dfrac{N}{A}$:

$$F_N(n)=\int_0^{\frac{n}{A}}\left[\int_{\exp(-\alpha y_0)}^{1}\varphi(m,\ z)\mathrm{d}m\right]\mathrm{d}z+\int_{\frac{n}{A}}^{1-\mathrm{e}^{-\frac{T}{\tau}}}\left[\int_{\exp(-\alpha y_0)}^{\frac{n}{Az}}\varphi(m,\ z)\mathrm{d}m\right]\mathrm{d}z \tag{2-36}$$

$$\varphi_N(n)=\frac{1}{A}\int_{\exp(-\alpha y_0)}^{1}\frac{\tau}{T\left(1-\dfrac{n}{A}\right)}\frac{1}{\alpha m}\frac{1}{y_0}\mathrm{d}m$$

$$+\left\{\int_{\frac{n}{A}}^{1-\exp\left(-\frac{T}{\tau}\right)}\left[\int_{\exp(-\alpha y_0)}^{\frac{n}{Az}}\frac{\tau}{T\left(1-\dfrac{n}{A}\right)}\frac{1}{\alpha m}\frac{1}{y_0}\mathrm{d}m\right]\mathrm{d}z\right\} \tag{2-37}$$

得 $$\varphi_N(n)=\begin{cases}\dfrac{\tau}{T(A-n)} & 0\leqslant n\leqslant A\left[1-\exp\left(-\dfrac{T}{\tau}\right)\right]\\ 0 & \text{其他}\end{cases} \tag{2-38}$$

等离子体浓度上升阶段,概率密度函数 $\varphi_N(n)$随浓度的变化关系如图 2-9 所示,是单调增函数,当 $n=A\left[1-\exp\left(-\dfrac{T}{\tau}\right)\right]$ 时概率最大,但是概率密度在 $0\leqslant n\leqslant A\left[1-\exp\left(-\dfrac{T}{\tau}\right)\right]$ 区间内变化不大,几乎为等概率。

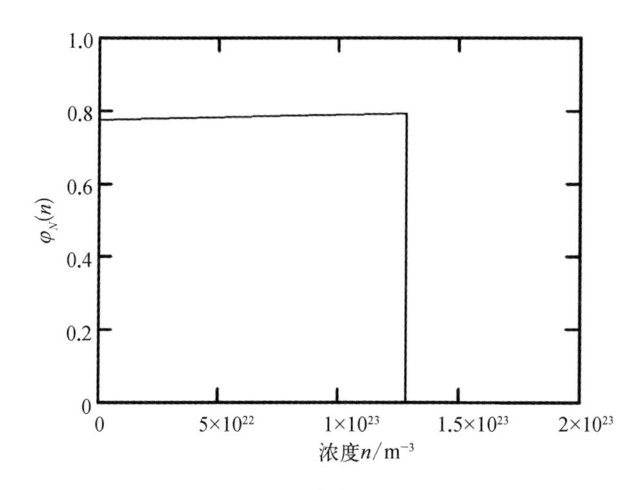

图 2-9 等离子体浓度上升阶段,概率密度函数$\varphi_N(n)$随浓度的变化关系图

(2) 载流子浓度下降阶段概率密度函数的求解

$$n_e=A\cdot B\exp(-\alpha y)\exp\left(-\frac{t-T}{\tau}\right)\quad y\in[0,\ y_0],\ t\in[T,\ \tau] \tag{2-39}$$

令 $M=\alpha y+\dfrac{t-T}{\tau}$,则 $n=A\cdot B\exp(-M)$,

① 求 M 的分布函数 $F_M(m)$及概率密度函数:

$$F_M(m)=P(M\leqslant m)=P\left(\alpha y+\frac{t-\tau}{\tau}\leqslant m\right) \tag{2-40}$$

$$\varphi_Y(y)=\begin{cases}\dfrac{1}{y_0} & y\in[0,\ y_0]\\ 0 & \text{其他}\end{cases} \tag{2-41}$$

$$\varphi_T(t)=\begin{cases}\dfrac{1}{\tau-T} & t\in[T,\ \tau]\\ 0 & \text{其他}\end{cases} \tag{2-42}$$

$$\varphi_{Y,T}(y,\ t)=\begin{cases}\dfrac{1}{y_0(\tau-T)} & y\in[0,\ y_0],\ t\in[T,\ \tau]\\ 0 & \text{其他}\end{cases} \tag{2-43}$$

讨论：

(a) $0\leqslant m\leqslant \dfrac{\tau-T}{\tau}$

分布函数： $$F_M(m)=\frac{\tau m\cdot\dfrac{m}{\alpha}}{2y_0(\tau-T)}=\frac{m^2\tau}{2\alpha(\tau-T)y_0} \tag{2-44}$$

概率密度函数： $$\varphi_M(m)=\frac{m\tau}{\alpha(\tau-T)y_0} \tag{2-45}$$

(b) $\dfrac{\tau-T}{\tau}<m\leqslant \alpha y_0$

分布函数： $$F_M(m)=\frac{(\tau+1)m+T-\tau}{2\alpha y_0} \tag{2-46}$$

概率密度函数： $$\varphi_M(m)=\frac{\tau+1}{2\alpha y_0} \tag{2-47}$$

(c) $\alpha y_0<m\leqslant \alpha y_0+\dfrac{\tau-T}{\tau}$

分布函数：

$$F_M(m)=\frac{\left(\dfrac{m\tau+T-\tau}{2\alpha}+\alpha y_0\right)\cdot[\tau-\tau(m-\alpha y_0)+T]+y_0\tau(m-\alpha y_0)}{(\tau-T)y_0} \tag{2-48}$$

概率密度函数：

$$\varphi_M(m)=\frac{-\dfrac{\tau^2}{\alpha}m+\tau\left(\dfrac{\tau}{\alpha}+\dfrac{\tau y_0}{2}+\dfrac{y_0}{2}\right)}{(\tau-T)y_0} \tag{2-49}$$

② 求等离子体浓度的概率密度函数 $\varphi_N(n)$：

$$N = A\exp(-M),\ m = h(n) = -\ln\frac{n}{A},\ m' = -\frac{1}{n} \tag{2-50}$$

$$\varphi_N(n) = \begin{cases} \varphi_M(h(n)) \cdot |h'(n)| & y \in [0, y_0],\ t \in [0, \tau] \\ 0 & \text{其他} \end{cases} \tag{2-51}$$

等离子体浓度的概率密度函数为分段函数 $\varphi_N(n)$：

$$\varphi_N(n) = \begin{cases} \dfrac{2\tau^2 \cdot \ln\dfrac{n}{A \cdot B} + 2\tau^2 + \alpha \cdot \tau^2 \cdot y_0 + \alpha \cdot \tau \cdot y_0}{2 \cdot \alpha \cdot y_0 \cdot (\tau - T)} \cdot \dfrac{1}{n} \\ \qquad A \cdot B \cdot \exp\left(-\alpha y_0 - \dfrac{\tau - T}{\tau}\right) \leqslant n \leqslant A \cdot B \cdot \exp(-\alpha y_0) \\ \dfrac{\tau + 1}{2 \cdot \alpha \cdot y_0} \cdot \dfrac{1}{n} \\ \qquad A \cdot B \cdot \exp(-\alpha y_0) < n \leqslant A \cdot B \cdot \exp\left(-\dfrac{\tau - T}{\tau}\right) \\ \dfrac{-\tau \cdot \ln\dfrac{n}{A \cdot B}}{(\tau - T) \cdot 2 \cdot \alpha \cdot y_0} \cdot \dfrac{1}{n} \\ \qquad A \cdot B \cdot \exp\left(-\dfrac{\tau - T}{\tau}\right) < n \leqslant A \cdot B \\ 0 \qquad \text{其他} \end{cases} \tag{2-52}$$

等离子体浓度下降阶段，概率密度函数 $\varphi_N(n)$随浓度的变化关系如图 2-10 所示。

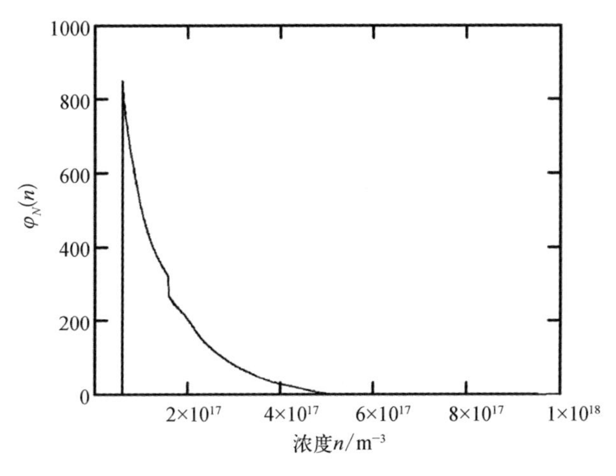

图 2-10　等离子体浓度下降阶段，概率密度函数 $\varphi_N(n)$随浓度的变化关系图

③ 求下降阶段等离子体概率密度函数及概率密度函数的极值：

(a) 在 $A\cdot B\cdot\exp\left(-\alpha y_0-\frac{\tau-T}{\tau}\right)\leqslant n\leqslant A\cdot B\cdot\exp(-\alpha y_0)$ 区间，$n=A\cdot B\cdot\exp\left(-\alpha y_0-\frac{\tau-T}{\tau}\right)$，概率密度取极大值。

(b) $\varphi_N(n)$为减函数，$n=A\cdot B\cdot\exp(-\alpha y_0)$ 时，$\varphi_N(n)$取极大值。

(c) $\varphi_N(n)$为减函数，$n=A\cdot B\cdot\exp\left(-\frac{\tau-T}{\tau}\right)$ 时，$\varphi_N(n)$取极大值。

比较上升阶段的和下降阶段，上升阶段的各浓度概率几乎均等，而下降阶段浓度 $n=A\cdot B\cdot\exp\left(-\alpha y_0-\frac{\tau-T}{\tau}\right)$ 时，概率最大，即为峰值频率所对应的等离子体浓度。根据式(2-20)，当泵浦光功率为 100 mW 时，偏置电压为 100 V、120 V、125 V，计算峰值频率分别为 0.737 7 THz、0.743 8 THz、0.745 1 THz；结果与实验测得的峰值频率一致。

如图 2-6 所示，随着偏置电压的增加，峰值频率也在增加，与式(2-20)一致，结果与参考文献[20]一致。

另外，由于 $n=A\cdot B\cdot\exp\left(-\alpha y_0-\frac{\tau-T}{\tau}\right)$ 所对应的频率为峰值频率，其中 $A=(I_0\beta\alpha\tau)/(h\nu)$，激光光强增大，峰值频率增加与参考文献[21]一致，入射激光光能是常数，光斑面积越大，光强越小，峰值频率减小。

2.4 光电导天线检测太赫兹波的机理

在利用光电天线检测太赫兹波时，用光子能量大于天线材料的能带间隙的激光器触发，电子从价带跃迁到导带，产生自由电子-空穴对。自由载流子使材料的电导率发生变化，使之成为光电导体。待测太赫兹波照射光电导材料，这些自由载流子被加速，由于自由载流子的加速运动，在光电导间隙两端产生时变电流。

由于探测天线与辐射天线的工作机理是互逆的，因此辐射天线使用的 Norton 电路等效模型对于 PCA 探测器同样是有效的，如图 2-11 所示。

脉冲激光是由缓变脉冲调制的傍轴波，这意味着脉冲在一个激光周期内的包络是相对恒定的，因为带宽较窄，其空间行为与单色波在频率激光下的空间行为近似相同，可视为准连续的脉冲波。

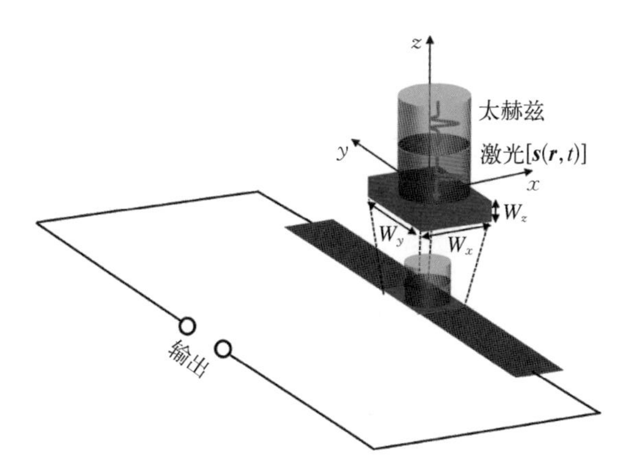

图 2-11　PCA 探测器的等效电路

激光电场可以表示为

$$\boldsymbol{e}(\boldsymbol{r},\ t)=\boldsymbol{e}_0(\boldsymbol{\rho},\ z)f\left(t-\frac{z}{c}\right)\cos(\omega_{\text{laser}}t-k_{\text{laser}}t+\varphi_{\text{laser}}t) \tag{2-53}$$

式中，$f(t)$为周期性激光调制信号；$\boldsymbol{r}$，t 分别为空间和时间；$\boldsymbol{\rho}$ 为强度。$f(t)$可以表示为

$$f(t)=\sum_{i=-\infty}^{+\infty}\tilde{f}\left(t-\frac{z}{c}-iT_p\right) \tag{2-54}$$

式中，$\tilde{f}$ 是在激光脉冲重复率的一个周期 T_p 上定义的基带函数。此外，$\boldsymbol{e}_0(\boldsymbol{\rho},\ z)=E_0\boldsymbol{e}_n(\boldsymbol{\rho},\ z)$ 是激光光束电场的横向空间分布，E_0 是电场的幅值，$\boldsymbol{e}_n(\boldsymbol{\rho},\ z)$ 是具有幺正幅值电场的空间分布，由于激光束的衍射效应，它也是 z 的函数。通过仅考虑激光的单个脉冲，由这种波传输每单位面积的电磁功率，通过使用坡印廷矢量表示为电场和磁场的函数：

$$\boldsymbol{s}(\boldsymbol{r},\ t)=\boldsymbol{e}(\boldsymbol{r},\ t)\times\boldsymbol{h}(\boldsymbol{r},\ t) \tag{2-55}$$

定义坡印廷矢量的脉冲时间包络为

$$\widetilde{s_n}\left(t-\frac{z}{c}\right)=\left|f\left(t-\frac{z}{c}\right)\right|^2 \tag{2-56}$$

因此，式(2-55)可以写为

$$\boldsymbol{s}(\boldsymbol{r},\ t)=\frac{1}{\xi}\ |\boldsymbol{e}_0(\boldsymbol{\rho},\ z)|^2\ \overline{s_n}\left(t-\frac{z}{c}\right)\cdot\cos^2(\omega_{\text{laser}}t-k_{\text{laser}}t+\varphi_{\text{laser}}t)(-\hat{\boldsymbol{z}}) \tag{2-57}$$

考虑到电磁脉冲在一个激光周期内包络相对恒定，可以计算出脉冲每秒携带的密度功率在激光周期 $T_{\text{laser}}=1/f_{\text{laser}}$ 的平均值：

$$\begin{aligned}\tilde{\mathbf{s}}(\boldsymbol{r},\ t)&=\frac{1}{T_{\text{laser}}}\int_{nT_{\text{laser}}}^{(n+1)T_{\text{laser}}}\mathbf{s}(\boldsymbol{r},\ t)\mathrm{d}\tau\\&=\frac{1}{2\xi}\ |\ \boldsymbol{e}_0(\boldsymbol{\rho},\ z)\ |^2\ \overline{s_n}\left(t-\frac{z}{c}\right)(-\hat{\boldsymbol{z}})\end{aligned}\tag{2-58}$$

定义坡印廷矢量的空间分布为

$$\bar{\mathbf{s}}(\boldsymbol{\rho},\ t)=\frac{1}{2\xi}\ |\boldsymbol{e}_0(\boldsymbol{\rho},\ z)|^2=S_0(z)\ \overline{s_n}(\boldsymbol{\rho},\ z)\tag{2-59}$$

式中，$S_0(z)=P_0/A_{\text{laser}}$，为坡印廷矢量 z 中脉冲包络的峰值幅值，与脉冲 P_0 的峰值功率有关；$\overline{s_n}(\boldsymbol{\rho},\ z)$ 为具有单一幅值的坡印廷矢量的空间分布。

$$A_{\text{laser}}=\int_{-\infty}^{+\infty}\int_{-\infty}^{+\infty}\widetilde{s_n}(\boldsymbol{\rho},\ z)\cdot\hat{\boldsymbol{z}}\,\mathrm{d}x\,\mathrm{d}y\tag{2-60}$$

式中，A_{laser} 为激光束坡印廷矢量在 z 中的空间分布面积。激光脉冲承载的平均功率密度可表示为

$$\tilde{\mathbf{s}}(\boldsymbol{r},\ t)=S_0(z)\ \overline{s_n}(\boldsymbol{\rho},\ z)\ \widetilde{s_n}\left(t-\frac{z}{c}\right)\tag{2-61}$$

假设电磁脉冲沿着 z 轴负方向传播，电磁脉冲在正交于 z 的平面上每秒携带的平均功率被定义为

$$p_{\text{laser}}(z,\ t)=\int_{-\infty}^{+\infty}\int_{-\infty}^{+\infty}\bar{\mathbf{s}}(\boldsymbol{\rho},\ z,\ t)(-\hat{z})\mathrm{d}x\,\mathrm{d}y=P_0\ \widetilde{s_n}\left(t-\frac{z}{c}\right)\tag{2-62}$$

式中，P_0 为具有单一幅度 $\widetilde{s_n}(t)$ 的脉冲信号的时变包络的峰值功率。

通过忽略相位延迟项并假设 $\widetilde{s_n}(t)$ 具有高斯形状：

$$\widetilde{s_n}(t)=\exp\left(-4\ln 2\,\frac{t^2}{t_p^2}\right)\tag{2-63}$$

式中，τ_p 为脉冲的半峰全宽(FWHM)，其中 $\tau_p\ll T_p$，可以通过以下关系将脉冲 P_0 的峰值功率与激光平均功率 P_{laser} 联系起来：

$$E_{\text{p}}=\sqrt{\frac{\pi}{4\ln 2}}\,P_0T_p\tag{2-64}$$

式中，E_{p} 为单个激光脉冲的能量。假设激光电场具有给定的空间横向分布（例如均匀分布、高斯分布、艾里图案等），并给定激光平均功率 P_{laser}，从式（2－61）～式（2－64）可以推导出坡印廷矢量 $\tilde{s}(\boldsymbol{r},\ t)$ 的幅度 $S_0(z)$ 和激光电场的幅度 $\boldsymbol{e}(\boldsymbol{r},\ t)$。

当使用适当频率的激光激发时，光电导体的电导率可以用撞击电磁波产生的载流子密度（电子和空穴）来表示。电荷浓度 $n(\boldsymbol{r},\ t)$ 可由半导体连续性方程估计：

$$\frac{\partial n(\boldsymbol{r},\ t)}{\partial t}=g(\boldsymbol{r},\ t)-r(\boldsymbol{r},\ t) \tag{2-65}$$

式中，$g(\boldsymbol{r},\ t)$ 为光导材料载流子产生率，$r(\boldsymbol{r},\ t)$ 为载流子复合率，它可以表述为

$$r(\boldsymbol{r},\ t)=\frac{n(\boldsymbol{r},\ t)}{\tau} \tag{2-66}$$

式中，τ 为载流子寿命。根据 Matthiessen 规则，假设时间 τ 是光导体中所有不同类型的复合现象寿命的平均值。在半导体连续性方程式（2－65）中，忽略热平衡处的载流子密度，因为它通常在光抽运存在时是可以忽略的。扩散项也被忽略了，因为偏置被认为在横跨研究间隙的诱导电流中占主导地位。最后，假设电荷的空间变化可以忽略不计，因为间隙的照明几乎是均匀的。

载流子生成速率 $g(\boldsymbol{r},\ t)$ 是入射到光导体表面调制激光信号的函数，与透射坡印廷矢量在半导体材料体积中的变化成正比关系：

$$g(\boldsymbol{r},\ t)=-\frac{1}{hf_g}\frac{\mathrm{d}}{\mathrm{d}z}\left[(1-|\Gamma|^2)\tilde{s}(\boldsymbol{\rho},\ z=0,\ t)\exp(-\alpha\ |z|)\right]\cdot\hat{\boldsymbol{z}} \tag{2-67}$$

式中，$\tilde{s}(\boldsymbol{\rho},\ z=0,\ t)$ 为激光光源在空气和半导体之间的界面上施加的坡印廷矢量分布的时变包络线，它只取决于 z 轴横向矢量 $\boldsymbol{\rho}$；h 为普朗克常数；f_g 为与光子导体晶格中价带与导带分离的能量带隙相关的频率 $E_g=hf_g$；α 为材料的激光功率吸收系数；Γ 为空气-半导体界面处的菲涅耳反射系数。为了在光导体中诱导电子带间跃迁，脉冲模式下脉冲激光器的载流子频率 f_{laser} 必须大于光导材料带隙频率，即 $f_{\mathrm{laser}}>f_g$。沿 z 方向的平均生成率可表述为

$$\bar{g}(\boldsymbol{r},\ t)=(1-|\Gamma|^2)\frac{1-\exp(-\alpha W_z)}{W_z}\frac{1}{hf_g}|\tilde{s}_n(\boldsymbol{\rho},\ z=0,\ t)|\tilde{s}(t) \tag{2-68}$$

式中，$-W_z \leqslant z \leqslant 0$。使用式(2-65)、式(2-66)和式(2-68)并在谱域中对时间进行变换，方程可以解为

$$N(\boldsymbol{r}, \omega)=(1-|\Gamma|^2)\frac{1-\exp(-\alpha W_z)}{W_z}\frac{1}{hf_g}\frac{\tau}{1+j\tau\omega}|\widetilde{s_n}(\boldsymbol{\rho}, z=0)|\widetilde{S}(\omega) \tag{2-69}$$

由式(2-69)可以定义光电导体材料对激光激发的频率响应为

$$H(\omega)=\frac{1}{hf_g}\frac{\tau}{1+j\tau\omega} \tag{2-70}$$

为了评估材料体积中的载流子密度 $n(\boldsymbol{r}, t)$，应用了式(2-69)的傅里叶逆变换。由于激光产生的自由载流子，光电导材料上每个点(W_x, W_y, W_z)的时变电导率可表述为

$$\sigma(\boldsymbol{r}, t)=e\mu n(\boldsymbol{r}, t) \tag{2-71}$$

式中，e 为基本电荷；μ 为光导体材料的自由载流子瞬态迁移率。

通过应用欧姆定律，并假设对光电导体施加的电场的电流脉冲响应是瞬时的，可以得到

$$\boldsymbol{j}(\boldsymbol{r}, t)=\sigma(\boldsymbol{r}, t)e(\boldsymbol{r}, t) \tag{2-72}$$

考虑响应电流沿 y 方向(参照图 2-11)，通过间隙的电流可计算为

$$i(t)=\frac{1}{W_z}\int_{-\frac{W_y}{2}}^{\frac{W_y}{2}}\int_{-\frac{W_x}{2}}^{\frac{W_x}{2}}\int_{-\frac{W_z}{2}}^{0}\boldsymbol{j}(\boldsymbol{r}, t)\cdot\hat{\boldsymbol{y}}\,\mathrm{d}z\,\mathrm{d}x\,\mathrm{d}y \tag{2-73}$$

因此，通过间隙的电流可以近似为

$$i(t)=\upsilon(t)g(t) \tag{2-74}$$

式中，$\upsilon(t)$为间隙的瞬变电压；$g(t)$为光导体间隙随时间变化的电导率：

$$g(t)=\frac{1}{W_y^2}\int_{-\frac{W_y}{2}}^{\frac{W_y}{2}}\int_{-\frac{W_x}{2}}^{\frac{W_x}{2}}\int_{-W_z}^{0}\sigma(\boldsymbol{r}, t)\,\mathrm{d}z\,\mathrm{d}x\,\mathrm{d}y \tag{2-75}$$

根据文献，时变电导可以写为

$$g(t)=\eta(W_x, W_y, W_z, A_{\text{laser}})\frac{A_{\text{laser}}}{W_y^2}e\mu h(t)\otimes\bar{s}(t) \tag{2-76}$$

式中，η 为光导材料对激光的吸收率；A_{laser} 为激光光束坡印廷矢量在光导体界面处具有幺正幅值的空间分布区域。第一项 η 量化了光导体间隙的激光功率吸收效率，同时考虑了激光束对光导体间隙的溢出、在界面空气-光导体处的反射以及光导体的激光功率吸收特性。式中 $h(t)$ 为材料对激光激发的脉冲响应，$\otimes$定义为时间卷积积分：

$$h(t) \otimes s(t) = \int_{-\infty}^{+\infty} s(t-\tau) h(\tau) \mathrm{d}\tau \tag{2-77}$$

$$\eta(W_x, W_y, W_z, A_{\text{laser}}) = (1 - |\Gamma|^2) \frac{1 - \exp(-\alpha W_z)}{W_z} \frac{1}{A_{\text{laser}}} \int_{-\frac{W_y}{2}}^{\frac{W_y}{2}} \int_{-\frac{W_x}{2}}^{\frac{W_x}{2}} \int_{-\frac{W_z}{2}}^{0} |\widetilde{s}_n(\boldsymbol{\rho}, z=0)| \mathrm{d}z \mathrm{d}x \mathrm{d}y \tag{2-78}$$

而被泵浦的光导材料电导率 σ 在 GaAs 内部随深度的变化而变化，在 PCA 探测电磁波的过程中，天线输出的光电流主要来源于其表面载流子的移动，其表面电导率：

$$\sigma(r, t) = e\mu(1 - R^2) \frac{1 - \exp(-\alpha H_z)}{H_z} h(t) \otimes |s(r, t)|_{z=0} \tag{2-79}$$

式中，$0 \leqslant H_z \leqslant H$；$e$ 为基本电荷；R 为空气-半导体界面处的菲涅耳光学反射系数；α 为半导体 GaAs 对激光的吸收系数。时变电导率 σ 取决于激光功率密度包络 $s(r, t)$与半导体材料 GaAs 对激光功率的脉冲响应 $h(t)$的时间卷积$\otimes$。

$$h(t) = \frac{1}{hf_g} \exp\left(-\frac{t}{\tau}\right) u(t) \tag{2-80}$$

$$s(\boldsymbol{r}, t) = S_0(z) \widetilde{s}_n(\boldsymbol{\rho}, z) \widetilde{s}_n\left(t - \frac{z}{c}\right) \tag{2-81}$$

式中，h 为普朗克常数；f_g 为半导体材料的能带隙相关频率 $E_g = hf_g$；τ 为自由载流子寿命；$u(t)$是赫维赛德阶跃函数。

参考文献

［1］ Auston D H, Cheung K P, Smith P R. Picosecond photoconducting hertzian dipoles

[J]. Applied Physics Letters, 1984, 45(3): 284 - 286.

[2] Darrow J T, Hu B B, Zhang X C, et al. Subpicosecond electromagnetic pulses from large-aperture photoconducting antennas[J]. Optics Letters, 1990, 15(6): 323 - 325.

[3] Zhang H, Wahlstrand J K, Choi S B, et al. Contactless photoconductive terahertz generation[J]. Optics Letters, 2011, 36(2): 223 - 225.

[4] 谢铭勋,再入遥测技术(下册)[M].北京:国防工业出版社,1992: 21 - 32.

[5] Shi W, Hou L, Wang X M. High effective terahertz radiation from semi-insulating-GaAs photoconductive antennas with ohmic contact electrodes[J]. Journal of Applied Physics, 2011, 110: 023111.

[6] Park S G, Weiner A M, Melloch M R, et al. High-power narrow-band terahertz generation using large-aperture photoconductors [J]. IEEE Journal of Quantum Electronics, 1999, 35(8): 1257 - 1268.

[7] Yasui T, Saneyoshi E, Araki T. Asynchronous optical sampling terahertz time-domain spectroscopy for ultrahigh spectral resolution and rapid data acquisition[J]. Applied Physics Letters, 2005, 87(6): 737.

[8] Piao Z S, Tani M, Sakai K. Carrier dynamics and terahertz radiation in photoconductive antennas[J]. Japanese Journal of Applied Physics, 2000, 39(1R): 96.

[9] Lee Y S. Principles of terahertz science and technology[M]. New York: Springer, 2009.

[10] Edwards J, Lorenz K T, Remington B A, et al. Laser-driven plasma loader for shockless compression and acceleration of samples in the solid state[J]. Physical Review Letters, 2004, 92(7): 075002.

[11] Lieberman M A, Lichtenberg A J. Principles of Plasma Discharges and Materials Processing[M]. 2nd ed. New Jersey: Wiley, 2005.

[12] Zhou L, Tang C J. Interactions of electromagnetic wave and Langmuir wave in an inhomogeneous plasma[J]. Acta Physica Sinica, 2009, 58(12): 8254 - 8259.

[13] Sheng Z M, Mima K, Zhang J, et al. Emission of electromagnetic pulses from laser wakefields through linear mode conversion[J]. Physical Review Letters, 2005, 94(9): 095003.

[14] Means R W, Muschietti L, Tran M Q, et al. Electromagnetic radiation from an inhomogeneous plasma: Theory and experiment[J]. The Physics of Fluids, 1981, 24(12): 2197 - 2207.

[15] Hinkel-Lipsker D E, Fried B D, Morales G J. Analytic expression for mode conversion of Langmuir and electromagnetic waves[J]. Physical Review Letters, 1989, 62(23): 2680 - 2682.

[16] Keen Liu, Bingsheng Zhu, Pusheng Luo. The Physics of Semiconductors[M]. 7th ed. Beijing: Publishing House of Electronics Industry, 2008.

[17] Wu Q, Litz M, Zhang X C. Broadband detection capability of ZnTe electro-optic field detectors[J]. Applied Physics Letters, 1996, 68(21): 2924 - 2926.

[18] Nahata A, Weling A S, Heinz T F. A wideband coherent terahertz spectroscopy

system using optical rectification and electro-optic sampling [J]. Applied Physics Letters, 1996, 69(16): 2321 - 2323.

[19] Hou L, Shi W, Chen S G. Noise analysis and optimization of terahertz photoconductive emitters[J]. IEEE Journal of Selected Topics in Quantum Electronics, 2013, 19(1): 8401305.

[20] Iverson A E, Wysin G M, Smith D L, et al. Overshoot in the response of a photoconductor excited by subpicosecond pulses[J]. Applied Physics Letters, 1988, 52 (25): 2148 - 2150.

[21] Upadhya P C, Fan W H, Burnett A, et al. Excitation-density-dependent generation of broadband terahertz radiation in an asymmetrically excited photoconductive antenna [J]. Optics Letters, 2007, 32(16): 2297 - 2299.

[22] Ghione G. Semiconductor devices for high-speed optoelectronics [M]. Cambridge: Cambridge University Press, 2009.

[23] Tsen K T. Ultrafast dynamical processes in semiconductors [M]. Berlin: Springer Science & Business Media, 2004.

光电导天线材料

1984 年，Auston 首先利用光电导天线发射太赫兹电磁波，用另一个结构相似的光电导天线接收，这就是最早的产生和探测太赫兹电磁脉冲的实验。实验中使用蓝宝石外延硅作为天线芯片材料，因为当时硅半导体的制作工艺比较成熟，但硅制作的光电导天线在耐压性、开关速度和效率等方面都存在缺陷。随着 GaAs 制作工艺逐渐成熟，人们发现与硅相比，GaAs 具有很多优越的性能。近年来一些其他的光电导材料如 InP、SiC、金刚石以及 InGaAs 等也被用于制作太赫兹光电导天线，但是这些材料在禁带宽度、电阻率、价格等方面存在一些不足。比如：金刚石材料的禁带宽度 5.5 eV，击穿电场高达 10^6 V/cm，比 GaAs 高一个数量级，暗态电阻率可达 10^{16} Ω·cm，载流子寿命小于 1 ns，导热性也非常好，但是存在价格昂贵、开关速度不够快、需要用紫外波长的飞秒激光器触发等缺点。

3.1 GaAs 材料的性质

在目前使用 800 nm 飞秒激光器作为光电导天线触发源的太赫兹时域光谱系统中，GaAs 材料是最佳的光电导材料。

GaAs 属于Ⅲ～Ⅴ族化合物半导体，其能带结构为闪锌矿直接能隙结构，见图 3－1。GaAs 导带极小值位于布里渊区中心 $k=0$ 的 Γ 能谷底，等能面为球面形，导带底电子有效质量，即中心能谷 Γ 的有效质量为 $0.063m_0$（m_0 是电子静止质量）。在导带[111]和[100]晶向的两个卫星能谷底各自有一极小值，电子有效质量分别为 $0.22m_0$ 和 $0.58m_0$。导带的三个能谷极小值与价带顶的能量差分别为 1.42 eV、1.71 eV 和 1.90 eV。两卫星能谷 L 和 X 的能量极小值与中心能谷能量极小值之差分别为 0.29 eV 和 0.48 eV。价带具有一个重空穴带 V_1，一个轻空穴带 V_2 和由于自旋轨道耦合分裂出来的第三个能带 V_3，重空穴带极大值稍许偏离布里渊区中心。重空

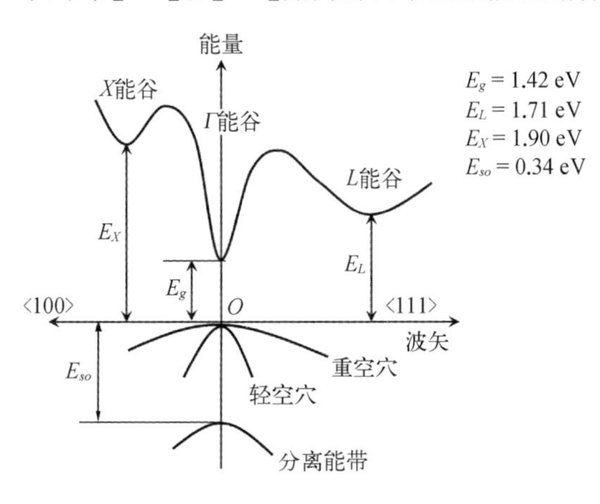

图 3－1　GaAs 的能带结构(温度为 300 K)

穴有效质量为 $0.45m_0$，轻空穴有效质量为 $0.082m_0$，第三个能带的裂距为 0.34 eV。室温下禁带宽度为 1.42 eV，禁带宽度与温度有关。

结合 GaAs 的能带结构，可以发现 GaAs 适合于用作光电导天线材料的原因如下：

① GaAs 材料较宽的禁带宽度（1.42 eV）使它具有较高的耐压特性，适合制作功率半导体器件。

② GaAs 材料的电子迁移率高达 8 000 $cm^2/(V \cdot s)$，为硅材料的 5～6 倍，所以与其他的光电导材料相比，GaAs 在工作频率、开关速度等方面都有明显的优势。

③ GaAs 的本征载流子浓度比本征硅低四个数量级，其电阻率比硅高三个数量级，GaAs 材料呈半绝缘性。因此，GaAs 光电导天线中的暗电流小，工作温度低，击穿电压高。

④ GaAs 为直接带隙半导体，吸收光子后，产生的光生电子发生直接跃迁，导通过程只需电子和光子的参与；而间接带隙的半导体，吸收光子后，电子发生非直接跃迁，需要光子、电子、声子三者同时参与。因此 GaAs 天线的光电转换效率要比间接带隙的半导体制备的光电导天线要高。

⑤ GaAs 中载流子的寿命只有亚纳秒量级，从而保证了天线具有很高的开关速度。LT－GaAs 的载流子寿命可以达到亚皮秒量级，因而 LT－GaAs 光电导天线的速度更快，辐射太赫兹波的频率更高。

从上面的分析可知，GaAs 是较好的制备光电导天线的光电导体。

3.1.1 SI－GaAs

SI－GaAs 是电阻率大于 $1\times10^7\ \Omega \cdot cm$ 的砷化镓单晶，可由多种方法生长，如梯度凝固法，该方法是使材料中含有浓度高达 $10^{16}\ cm^{-3}$ 的硅受主，然后掺入铬、氧等深受主杂质补偿硅浅施主来生长 SI－GaAs。掺铬 GaAs（GaAs:Cr）材料比非掺杂的 GaAs 材料的电阻率高，但是热稳定性不好，比如 296 K 时，GaAs:Cr 的电阻率在 8.3×10^8～$9.5\times10^8\ \Omega \cdot cm$。430 K 时，降低到 $5.5\times10^8\ \Omega \cdot cm$。现在主要使用高压单晶炉，用热解坩埚由 As、Ga 直接合成非掺杂半绝缘 GaAs 单晶。GaAs 的半绝缘性质是本底施主杂质（主要是硅）被浅受主（碳）补偿，而浅受主又被本身的施主 EL2 补偿导致的。

本书实验以从美国 UniversityWafer 公司（www.universitywafer.com）购买的 SI－GaAs 晶圆作为光电导天线材料并阐述其特性，其主要技术参数见表 3－1。

表 3-1 实验中所使用的 SI-GaAs 晶圆的主要技术参数

晶向	电阻率/(Ω·cm)	迁移率/[cm^2/(V·s)]	载流子寿命/ps	EPD/cm^2
[100]	3.5×10^7	4 920	约 300	<8 600

3.1.2 LT-GaAs

尽管 SI-GaAs 的载流子寿命为几百皮秒，但是要利用飞秒激光器触发光电导天线产生高频的太赫兹电磁波并不容易。只有芯片材料的载流子寿命小于 1 ps 时，才有可能产生峰值频率高于 1 THz 的电磁辐射。LT-GaAs 在低温生长的过程中会产生大量的 As^+ 缺陷，这些缺陷赋予 LT-GaAs 非常优良的光电特性：较高的暗态电阻(>10^7 Ω·cm)，较短的载流子寿命(0.25 ps)，较高的载流子迁移率[100～300 cm^2/(V·s)]和较高的击穿强度(>500 kV/cm)，目前 LT-GaAs 被认为是最好的制作光电导天线的光电导材料。但是 LT-GaAs 制备工艺的重复性不好，每批样品的参数都有差异。

本书实验中所使用的 LT-GaAs 晶圆是从德国 IQE 公司(www.iqep.com)购买的，其主要技术参数见表 3-2。

表 3-2 实验中所使用的 LT-GaAs 晶圆的主要技术参数

晶向	电阻率/(Ω·cm)	迁移率/[cm^2/(V·s)]	载流子寿命/ps	EPD/cm^2
[100]	3.1×10^8～3.8×10^8	100～300	<1	<5 000

3.2 其他种类的光电导材料

3.2.1 蓝宝石外延硅(SOS)

在最早期的太赫兹研究中，常用各种各样的蓝宝石外延硅(SOS)材料制作光电导天线，例如未掺杂的、Ar^+注入和辐射损伤的 SOS。然而随着 GaAs 技术的成熟，研究发现，GaAs 比 SOS 具有更高的载流子迁移率，从而具有更短的响应时间，并且相同条件下 GaAs 天线产生太赫兹波的幅值比 SOS 天线至少高几倍。因此在近十几年的研究中关于 SOS 制备光电导天线的报道逐渐减少。

3.2.2 1 030 nm 激光器泵浦的材料

长期以来，光电导天线的大部分研究都集中在使用 800 nm 飞秒激光器作为泵浦光源，近年来，随着 Yb 掺杂光纤技术的发展，中心波长为 1 030 nm 的紧凑型短脉冲锁模激光器逐渐成熟，使用更长波长的激光器作为触发光源的研究逐年增加。与钛蓝宝石激光器（Ti:Sa）相比，这种光纤激光器通常具有更高的电光转换效率。未经处理的 GaAs 的带隙较大，无法在该波长下进行有效的光激发，一些新的光电导材料被应用于制备该波段下工作的光电导天线，这些材料包括 GaBiAs、LT - InGaAs、各种 InGaAs 基异质结构和 GaInAsBi。然而，由于 InGaAs 在 300 K 下的能带间隙是 0.55 eV 的低带隙能量，大量热电子被光激发直接进入明显高于导电带边缘的能态，增加了载流子寿命，对太赫兹波的辐射不利。GaBiAs 是在该波长下有效且商业上可行的材料，其原因如下：首先，GaBiAs 材料带隙是铋浓度的函数，因此可以根据期望的激发光子能量进行设计。其次，GaBiAs 与 LT - GaAs 非常相似，它的生长条件可以针对短载流子捕获时间进行优化，低温生长可使载流子寿命降低至 1 ps。这种材料的光到太赫兹波的转换效率超过 10^{-4}，发射带宽大于 3 THz。

3.2.3 1 100～1 300 nm 激光器泵浦的材料

人们对适用于这个波长范围内的半导体材料制备光电导天线的研究并不多。对于其他波长的光电导天线材料的使用和开发是由激光技术驱动带动的，而 1 100～1 300 nm 波段的光电导材料的研究是因为发现了掺有 InAs 量子点（QD）的 GaAs 等材料具有优异的光电导特性，在 InAs QD 结构内实现共振激励，如图 3 - 2（a）～（e）。将 1～2 nm 厚的 InAs QD 层掺入体状 GaAs，由于 QD 激发态内光激发态（ES）载流子的立即捕获，因此可以大大降低载流子寿命，同时保持高迁移率。因此，由于受激跃迁，光泵功率的增加导致载流子寿命的减少。

这个独特的属性有几个有趣的效果：首先，光泵功率的增加导致饱和偏置场的增加，这在体器件中通常没有观察到。其次，与 LT - GaAs 器件相比，较短的载流子寿命有利于产生较高频率的太赫兹辐射，并且能够在更大的泵浦光强度下工作而不会被击穿。通过优化 QD 尺寸的均匀性和 QD 间距，可以提高材料的光到太赫兹波的转换效率。

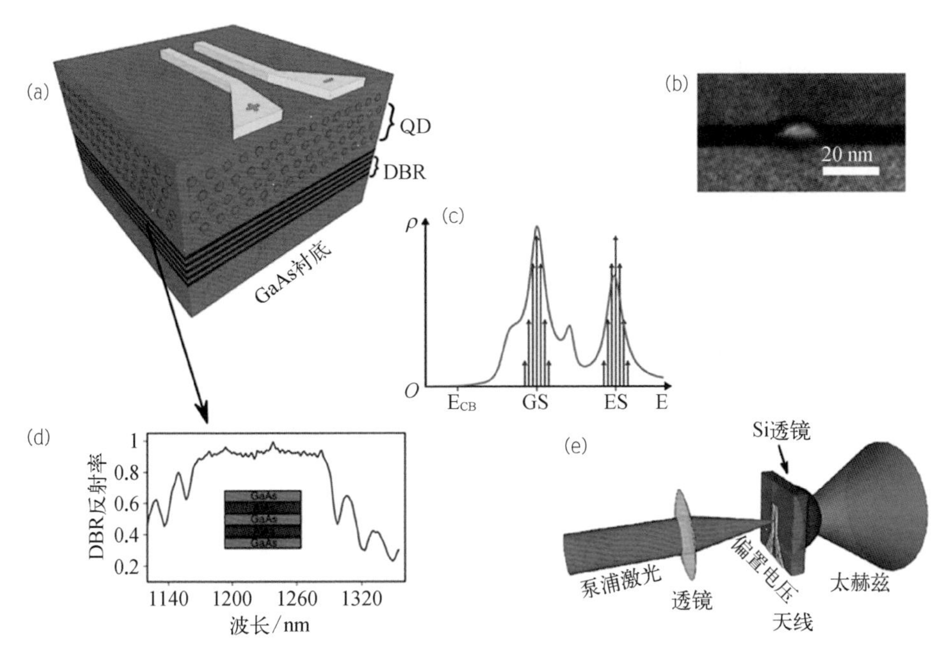

图 3－2　(a) 量子点光电导天线的结构、量子点有源区和 GaAs 矩阵中注入的几层 InAs 量子点、DBR 分布式布拉格反射器；(b) InAs QD 的横截面 TEM 图像；(c) 量子点材料的态密度、E_{CB}表示导带的底部、GS 和 ES 分别表示基态和激发态能量，红线表示材料的光致发光光谱；(d) 天线中使用的 AlAs/GaAs 分布式布拉格反射器的反射率和结构示意图；(e) 利用量子点光电导天线产生太赫兹波的示意图

3.2.4　1 550 nm(通信波长)激光器泵浦的材料

近年来，使用光通信波长激发触发光电导太赫兹天线之所以引起了人们的兴趣，是因为通信波段的光纤飞秒激光器价格低、稳定性好并且有利于太赫兹系统的集成。当使用 980 nm 波长的光泵浦时，掺铒光纤振荡器和放大器产生的波长约为 1.55 μm。很多材料，例如 InAs、InSb、GaSb、InGaAsP、GaInAsBi 和掺杂 InGaAs 被用作光电导材料产生太赫兹波。最近的研究表明，使用 11 fs 的光脉冲激发具有高载流子迁移率[3 900 cm^2/(V・s)]的 Ge:Au 可以产生高达 70 THz 的辐射。

(1) 掺杂 InGaAs

与 GaAs 相比，InGaAs 的带隙小，寿命相对较长，因此通常具有较低的暗电阻，因此通过掺杂弥补 InGaAs 材料的上述缺陷是非常必要的。Suzuki 等人较早开始相关研究，他们采用化学气相沉积法生长了 $In_{0.53}Ga_{0.47}As$ 和 $In_{0.53}Ga_{0.47}As$:Fe，Fe 离子的剂量为 $1\times10^{15}\ cm^{-2}$，并比较了用它们制备的光电导天线的性能。掺杂 Fe

后，在样品表面形成非晶层。研究发现，掺杂样品比未掺杂样品的响应时间更短，这是由于载流子梯度迫使电子进入非晶区域，在非晶区域中，由于 Fe 离子充当材料带隙中的深受主态，电子发生超快弛豫现象。

图 3-3 是利用两种材料制备的光电导天线在泵浦光功率均为 5 mW 下测试得到的太赫兹时域波形。Fe 掺杂 InGaAs 天线辐射太赫兹波的时域波形宽度更窄，并且主峰后出现了一个小的负峰，说明了 Fe 掺杂后，载流子寿命减小了。掺杂样品的电阻率增加，载流子迁移率不到未掺杂样品的 1/6[从 9 900 $cm^2/(V \cdot s)$下降到 1 500 $cm^2/(V \cdot s)$]，这导致了更高的饱和通量。

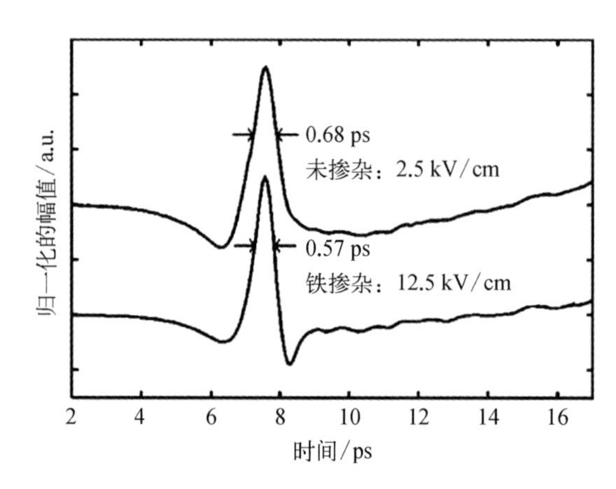

图 3-3　Fe 掺杂和未掺杂 InGaAs 光电导天线辐射太赫兹波的归一化波形(泵浦光功率均为 5 mW)

近年来，利用 Fe 掺杂 InGaAs 材料制备光电导天线的相关研究较多，例如 Wood 等的研究表明，如果在外延生长过程中掺杂 Fe，则可以实现对 Fe 掺杂浓度的精确控制。对多个掺杂浓度在 $2\times10^6\sim5\times10^8$ cm^{-3} 的 InGaAs:Fe 样品制备的光电导天线比较表明，太赫兹输出功率与掺杂浓度成反比。这归因于掺杂散射减少、载流子迁移率和光电流增加。2017 年，Globisch 等通过优化生长和退火温度(分别为 400℃和 600℃)，载流子寿命达到 300 fs，迁移率达到 900 $cm^2/(V \cdot s)$，太赫兹波的峰值输出功率为 75 μW。

除了铁之外，InGaAs 还掺杂了更重的离子，如 As^+ 和 Bh^+，后者的载流子寿命小于 200 fs，载流子迁移率降低到 490 $cm^2/(V \cdot s)$，由于掺杂剂量为 1×10^{12} cm^{-3}，散射增加。材料性能也很大程度上取决于材料中的 In/Ga 比，其性能与利用 800 nm 的激光触发 LT-GaAs 的性能相当。2000 年，Kohlhaas 等使用 MBE 生长的掺铑(Rh)InGaAs 可产生功率高达 637 μW，带宽高达 6.5 THz 的带宽太赫兹辐射。该材料具有较高的载流子迁移率[3 000 $cm^2/(V \cdot s)$]、高电阻率和亚皮秒量级的载流子寿命，从而实现了 3.4%的光到太赫兹波的转换效率。如图 3-4 所示，图中描绘的是偏置电场均为 60 kV/cm 时，Fe 掺杂和 Rh 掺杂 InGaAs 天线辐射太赫兹波的绝对功率随触发光功率的变化曲线，由图可知 Rh 掺杂 InGaAs 天线辐射太赫兹波的功率是 Fe 掺杂 InGaAs 天线辐射的 3.5 倍。

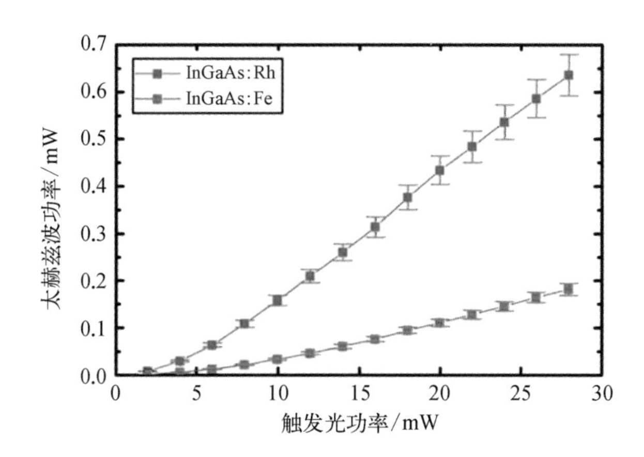

图 3-4　Fe 掺杂和 Rh 掺杂 InGaAs 天线辐射太赫兹波的绝对功率随触发光功率的变化曲线(偏置电场均为 60 kV/cm)

(2) InGaAs/InAlAs 异质结

在 InGaAs/InAlAs 多层堆叠的异质结构中，8～10 nm 厚(1 550 nm 处光学透明)InAlAs 层起到增加 InGaAs 整体暗电阻率的作用，因为它们具有高浓度的深电子陷阱，并具有更宽的带隙。Sartorius 等在小于 200℃的低温下生长这种结构，通过引入过量的 AsGa 陷阱降低复合时间，将 InGaAs 体材料的电阻率增加了四个数量级。这种物理分离材料的活区和捕获区的技术被证明在产生太赫兹波的带宽方面与 800 nm 激发的 LT-GaAs 是相当的，它们具有相似的捕获时间。实验表明，这种结构可以产生的太赫兹波的场强高达 2.5 kV/cm，峰值输出功率 64 μW，光到太赫兹波的转换效率达 2×10^{-3}。InGaAs 具有高迁移率，而 InAlAs 具有高缺陷密度，因此通过优化异质结构的生长温度和厚度可实现对材料性能的优化。

(3) ErAs 材料

ErAs 是 GaAs 和 InGaAs 中使用的另一种较成熟的掺杂剂，它被认为是一种超快速捕获位点。早期的相关研究提出在 ErAs 掺杂中产生了自组金属纳米颗粒或纳米岛，这些纳米颗粒可以被结合到 InGaAs 超晶格异质结构中，从而提高材料的亚皮秒载流子寿命。

2010年，Schwagmann等研制出图3-5所示的超晶格结构，该结构是由在InGaAs:Be体材料中以未掺杂InGaAs作间隔层形成多层自组装ErAs岛的交替层形成的。P掺杂层既充当捕获位点，又增加了结构的整体电阻率。图3-5的四个单独的太赫兹脉冲是利用1 550 nm的激光激发该超晶格结构产生的，对比表明，通过增加结构内的InGaAs长度，受激电子在ErAs俘获层中复合之前，会走过更长的距离，这增加了载流子的寿命，并降低了太赫兹波形第二峰值的幅度。

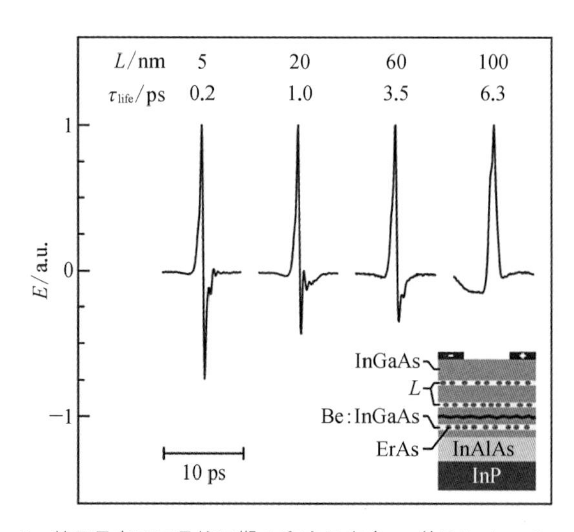

图3-5 基于具有不同晶格周期 L 和电子寿命 τ_{life} 的ErAs: $In_{0.53}Ga_{0.47}As$ 超晶格的光电导天线发射太赫兹波的归一化时域波形(图中插图是ErAs: $In_{0.53}Ga_{0.47}As$ 超晶格截面示意图)

近年来的研究焦点转移到GaAs和InGaAs中的ErAs量子点(QD)上。研究发现，在生长温度580℃下，GaAs掺杂浓度高于极限 7×10^{17} cm^{-3} 以上会产生近球形QD结构。该结构在材料内产生非本征光电导性，由于电子在经历超快弛豫之前直接从中带隙QD态被光激发进入导带，这种机制在1 550 nm处发生，光到太赫兹转换效率高达0.18%。此外，Zhang等证明了超临界的使用，这种效应通过协同自发发射增强材料的PC特性，从而在量子点内产生强烈的粒子数反转，这有助于该材料达到创纪录的117 μW的输出功率，但转换效率与之前的研究相似。

3.2.5 宽禁带半导体材料

由于宽禁带半导体材料具有更高的击穿电场，所以更有利于天线辐射功率的提高。下面将介绍两种宽禁带半导体材料。

(1) 金刚石

采用化学气相沉积法(CVD)可生长晶体金刚石薄膜,在其上制备的叉指状结构的大孔径光电导天线(LAPCA)可利用受激准分子激光器触发。通过封装绝缘处理后,所施加的偏置电场高达 0.5 MV/cm。在 100 kV/cm 的偏置电场下,金刚石 PCA 获得的太赫兹辐射能量密度高达 10 μJ/cm^2,比 GaAs 大一个数量级,并且太赫兹场随偏置场的增加没有出现饱和。尽管金刚石 LAPCA 表现出了优异的性能,但是对金刚石 PCA 的研究尚未深入。其原因是它的带隙为 5.46 eV,需要将 Ti:蓝宝石激光器发出的 800 nm 激光进行四倍频或使用准分子激光器的双光子吸收过程,且金刚石天线的成本非常高。这限制了金刚石 PCA 的应用。

(2) ZnSe

硒化锌(ZnSe)的能带间隙为 2.67 eV,被广泛用作红外区的光学窗口和透镜。使用 ZnSe 作为衬底的光电导天线的偏置电场超过 100 kV/cm,峰值电流可达 100 kA/cm。由于 ZnSe 的能带间隙不像金刚石那么大,可以使用蓝宝石激光器的二次谐波激发产生标准的光子吸收,也可以使用一次谐波激发产生双光子吸收。在第一种情况下,讨论带隙以上的光激发;在第二种情况下,讨论带隙外的光激发。Holzman 和 Elezzabi 首次利用 ZnSe 光电导天线产生了 THz 辐射,图 3-6 是他们制备的 ZnSe 光电导天线,结构是 H 型偶极天线,电极间隙为 9 μm。将 800 nm 的激光聚焦到电极间隙中接近阳极的位置产生低于带隙的激发,实验揭示了太赫兹场随偏置场的线性变化,表明太赫兹脉冲幅值随偏置电场的线性变化对高强度太赫兹脉冲的产生非常重要。

另外一个工作研究了 ZnSe 单晶和多晶制备的光电导天线辐射太赫兹波的特性,为了避免在空气中的击穿,将电极制备于晶体的两侧,点间距 1 mm。图 3-7(a)是两种天线辐射太赫兹波的归一化的时域波形,经傅里叶变换得到的功率谱见图 3-7(b)。用 400 nm 的激光脉冲激发的 ZnSe 单晶和多晶体光电导天线,太赫兹峰值电场随偏置电压线性变换,太赫兹峰值电场随光学通量呈双曲线关系。两种天线的主要差异是饱和光通量阈值不同,对于单晶 ZnSe 天线其饱和光通量是 0.15 mJ/cm^2,而对于多晶 ZnSe 天线其饱和光通量是 1.01 mJ/cm^2。这是两种衬底中载流子的迁移率不同造成的。

在高于带隙和低于带隙的光子能量激发时,单晶 ZnSe 光电导天线的性能是不一样的。如上所述,被泵浦到带隙之上时,太赫兹电场的随光通量的变化满足双曲

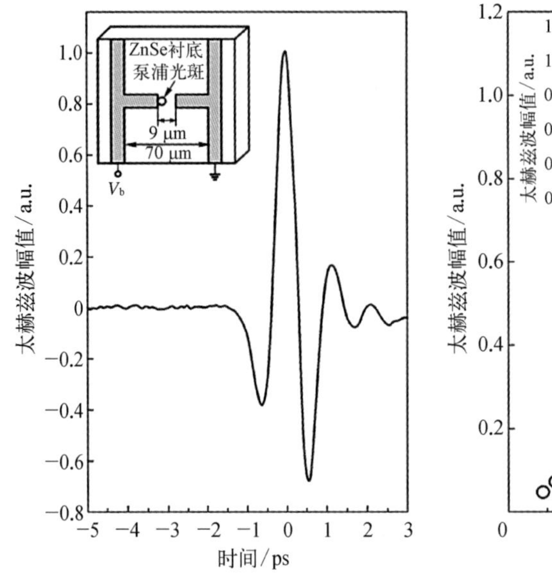

(a) ZnSe太赫兹光电导天线辐射太赫兹波的时域波形，泵浦光能为160 mW，偏置电压为230 V（天线结构及触发位置见插图）

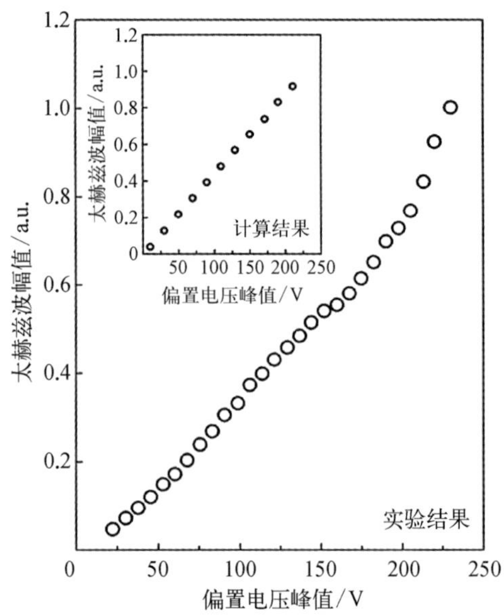

(b) 太赫兹峰峰值随偏置电压的变化（插图是利用电流转换模型计算的结果）

图 3-6　ZnSe 光电导天线

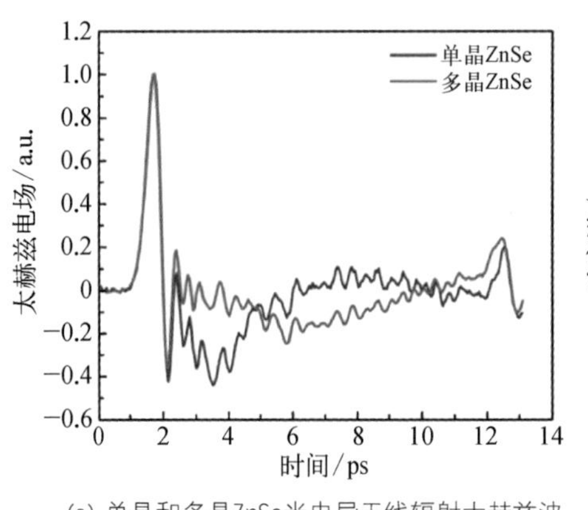

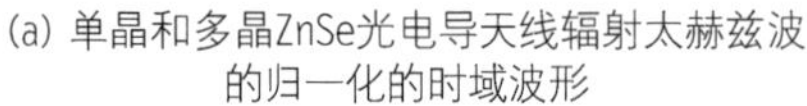
(a) 单晶和多晶ZnSe光电导天线辐射太赫兹波的归一化的时域波形

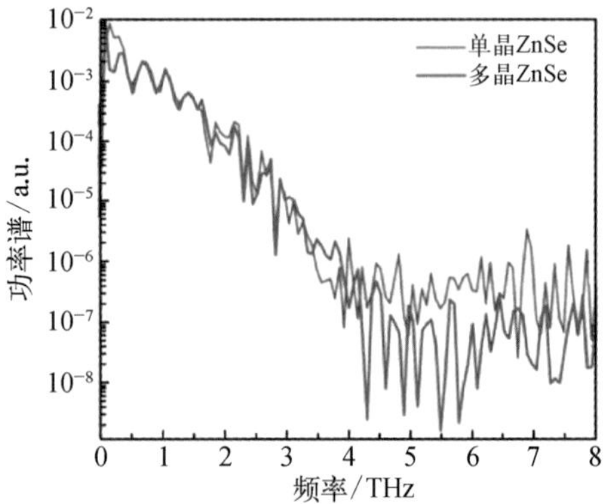

(b) 经过傅里叶变换得到的功率谱

图 3-7　单晶和多晶 ZnSe 光电导天线

线形关系。当用 800 nm 激光脉冲泵浦 ZnSe 光电导天线发射带隙下激发时，对于低于 0.7 mJ/cm^2 的流量，太赫兹脉冲幅值随光通量的变化遵循二次方关系，然后变为线性关系，直到光通量达到 2.1 mJ/cm^2，其后达到饱和，如图 3-8 所示。更重要的是，当单晶 ZnSe 大孔径光电导天线在高于和低于带隙的激发时，其饱和状态下产生的 THz 脉冲场具有相同的峰值场值。但是，用 800 nm 激光脉冲泵浦时，天线更容易损坏，因为当天线中的载流子被抽运到带隙下方时，开关温度升高的光功率和焦耳效应都比带隙上方激发时更强。

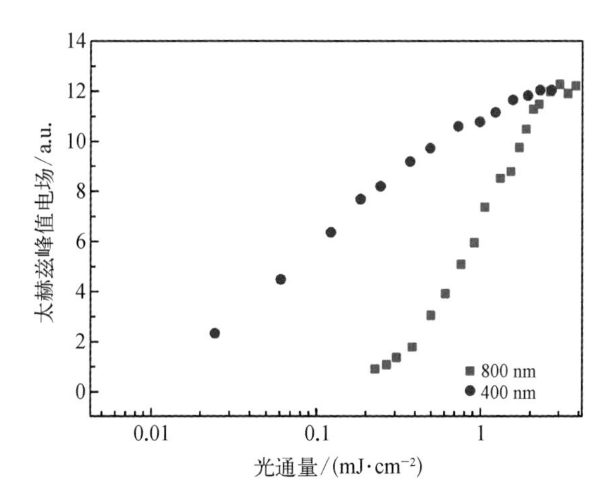

图 3-8　400 nm 和 800 nm 的光触发下 ZnSe 单晶大孔径光电导天线辐射太赫兹峰值电场随光通量的变化关系

对于电极结构完全相同的单晶、多晶 ZnSe 天线在带隙上泵浦和相同结构的 GaAs 天线采用 800 nm 激光泵浦，对比了它们的性能，结果如图 3-9 所示。三个天线的 THz 电场随光通量增加按照双曲线规律变化。由于三种衬底材料的载流

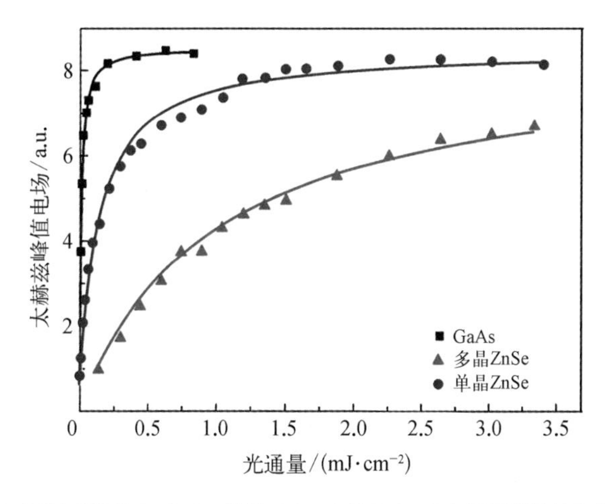

图 3-9　不同光通量下，GaAs、单晶 ZnSe、多晶 ZnSe 光电导天线辐射太赫兹波的峰值电场，图中的点为实验结果，曲线是根据实验结果的拟合曲线

子迁移率的差异，三个天线的饱和光通量不同，GaAs、单晶和多晶 ZnSe 天线的光通量饱和值分别为 0.01 mJ/cm^2、0.15 mJ/cm^2 和 1.07 mJ/cm^2。然而，当三个天线都在饱和区工作时，辐射太赫兹波的峰值电场是相同的。

图 3 - 10 是 800 nm 激光泵浦 GaAs 天线和 400 nm 激光泵浦单晶 ZnSe 天线的太赫兹峰值电场随偏置电场的变化曲线。两个天线辐射太赫兹波的峰值电场随偏置电压线性增加，然而，在偏置电场为 10 kV/cm 时，GaAs 天线击穿。而 ZnSe 天线能够承受更高的偏置电场，因此可以辐射的最大太赫兹电场比 GaAs 天线高很多。

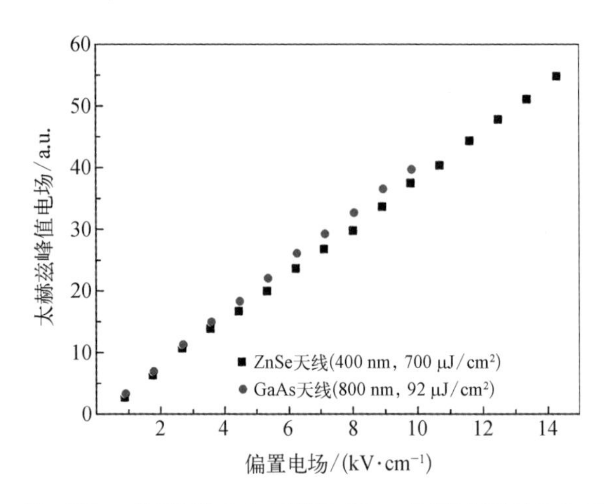

图 3 - 10　800 nm 激光泵浦 GaAs 天线和 400 nm 激光泵浦单晶 ZnSe 天线的太赫兹峰值电场随偏置电场的变化曲线

(3) SiC

与具有较高载流子迁移率的 GaAs 晶体相比，碳化硅(SiC)的介电常数和热导率要比其高 10 倍以上。SiC 具有极高的硬度，在发生放电时也极耐损坏。因此，良好电学特性和优异的热稳定性使 SiC 成为制造高功率电子器件的理想选择，例如肖特基二极管、MOSFET 和光电导开关。对于具有横向 4H - SiC 光电导开关，用波长为 355 nm、脉宽为 7 ns 的激光脉冲泵浦时，直流偏置电压高达 20 kV，对应的偏置电场为 328 kV/cm。

研究者研究了具有双(4H)和三(6H)堆叠周期的 SiC 光电导天线在 400 nm 和 800 nm 波长的激光触发下的辐射特性。图 3 - 11(a)是利用光通量为 0.29 mJ/cm^2 的 400 nm 的激光触发，偏置电场为 9.25 kV/cm 时，6H - SiC 和 4H - SiC 光电导天线辐射太赫兹波的归一化波形，插图为原始波形。图 3 - 11(b)为相应的频谱。

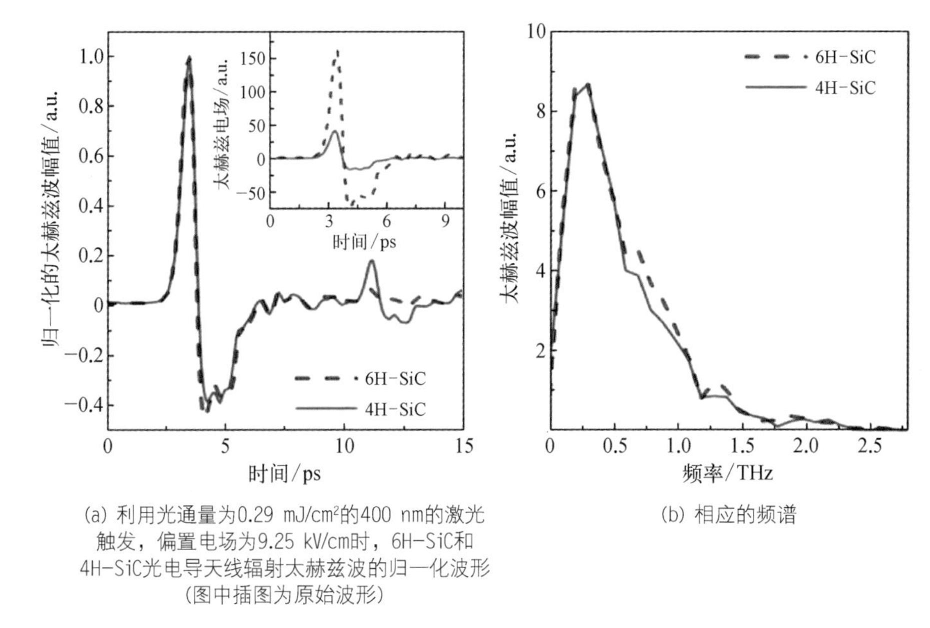

(a) 利用光通量为0.29 mJ/cm²的400 nm的激光触发，偏置电场为9.25 kV/cm时，6H-SiC和4H-SiC光电导天线辐射太赫兹波的归一化波形(图中插图为原始波形)

(b) 相应的频谱

图 3-11 6H-SiC 和 4H-SiC 光电导天线辐射太赫兹波的归一化波形及相应的频谱

实验证明，在不同偏置电场下，6H-SiC 光电导天线和 4H-SiC 光电导天线辐射太赫兹波的峰值电场随触发光通量的变化存在规律，实验结果如图 3-12 所示。

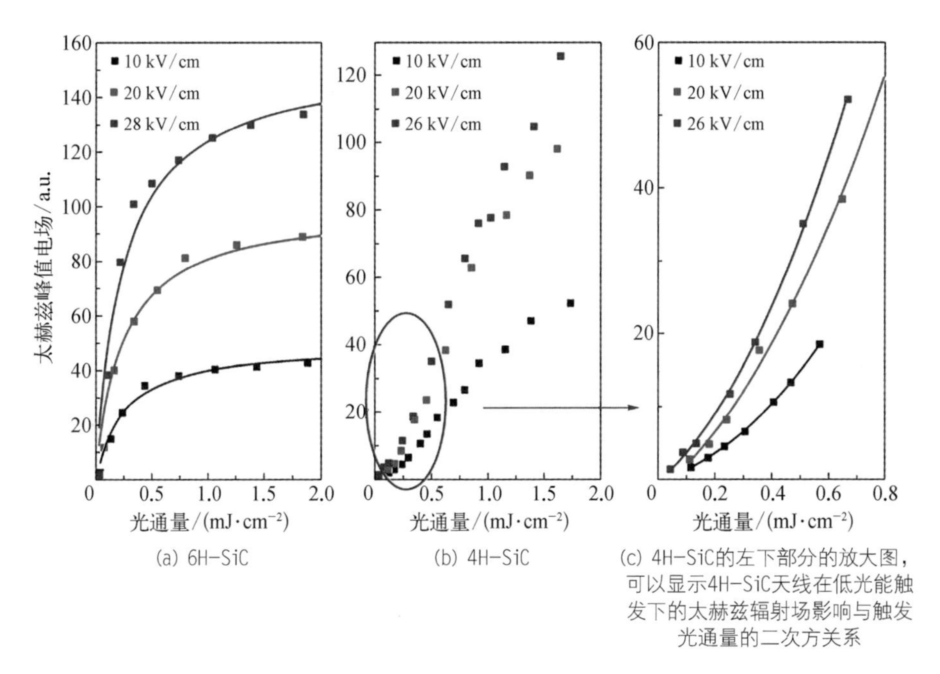

(a) 6H-SiC

(b) 4H-SiC

(c) 4H-SiC的左下部分的放大图，可以显示4H-SiC天线在低光能触发下的太赫兹辐射场影响与触发光通量的二次方关系

图 3-12 三种不同偏置电场下光电导天线辐射太赫兹波的峰值电场随触发光通量的变化规律

从图 3-12(a)可以看出,6H-SiC 光电导天线辐射太赫兹波的强度随着光通量的增加而增加,在一定数值后出现了饱和现象。图 3-12(b)中,4H-SiC 光电导天线辐射太赫兹波的强度随着光通量的增加而增加,从 3-12(c)的放大图可以明显看出太赫兹波的峰值强度与光通量呈二次方关系。

3.3 天线芯片材料对天线辐射太赫兹波功率的影响

下面以 GaAs 光电导材料为例,讨论天线材料对天线辐射性能的影响。根据第 2 章中的电流瞬冲模型[式(2-9)~式(2-14)]可得辐射场在光电导天线表面和远场处的解析形式,进而可以表示出太赫兹辐射的时域波形。

由电流瞬冲模型可知,当触发光能和天线结构一定时,天线芯片材料的载流子寿命(τ_c)和迁移率(μ)对天线辐射太赫兹电磁波的功率将产生影响。图 3-13(a)模拟了载流子寿命对天线辐射太赫兹波的影响。模拟中设激光脉冲宽度为 100 fs,载流子的平均自由时间为 0.1 ps,对应的迁移率为 2 621 $cm^2/(V \cdot s)$,载流子寿命分别为 0.3 ps 和 300 ps。由图可知,迁移率相同时,载流子寿命为 0.3 ps 的天线辐射太赫兹电磁波的幅值是载流子寿命为 300 ps 的天线辐射太赫兹电磁波幅值的 2.13 倍,并且在光脉冲消失之后,0.3 ps 天线中载流子浓度因复合迅速减小,使得天线辐射太赫兹波的时域波形中出现了幅值较大的负峰。图 3-13(b)模拟了迁移率对天线辐射太赫兹波的影响。模拟中设激光器的脉冲宽度为 100 fs,载流子寿命为 100 ps,迁移率分别为 300 $cm^2/(V \cdot s)$和 3 000 $cm^2/(V \cdot s)$。由模拟结果可知,迁移率大的材料辐射太赫兹波的幅值略有增加,虽然两种材料的迁移

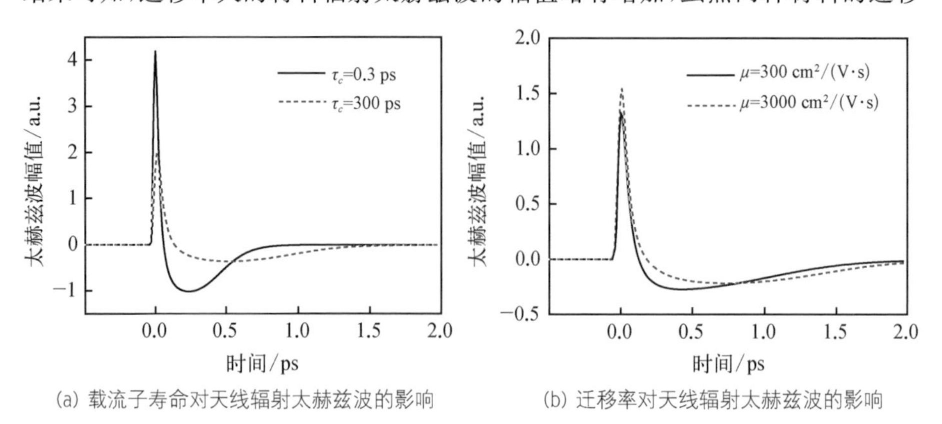

(a) 载流子寿命对天线辐射太赫兹波的影响 (b) 迁移率对天线辐射太赫兹波的影响

图 3-13 天线辐射太赫兹波的影响因素

率相差了10倍，但是它们辐射太赫兹电磁波的幅值之比为1.17∶1。从上面两个模拟结果可知，天线芯片材料的载流子寿命对天线辐射太赫兹电磁波起到关键作用。

图3-14是利用电流瞬冲模型模拟的电极间隙为150 μm的LT-GaAs光电导天线和SI-GaAs光电导天线辐射太赫兹电磁波的远场波形。计算中设激光器的脉冲宽度为100 fs，LT-GaAs材料的载流子寿命为1 ps，迁移率为200 $cm^2/(V \cdot s)$，SI-GaAs材料的载流子寿命为300 ps，迁移率为5 000 $cm^2/(V \cdot s)$，上述参数与实验中使用的芯片材料的参数相同。

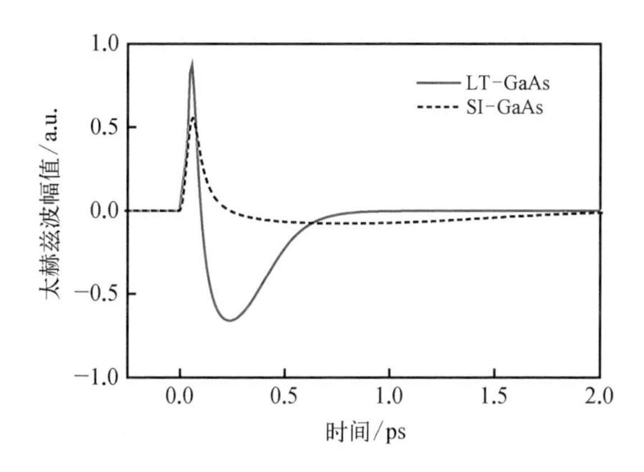

图3-14　利用电流瞬冲模型模拟的电极间隙为150 μm的LT-GaAs光电导天线和SI-GaAs光电导天线辐射太赫兹波的远场波形

从图3-14可知，在上升阶段，SI-GaAs天线和LT-GaAs天线辐射太赫兹脉冲时域波形的上升几乎重合，这是因为这一过程中瞬变的电流主要受触发光脉冲上升时间的影响。但是LT-GaAs天线辐射太赫兹脉冲的峰值比SI-GaAs天线的高，由式(2-11)可知，由于LT-GaAs的载流子寿命短，天线表面电导率对时间的导数$d\sigma_s(t)/dt$大，天线中电流对时间的导数$dJ_s(t)/dt$也大，所以在上升阶段LT-GaAs天线辐射太赫兹波的幅值更高。在下降阶段，当光脉冲消失后，天线中电流的变化主要受芯片材料中光生载流子复合速度的影响，LT-GaAs材料的载流子寿命为1 ps，所以其中电流随时间迅速减小导致天线辐射太赫兹波形中出现较大的负脉冲；而SI-GaAs材料的载流子寿命为300 ps，SI-GaAs天线中的电流按照指数规律在几百皮秒内减小到0，其频谱主要分布在吉赫兹频段，对太赫兹辐射贡献很小。从上面的分析知，不管载流子在产生阶段还是在复合阶段，

LT-GaAs 天线辐射太赫兹波的幅值都比 SI-GaAs 天线辐射太赫兹波的幅值要高，所以相同结构的 LT-GaAs 天线比 SI-GaAs 天线能够发射更高功率的太赫兹波。

在偏置电压为 142 V，触发光功率为 90 mW 时，测试间隙均为 50 μm 的 LT-GaAs 天线和 SI-GaAs 天线辐射太赫兹波的功率，两天线辐射太赫兹脉冲的时域波形见图 3-15。LT-GaAs 天线和 SI-GaAs 天线产生的太赫兹脉冲的峰值分别为 3.77 a.u.和 2.99 a.u.。实验结果和图 3-14 中的模拟结果不是完全吻合，这是由于在实际的探测系统中，太赫兹脉冲的波形还与探测光和太赫兹脉冲在探测晶体中的相位有关，而电流瞬冲模型没有考虑探测晶体的影响。但是两天线波形的趋势相同，说明利用电流瞬冲模型分析天线芯片材料对光电导天线辐射太赫兹电磁波功率影响的结论是正确的。

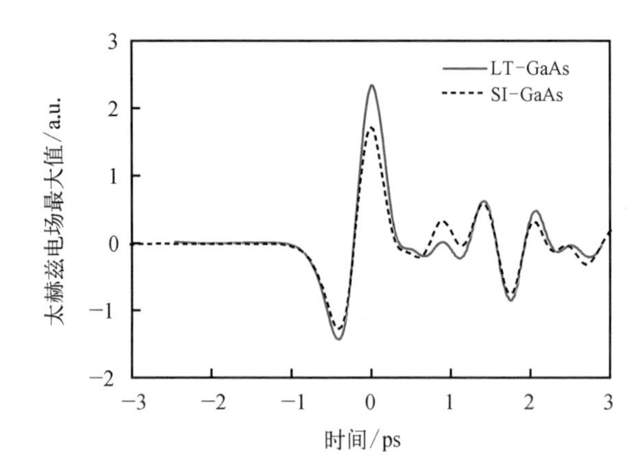

图 3-15　间隙为 50 μm 的 LT-GaAs 天线和 SI-GaAs 天线在偏置电压为 142 V，触发光功率为 90 mW 的实验条件下辐射太赫兹脉冲的时域波形

图 3-16 是触发光功率为 90 mW，在不同的偏置电压下，LT-GaAs 天线和 SI-GaAs 天线辐射太赫兹脉冲的电场最大值。在相同的触发光能和偏置电压下，LT-GaAs 天线产生太赫兹脉冲的电场最大值是 SI-GaAs 天线的 1.35 倍，根据太赫兹功率和太赫兹电场之间的关系知，LT-GaAs 天线辐射太赫兹波的功率是 SI-GaAs 天线的 1.16 倍。

理论和实验结果都证明，由于 LT-GaAs 材料具有非常小的载流子寿命，所以在相同条件下，LT-GaAs 天线能够辐射较强的太赫兹波。

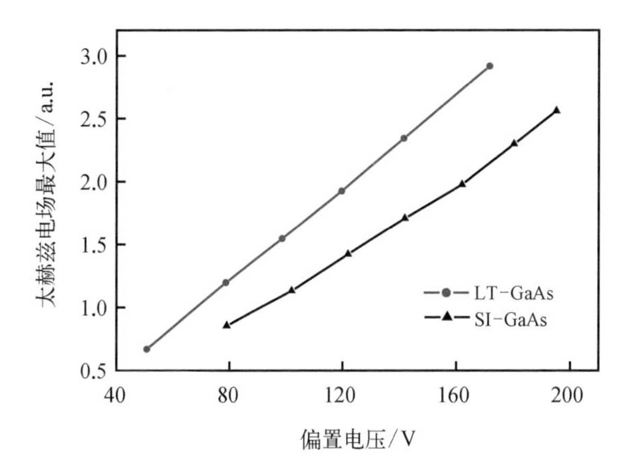

图 3-16　触发光功率为 90 mW，在不同的偏置电压下，LT-GaAs 天线和 SI-GaAs 天线辐射太赫兹波的电场最大值

3.4　天线的噪声

太赫兹时域光谱系统的噪声主要来源于三个方面：天线、探测器及激光器。当使用同一台激光器和太赫兹时域光谱系统时，由探测器和激光器引起的噪声是相同的，通过对比可以分析不同天线引起的噪声。

3.4.1　天线的噪声模型

天线中的噪声可以分为热噪声、产生-复合噪声以及散粒噪声。

(1) 热噪声

热噪声是光电导体中的载流子的随机运动导致天线两端电动势的起伏引起的。光电导天线可等效为含有热噪声源 $H(t)$ 的 RL 网络(图 3-17)，附在电阻 R 上有一个热噪声源 $H(t)$，这个网络的朗之万微分方程是

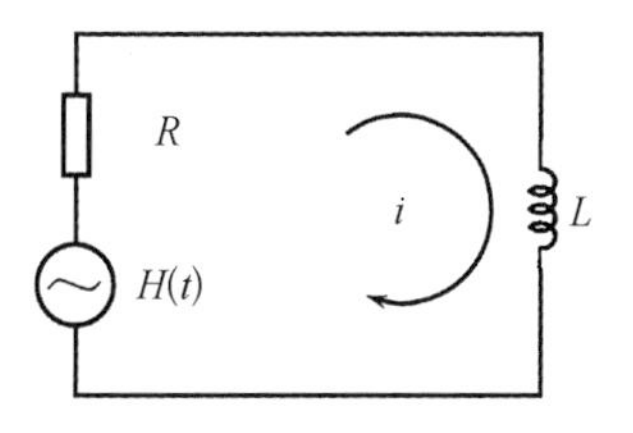

图 3-17　有热噪声源 $H(t)$ 的 RL 网络

$$L\frac{\mathrm{d}i}{\mathrm{d}t}+Ri=H(t) \tag{3-1}$$

式中，i 为天线中的暗电流，R 为天线的暗态电阻，L 为天线的电感。

在区间 $0\leqslant t\leqslant T$ 内，代入下面的傅里叶级数：

$$
\begin{cases}
H(t) = \sum_{-\infty}^{\infty} \alpha_n \exp(j\omega_n t) \\
i(t) = \sum_{-\infty}^{\infty} \beta_n \exp(j\omega_n t)
\end{cases}
\tag{3-2}
$$

式中，α_n、β_n 为傅里叶系数，$\alpha_n = \frac{1}{T}\int_0^T H(t)\exp(-j\omega_n t)\mathrm{d}t$，$\beta_n = \frac{1}{T}\int_0^T i(t)\exp(-j\omega_n t)\mathrm{d}t$，$\omega_n = \frac{2\pi n}{T}$ $(n=0, \pm 1, \pm 2, \cdots)$，因 $\mathrm{d}i/\mathrm{d}t = j\omega_n$，把式(3-2)代入式(3-1)得到

$$
\beta_n = \frac{\alpha_n}{j\omega_n L + R}
\tag{3-3}
$$

热噪声谱强度 $S_H(f)$ 和电流起伏噪声谱强度 $S_i(f)$ 满足下式：

$$
\begin{cases}
S_H(f) = \lim\limits_{T\to\infty} 2T\,\overline{\alpha_n \alpha_n^*} \\
S_i(f) = \lim\limits_{T\to\infty} 2T\,\overline{\beta_n \beta_n^*}
\end{cases}
\tag{3-4}
$$

式中，α_n^* 和β_n^* 分别为α_n 和β_n 的复共轭值。因为 $H(t)$是一个白噪声源，$S_H(f) = S_H(o)$，$S_H(o)$ 是热噪声的低频谱强度，从而由式(3-3)可得电流起伏噪声谱强度：

$$
S_i(f) = \frac{S_H(o)}{R^2 + \omega^2 L^2}
\tag{3-5}
$$

为了求出热噪声的低频谱强度 $S_H(o)$，先计算 $\overline{i^2}$。

$$
\overline{i^2} = \int_0^\infty S_i(f)\mathrm{d}f = S_H(o)\int_0^\infty \frac{\mathrm{d}f}{R^2 + \omega^2 L^2} = \frac{S_H(o)}{4RL}
\tag{3-6}
$$

根据能均分原理：

$$
\frac{1}{2}L\,\overline{i^2} = \frac{1}{2}kT
\tag{3-7}
$$

由式(3-6)和式(3-7)得

$$
\begin{aligned}
S_H(o) &= 4kTR \\
S_i(f) &= \frac{4kTR}{R^2 + \omega^2 L^2}
\end{aligned}
\tag{3-8}
$$

这里研究的是光电导天线产生的太赫兹电磁波的噪声，式(3－8)中的 $S_H(o)$ 是热噪声的低频谱强度，在太赫兹波段可被忽略。下面讨论芯片材料对电流起伏噪声谱强度的影响。

光电导天线的电感为 nH 量级，为了讨论问题方便，在研究 1 THz 处的电流起伏噪声谱强度时，取 $L=5/\pi$ nH，则 $\omega L=100$。在 300 K 时，电流起伏噪声谱强度 $S_i(f)$ 与天线电阻之间的关系如图 3－18 所示。

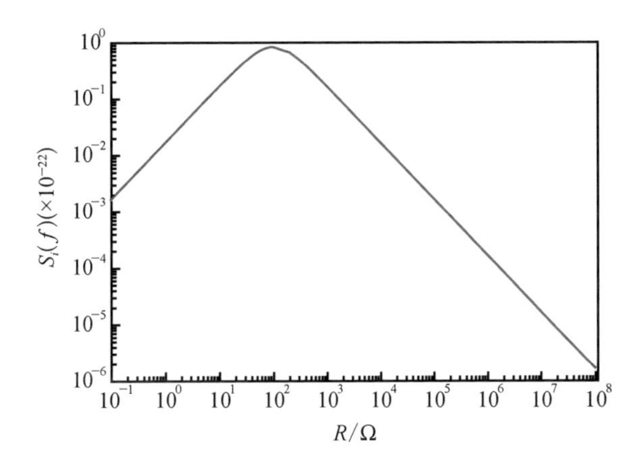

图 3－18　电流起伏噪声谱强度与天线电阻之间的关系

由图 3－18 知，在上述条件下当天线电阻等于 100 Ω 时，电路中电流起伏噪声谱强度最高，所产生的太赫兹电磁波的噪声也最高。由于光电导天线的暗态电阻一般都大于 10^6 Ω，所以天线的电阻越大，天线中的电流谱强度越小，产生的太赫兹电磁波的噪声也越小。

(2) 产生-复合噪声

产生-复合噪声是光电导体中的载流子在产生和复合的过程中导致光电导体两端的电动势发生变化而引起的噪声。在半导体中，因产生和复合两个过程而引起的载流子的出现和消失，可以用微分方程来描述，其形式如下：

$$\frac{\mathrm{d}\Delta N}{\mathrm{d}t}=-\frac{\Delta N}{\tau_c}+H(t) \tag{3-9}$$

式中，ΔN 为载流子数的起伏，τ_c 是载流子寿命，类似于求式(3－5)的方法可得

$$S_N(f)=\frac{S_H(o)\tau^2}{1+\omega^2\tau_c^2} \tag{3-10}$$

但是，

$$\overline{\Delta N^2}=\int_0^{\infty} S_N(f)\mathrm{d}f = S_H(o)\tau_c\int_0^{\infty}\frac{\tau_c \mathrm{d}f}{1+\omega^2\tau_c^2}=\frac{S_H(o)\tau_c}{4} \tag{3-11}$$

所以，

$$S_N(f)=4\,\overline{\Delta N^2}\,\frac{\tau_c^2}{1+\omega^2\tau_c^2} \tag{3-12}$$

要计算产生-复合噪声的谱强度 $S_N(f)$，需要先求 $\overline{\Delta N^2}$ 和 τ_c。

设 $g(N)\mathrm{d}t$ 是在 $\mathrm{d}t$ 时间间隔内样品中产生一个电子的概率，$r(N)\mathrm{d}t$ 为在 $\mathrm{d}t$ 时间间隔内样品中因复合消失一个电子的概率。于是根据在 $N+1$ 和 N 之间跃迁的速率,可以写出导带中出现 N 个电子的概率 $P(N)$ 的微分方程：

$$\begin{aligned}\frac{\mathrm{d}P(N)}{\mathrm{d}t}=&r(N+1)P(N+1)+g(N-1)P(N-1)\\&-P(N)g(N)-P(N)r(N)\end{aligned} \tag{3-13}$$

平衡时：$\frac{\mathrm{d}P(N)}{\mathrm{d}t}=0$。通过逐次代换,可以求出平衡分布：

$$P(N)=P(o)\frac{\prod_{v=0}^{N-1}g(v)}{\prod_{v=1}^{N}r(v)} \tag{3-14}$$

对式(3-14)取对数然后微分可得

$$\frac{\mathrm{d}\ln P(N)}{\mathrm{d}N}=\frac{\ln P(N+1)-\ln P(N)}{1}=\ln g(N)-\ln r(N+1) \tag{3-15}$$

令式(3-15)等于0,可求得 N 的最可几值 N_0。因此，$\ln g(N_0)=\ln r(N_0+1)$，或当 N_0 很大时，

$$g(N_0)=r(N_0) \tag{3-16}$$

所以产生和复合是平衡的,此时对应于光电导天线处于暗态的情形。

现在求 $\overline{(N-N_0)^2}$，当 N 在 N_0 附近时,$P(N)$可以近似为一个正态分布：

$$P(N)=P(N_0)\exp\left[-\frac{(N-N_0)^2}{2\,\overline{(N-N_0)^2}}\right] \tag{3-17}$$

由式(3-16)和式(3-17)可得:

$$\frac{\mathrm{d}^2}{\mathrm{d}N^2}[\ln P(N)]_{N=N_0}=\frac{g'(N_0)-r'(N_0)}{g(N_0)}=-\frac{1}{\overline{(N-N_0)^2}} \tag{3-18}$$

式中,g' 和 r' 分别表示 g 和 r 的微商。因此,

$$\overline{\Delta N^2}=\overline{(N-N_0)^2}=\frac{g(N_0)}{r'(N_0)-g'(N_0)} \tag{3-19}$$

载流子数的起伏 $\Delta N=N-N_0$ 衰落的微分方程为

$$\frac{\mathrm{d}}{\mathrm{d}t}(\Delta N)=g(N)-r(N)+H(t)=-[r'(N_0)-g'(N_0)]\Delta N+H(t) \tag{3-20}$$

将式(3-20)与式(3-9)比较,得到时间常数

$$\tau=\frac{1}{r'(N_0)-g'(N_0)} \tag{3-21}$$

所以,

$$\overline{\Delta N^2}=g_0\tau_c;\ S_N(f)=4g_0\frac{\tau_c^2}{1+\omega^2\tau_c^2} \tag{3-22}$$

图3-19为频率为1 THz时,产生-复合噪声的谱强度 $S_N(f)$ 与电子产生率 g_0 的比值和载流子寿命之间的关系。在所有的非简并情况下,电子的产生率基本上相同,如果芯片材料的载流子寿命越短,产生-复合噪声的谱强度越弱,由此带来的太赫兹辐射的噪声也越弱。当载流子寿命大于5 ps时,产生-复合噪声的谱强度达到饱和。

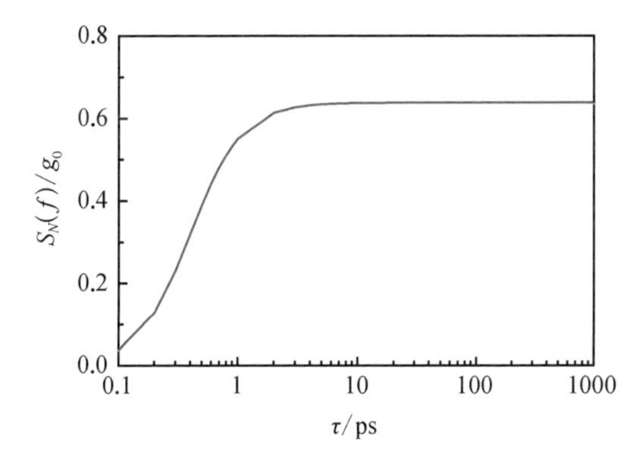

图3-19 $S_N(f)/g_0$ 和载流子寿命之间的关系

(3) 散粒噪声

光电导材料中发生跃迁的电子是一系列随机且独立的事件，由此产生的噪声称为散粒噪声。将式(3－22)与式(3－10)对照可得

$$S_N(o)=4g_0=2g(N_0)+2r(N_0) \tag{3-23}$$

所以上述产生-复合噪声可以理解为散粒噪声，其中产生噪声的谱强度为 $2g(N_0)$，复合噪声的谱强度为 $2r(N_0)$。

3.4.2 LT－GaAs 天线和 SI－GaAs 天线的信噪比实验

太赫兹脉冲测量过程中引入的噪声主要来自三方面：探测器的噪声、探测光携带的激光背景噪声和太赫兹脉冲自身携带的噪声 N_{THz}。其中探测器的噪声和探测光的噪声构成背景噪声，用 N_{b} 表示，N_{b} 与太赫兹电场无关；而 N_{THz} 正比于太赫兹电场 $E(t)$。N_{THz} 和 N_{b} 都是时间的随机函数，它们的均值都是 0，而均差分别表示为 σ_{THz} 和 σ_{b}，它们代表了时域太赫兹波测量的噪声水平。通常将太赫兹脉冲的峰值与背景噪声的 σ_{b} 的比值定义为动态范围：

$$D=\frac{E_{\mathrm{p-p}}}{\sigma_{\mathrm{b}}} \tag{3-24}$$

测量时，先用遮光板挡住泵浦光，测量噪声曲线，此时的噪声只含有激光背景和探测器的噪声，可算得 σ_{b}；然后撤去挡光板，测量太赫兹脉冲的时域波形，计算 $E_{\mathrm{p-p}}$；最后代入式(3－24)可得动态范围。

太赫兹脉冲时域波形的信噪比 SNR 为太赫兹脉冲电场的峰峰值 $E_{\mathrm{p-p}}$ 与噪声测量值的均方根 σ_{noise} 之比，表示为

$$SNR=\frac{E_{\mathrm{p-p}}}{\sigma_{\mathrm{noise}}} \tag{3-25}$$

首先扫描太赫兹脉冲的时域波形，保证在主峰之前有足够长的噪声背景，取主峰之前的噪声背景的前 1/4 计算 σ_{noise}，按照式(3－25)计算信噪比。

图 3－20 是间隙为 50 μm 的 LT－GaAs 天线在 160 V 偏置电压下和 90 mW 的触发光功率下辐射太赫兹脉冲的时域波形(上图)和遮挡泵浦光所获得的噪声波形(下图)，下图的噪声波形只包含探测光和探测器的噪声。根据式(3－24)计算得到系统的动态范围为 82.6 dB。计算信噪比时，要利用在太赫兹脉冲时域波形的主峰之前的噪声，为了避免探测光在 ZnTe 表面上的反射光的影响，在扫描太赫兹时域

波形时，要在主峰前面的探测光的反射峰之前扫描足够长的波形。图 3－20 中插图为方框中的包括太赫兹、探测光和探测器噪声在内的噪声波形的放大图，此时噪声的起伏要大于无泵浦光时噪声的起伏。根据式(3－24)计算可得，系统的信噪比为 75.4 dB，比动态范围减小了 7.2 dB，这是太赫兹脉冲的噪声导致的。

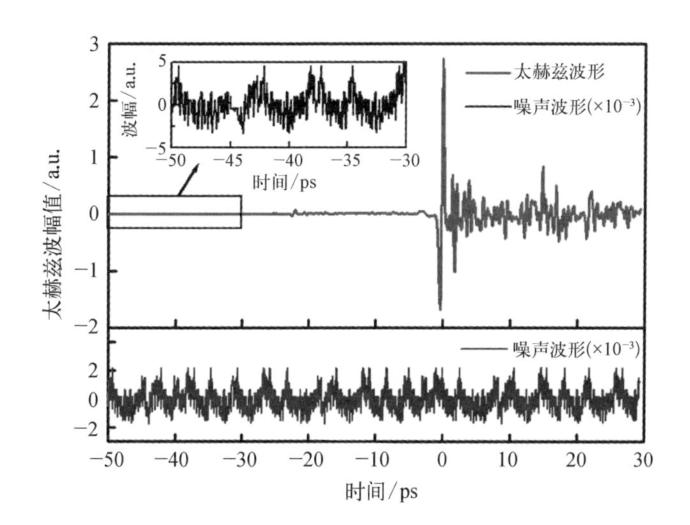

图 3－20　LT－GaAs 天线在偏置电压为 160 V 时的太赫兹时域波形(上图)和无泵浦光时的噪声波形(下图)，插图为太赫兹波形的背景噪声

图 3－21 比较了用 90 mW 飞秒激光器触发电极间隙为 50 μm 的 LT－GaAs 天线和 SI－GaAs 天线时，系统的信噪比随偏置电压的变化关系。从图中可以看到随着偏置电压的升高，两天线的信噪比均增加。原因是，虽然 N_{THz} 和太赫兹电场成正比，但是 N_{b} 不随偏置电压发生变化，所以总体来看，系统的信噪比随偏置电压的升高而升高。LT－GaAs 天线的信噪比比 SI－GaAs 天线的信噪比大 4.5～8.3 dB。两天线的测试系统相同，那么由激光器和系统其他元件引起的噪声是相同的，所以这一差别唯一的原因是天线自身产生的太赫兹波的噪声。

根据

$$R=\rho\frac{l}{S} \tag{3-26}$$

计算得到实验中所使用的间隙为 50 μm，电极宽度为 100 μm，晶圆厚度为 0.6 mm 的 LT－GaAs 天线和 SI－GaAs 天线的暗态电阻分别为 70 MΩ 和 7 MΩ。由图 3－18 知，在 1 THz 位置处 LT－GaAs 天线中电流起伏噪声谱强度约为 SI－GaAs 天线中电流起伏噪声谱强度的 1/10。LT－GaAs 材料的载流子寿命小于 1 ps，而

SI－GaAs 材料的载流子寿命大于 300 ps，由图 3－19 可知，LT－GaAs 天线中由于载流子产生-复合引起的噪声谱强度也比 SI－GaAs 天线的低，并且在相同条件下，LT－GaAs 天线辐射太赫兹波的幅值要大于 SI－GaAs 天线辐射太赫兹波的幅值，所以 LT－GaAs 天线比 SI－GaAs 天线具有更高的信噪比。

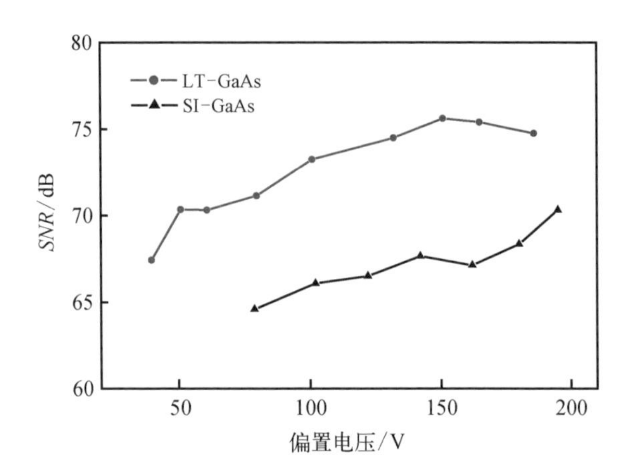

图 3－21　90 mW 触发光功率下，LT－GaAs 天线和 SI－GaAs 天线在不同偏置电压下的信噪比

3.5　天线辐射太赫兹波的稳定性

在激光器状态、环境等外界条件不变的条件下，影响天线工作稳定性的因素是其自身的温度。在天线工作过程中，天线吸收激光光能以及天线中的电流产生的热量使天线的温度升高，引起 GaAs 材料的性质发生变化，从而导致天线辐射太赫兹波的功率、信噪比随之变化。

3.5.1　温度对天线芯片材料性能的影响

（1）温度对禁带宽度的影响

禁带宽度和温度有关，可表示为

$$E_g(T)=E_g(0)-\frac{\alpha T^2}{T+\beta} \tag{3-27}$$

式中，$E_g(0)=1.519$ eV，$\alpha=5.405\times10^{-4}$ eV/K，$\beta=204$ K。

随温度升高，GaAs 材料的禁带宽度减小，这样会导致材料的电阻率和载流子迁移率的变化。

(2) 温度对迁移率的影响

GaAs 中的迁移率与材料的散射机制有关。GaAs 中存在的散射机制主要包括电离杂质散射、声学波散射、光学波散射和谷间散射，其迁移率可表示为

$$\frac{1}{\mu}=\frac{1}{\mu_{\mathrm{i}}}+\frac{1}{\mu_{\mathrm{s}}}+\frac{1}{\mu_{\mathrm{o}}}+\frac{1}{\mu_{\mathrm{v}}} \tag{3-28}$$

式中，μ，μ_{i}，μ_{s}，μ_{o}，μ_{v} 分别表示 GaAs 中载流子的迁移率，由电离杂质散射、声学波散射、光学波散射和谷间散射引起的迁移率。

由上述几种散射机制决定的迁移率与温度之间的关系如下：

电离杂质散射
$$\mu_{\mathrm{i}} \propto \frac{q}{m_n^*}\frac{T^{\frac{3}{2}}}{AN_{\mathrm{i}}} \tag{3-29}$$

声学波散射
$$\mu_{\mathrm{s}}=\frac{q}{m_e^*}\frac{1}{BT^{\frac{3}{2}}} \tag{3-30}$$

光学波散射
$$\mu_{\mathrm{o}}=\frac{q}{m_e^* C}\left[\exp\left(\frac{h\nu_l}{k_0 T}\right)-1\right] \tag{3-31}$$

谷间散射
$$\mu_{\mathrm{v}}=\frac{q}{m_e^* D}\frac{1}{\dfrac{\left(\dfrac{E}{h\nu_a}+1\right)^{\frac{1}{2}}}{\exp\left(\dfrac{h\nu_a}{k_0 T}\right)-1}+\dfrac{Re\left(\dfrac{E}{h\nu_a}-1\right)^{\frac{1}{2}}\exp\left(\dfrac{h\nu_a}{k_0 T}\right)}{\exp\left(\dfrac{h\nu_a}{k_0 T}\right)-1}} \tag{3-32}$$

式中，A、B、C、D 为比例常数；m_n^* 是空穴的有效质量；m_e^* 是电子的有效质量；N_{i} 是材料中杂质的浓度；$h\nu_l$ 是光子能量；$h\nu_a$ 是声子能量。

将式(3－29)～式(3－32)代入式(3－28)，得到 GaAs 的迁移率随温度变化的关系：

$$\mu=\frac{q}{m_e^*}\frac{1}{\dfrac{AN_i}{T^{\frac{3}{2}}}+BT^{\frac{3}{2}}+\dfrac{C}{\exp\left(\dfrac{h\nu_l}{k_0 T}\right)-1}+D\left[\dfrac{\left(\dfrac{E}{h\nu_a}+1\right)^{\frac{1}{2}}}{\exp\left(\dfrac{h\nu_a}{k_0 T}\right)-1}+\dfrac{Re\left(\dfrac{E}{h\nu_a}-1\right)^{\frac{1}{2}}\exp\left(\dfrac{h\nu_a}{k_0 t}\right)}{\exp\left(\dfrac{h\nu_a}{k_0 T}\right)-1}\right]}$$

可简化为

$$\mu=\frac{q}{m_e^*}\frac{1}{\frac{AN_{\mathrm{i}}}{T^{\frac{3}{2}}}+BT^{\frac{3}{2}}+\frac{C}{\exp\left(\frac{h\nu_l}{k_0T}\right)-1}+D\frac{\exp\left(\frac{h\nu_a}{k_0T}\right)+1}{\exp\left(\frac{h\nu_a}{k_0T}\right)-1}} \tag{3-33}$$

SI-GaAs的迁移率随温度升高而迅速减小，这是因为材料中杂质浓度(N_{i})很低，含N_{i}的项可以略去，晶格散射起主要作用。Jastrzebski等报道了载流子浓度为4×10^{17} cm^{-3}的SI-GaAs材料的理论迁移率随温度变化的关系，在300 K时，迁移率是3 100 $\mathrm{cm}^2/(\mathrm{V\cdot s})$；当温度升高到600 K时迁移率减小为2 800 $\mathrm{cm}^2/(\mathrm{V\cdot s})$。由于SI-GaAs的迁移率随着温度的升高而减小，根据式(2-9)、式(2-10)、式(2-11)和式(2-13)可知，天线辐射太赫兹电磁波的功率随温度的升高都减小。

(3) 温度对电阻率的影响

SI-GaAs和LT-GaAs都属于n型GaAs，其电阻率可以表示为

$$\rho=\frac{1}{nq\mu_n} \tag{3-34}$$

由式(3-34)知，电阻率与载流子浓度n和迁移率μ_n均成反比，而n和μ_n都与温度有关。

LT-GaAs和SI-GaAs材料中都含有一定浓度的杂质，其电阻率随温度的变化可划分为三个阶段：

① 温度很低时，本征激发可忽略，载流子主要由杂质电离提供，并随温度的升高而增加；散射主要由电离杂质决定，迁移率也随温度升高而增加，所以电阻率随温度的升高而下降。

② 温度继续升高至室温时，杂质已经全部电离，本征激发还不十分显著，载流子浓度几乎不随温度变化，晶格振动散射成为主要影响因素，迁移率随温度升高而降低，所以电阻率随温度升高而增大。

③ 温度继续升高，本征激发快速增加，所产生的大量本征载流子对电阻率的影响远远超过迁移率的减小对电阻率的影响，本征激发成为主要影响因素。天线芯片材料的电阻率随着温度的升高而急剧下降。当温度高到本征导电起主要作用时，天线就不能正常工作了，这就是天线的最高工作温度。GaAs材料的最高工作温度为450℃。

SI-GaAs光电导天线从开启到达到热平衡之前，工作在高于室温的温度下，

随着温度的升高，其电阻率降低。根据图 3－18 可知，当天线的电阻率减低之后，天线的电流起伏噪声谱强度增加，天线辐射太赫兹电磁波的噪声变大。

3.5.2　LT－GaAs 天线和 SI－GaAs 天线的稳定性实验

图 3－22 比较了 LT－GaAs 天线和 SI－GaAs 天线辐射太赫兹脉冲的幅值随时间的变化，偏置电压为 170 V，测试时间 90 min。在最开始的 20 min，两天线的性能均不太稳定，LT－GaAs 辐射太赫兹电磁波的幅值略有升高，而 SI－GaAs 辐射太赫兹电磁波的幅值略微降低。这是因为 LT－GaAs 在低温生长的过程中会产生大量的 As^{+} 缺陷，这些杂质在室温下并没有完全电离。随着天线温度的升高，载流子浓度升高，从而迁移率增加，根据式(2－10)、式(2－11)和式(2－13)可知天线辐射太赫兹电磁波的电场强度增加。但是对于 SI－GaAs，室温下杂质就已经全部电离，晶格散射起主导作用，在开始的 20 min，迁移率随温度升高而降低，所以天线辐射太赫兹电磁波的电场强度减小。20 min 之后，两个天线达到热平衡，它们的性能逐渐趋于稳定。LT－GaAs 天线的稳定性比 SI－GaAs 天线的稳定性高，其原因是 LT－GaAs 的电阻率高，天线的温度低，由空气对流、室温变化等因素引起的天线温度的变化不大。而 SI－GaAs 天线的电阻率比 LT－GaAs 天线低一个数量级，天线工作的温度较高，受到外界干扰时，天线温度起伏较大，材料的迁移率变化也较大，从而导致天线辐射太赫兹波的幅值波动较大。图 3－22 中 20～90 min，LT－GaAs 天线辐射太赫兹电磁波的幅值的平均值为 2.714 a.u.，标准偏差为 0.019 a.u.，相对误差为 0.7%；SI－GaAs 天线辐射太赫兹电磁波的幅值的平均值为 1.678 a.u.，标准偏差为 0.027 a.u.，相对误差为 1.6%。

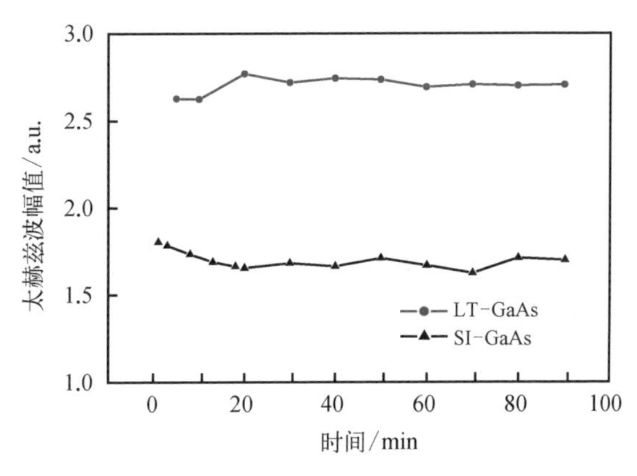

图 3－22　LT－GaAs 天线和 SI－GaAs 天线的稳定性测试

从上述分析可知，LT－GaAs 材料具有较短的载流子寿命，所以相同条件下能够产生更高功率的太赫兹电磁波；LT－GaAs 材料的电阻率高，载流子寿命短，所以天线的信噪比高；LT－GaAs 较高的电阻率能够保证天线在较低的温度下工作，所以天线的稳定性好。但是由于 LT－GaAs 制备成本高，重复性不好，即使采用相同的工艺和实验条件各批材料的性能都不完全相同，因此采用离子注入工艺，在 SI－GaAs 中注入氧离子，使其具有与 LT－GaAs 相似的性能。

3.6　GaAs:O

制作光电导天线的半导体材料，应该具备载流子寿命短、暗态电阻率大、击穿电场强、光能饱和阈值大的特点。载流子寿命短意味着光电导天线在飞秒脉冲触发下，具有非常快的开关速度，这样产生太赫兹脉冲的频率高。暗态电阻率大意味着天线在工作的过程中产热小，天线的稳定性好，系统的信噪比高。击穿电场高和光能饱和阈值大意味着天线具有辐射高功率太赫兹电磁波的潜力。LT－GaAs 是一种性能优良的光电导材料，因为材料中多余的 As^{+} 离子赋予了它优越的光电特性，因此人们在研究离子注入 GaAs 材料时，首先采用 As^{+} 离子注入，并且取得了一定的效果。近些年来，H^{+}、He^{+}、N^{+} 和 O^{+} 等离子被注入 SI－GaAs 中，以改变 SI－GaAs的特性。其中 O^{+} 的能级和 GaAs 的费米能级接近，所制备的 GaAs:O 材料接近于电中性，并且具有比较高的电阻率。

离子注入和扩散是两种掺杂的方法。与扩散法相比，离子注入法的优势在于能够精确控制注入的剂量和掺杂的位置，制备的温度低，重复性好。除了上述优点之外，离子注入法还有一些其他优点：

① 它是一种洁净、无公害的表面处理技术。

② 无须热激活，无须在高温环境下进行，因而不会改变工件的外形尺寸和表面光洁度。

③ 离子注入层是由离子束与基体表面发生一系列物理和化学相互作用而形成的一个新表面层，它与基体之间不存在剥落问题。

④ 离子注入后无须再进行机械加工和热处理。

⑤ 离子注入在表面引入杂质的过程是高速离子轰击半导体表面形成的，而不是通过热平衡形成的。由于碰撞，离子在晶体中的运动轨迹不是直线，单位长度碰撞的次数和每次碰撞损失的能量都是随机的，所以离子注入的杂质浓度分布一般

呈现为高斯分布，并且浓度最高处不是在表面，而是在表面以内的一定深度处，这是其他方法不能达到的。

⑥ 由于离子注入在注入层中产生了大量的缺陷，一般情况下载流子的寿命和迁移率在离子注入之后会迅速降低。因此采用这种方法，可以制备具有极短载流子寿命的光电导材料。

在离子注入过程中，高能离子和晶格原子发生碰撞形成各种缺陷，如空位、填隙原子、反位缺陷等，材料可以表现出和 LT－GaAs 中相似的载流子受陷机制，因此通过精确控制离子注入剂量，可以得到所希望的材料性能。

3.6.1 离子注入条件的选择

通过前面的理论计算和分析知，性能良好的天线芯片材料应该具备较快的开关速度（载流子寿命＜1 ps）、较高的暗态电阻率（暗态电阻率＞10^8 Ω·cm）和击穿电压以及较高的量子效率。在离子注入过程中，应该选择合适的离子种类，并在一定的离子注入能量和离子剂量下完成。天线的响应速度和载流子寿命有关，为了获得较短的载流子寿命，应增加离子注入剂量。当剂量大于 10^{13} cm^{-2} 时，GaAs:O 材料的载流子寿命才有可能小于 1 ps。在芯片材料对光的吸收系数一定的条件下，量子转换效率和离子注入层的厚度成正比，因此可以通过增加离子注入层的厚度来提高天线的效率。800 nm 的激光在 GaAs 材料中的吸收深度约为 1 μm，为了达到这一注入深度，O^+ 的能量应该高于 1 MeV。

在研究 O^+ 注入 GaAs 的实验中使用离子能量为 500 keV、800 keV 和 1 200 keV 的 O^+ 分三次注入，每次的离子注入剂量为 1.5×10^{14} cm^{-2}。之所以使用这么大的剂量注入，是因为退火过程中缺陷浓度会相应降低。为了保证最终仍然有比较高的缺陷浓度，天线具有较快的开关速度，所以加大了注入的剂量。

3.6.2 退火过程

离子注入之后的材料的电学性能非常差，比如迁移率极小，并且只有一部分注入离子在替代杂质的位置对载流子的浓度有贡献。为了消除这些不利因素，需要在一定温度下对材料进行退火处理。在此过程中，一些空位消失，缺陷浓度减小；一些填隙原子转移到晶格位置参与导电过程。

退火温度低于 300℃时，退火效果不明显。当退火温度高于 650℃时，缺陷将会消失，载流子浓度变化很大。选择退火温度为 550℃，退火时间 60 s。在退火过程中，为了抑制 As^+ 损失到空气中，用一片 GaAs 晶圆覆盖样品表面。退火过程在快速退火炉中进行，样品放在石英支架上，钨丝石英灯通过石英窗口对样品加热，快速退火炉中的温度在几秒内从室温升高到设定温度。在退火过程中要充入 N_2，避免样品和空气中的某些气体发生反应。

通过上述工艺制备的 GaAs:O 材料的主要性能参数见表 3－3。

表 3－3　实验中所使用的 GaAs:O 材料的主要性能参数

晶向	电阻率/(Ω·cm)	迁移率/[cm^2/(V·s)]	载流子寿命/ps
[100]	5×10^8	约 300	0.3

3.6.3　GaAs:O 天线和 SI－GaAs 天线性能的对比

在相同的触发光能和相同的偏置电场下对比了 GaAs:O 天线和 SI－GaAs 天线辐射太赫兹脉冲的幅值、频谱、信噪比和天线的稳定性。两天线结构相同，AuGeNi 电极宽度均为 50 μm，间隙均为 20 μm。

(1) GaAs:O 天线和 SI－GaAs 天线辐射太赫兹脉冲的时域波形

由于天线的间隙较小，所以当光能较大时，天线会出现饱和现象，并且在较大的触发光能下工作时，天线中的电流较大，容易损坏天线，所以需要将触发光能减小到 50 mW。GaAs:O 天线和 SI－GaAs 天线在偏置电压为 40 V 时辐射太赫兹脉冲的时域波形如图 3－23 所示。由 GaAs:O 天线、SI－GaAs 天线产生的太赫兹脉冲的峰峰值为 0.831 a.u.和 0.358 a.u.，GaAs:O 天线辐射太赫兹电磁波的电场强度比 SI－GaAs 天线提高了 2.32 倍，功率提高了 1.52 倍。其原因是 GaAs:O 的载流子寿命(0.3 ps)远远小于 SI－GaAs 的载流子寿命(约 300 ps)，这一结论和图 3－14 中的模拟结果以及图 3－15 中的实验结果相同。

(2) 天线辐射太赫兹波的功率

图 3－24 是在相同的触发光功率(50 mW)下，GaAs:O 天线和 SI－GaAs 天线在不同的偏置电压下辐射太赫兹脉冲的电场的最大值的比较。两天线辐射太赫兹电场强度都随着偏置电压的升高而线性增加。GaAs:O 天线辐射太赫兹电场强度的峰值是 SI－GaAs 天线的 2.2 倍左右，GaAs:O 天线的辐射功率平均是 SI－GaAs 天线辐射功率的 1.48 倍。这一结果进一步印证了实验条件相同时，载流子寿命是决定天线辐射太赫兹波功率的关键因素。

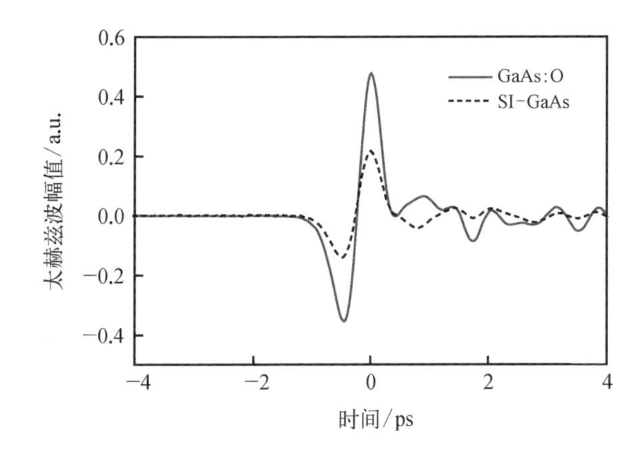

图 3-23　间隙 20 μm 的 GaAs:O 天线和 SI-GaAs 天线在偏置电压 40 V 和触发光功率 50 mW 下辐射太赫兹脉冲的时域波形

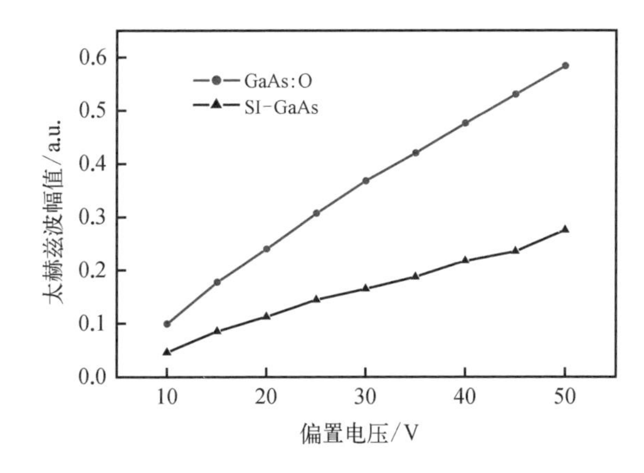

图 3-24　触发光功率 50 mW 下，GaAs:O 天线和 SI-GaAs 天线辐射太赫兹脉冲电场的最大值与偏置电压的关系

(3) 天线的信噪比

同第(2)点中的方法一样，扫描出一个具有足够长噪声背景的太赫兹时域波形，选取主峰之前的 1/4 作为噪声，计算噪声的均方根和太赫兹脉冲电场的峰值，利用式(3-25)计算天线的信噪比。

图 3-25 为用 50 mW 飞秒激光器触发 GaAs:O 天线和 SI-GaAs 天线时，系统的信噪比随偏置电压的变化关系。从图中可以明显看到随着偏置电压的升高，两天线的信噪比均增加。GaAs:O 天线辐射太赫兹脉冲的信噪比是 SI-GaAs 天线辐射太赫兹脉冲信噪比的 3～3.7 倍，根据 3.6.2 节知，GaAs:O 天线辐射太赫兹脉冲的幅值是 SI-GaAs 天线辐射太赫兹脉冲幅值的 2.2 倍左右，所以 GaAs:O 天线的

噪声低。根据式(3-26)可算得 GaAs:O 天线和 SI-GaAs 天线的暗态电阻分别为 42 MΩ 和 2.9 MΩ,根据图 3-18 可知,在 1 THz 时,GaAs:O 天线的电流起伏噪声谱强度约为 SI-GaAs 天线的电流起伏噪声谱强度的 1/14.5,并且根据 GaAs:O 和 SI-GaAs 的载流子寿命,从图 3-19 中可求得 GaAs:O 天线中的产生-复合噪声谱强度约为 SI-GaAs 天线的 1/3,所以 GaAs:O 天线具有较低的噪声。

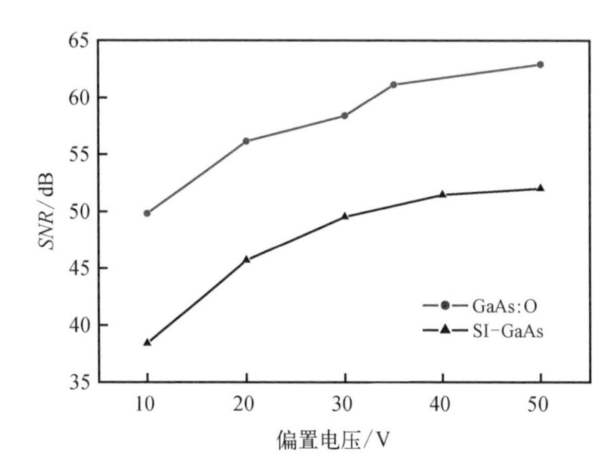

图 3-25 触发光功率 50 mW 下,GaAs:O 天线和 SI-GaAs 天线在不同偏置电压下的信噪比

从上面的实验结果可以看出,GaAs:O 天线与 SI-GaAs 天线相比,在产生太赫兹电磁波的功率和信噪比方面都有较大的提高。

参考文献

[1] Auston D H, Cheung K P, Smith P R. Picosecond photoconducting hertzian dipoles [J]. Applied Physics Letters, 1984, 45(3): 284-286.

[2] Darrow J T, Zhang X C, Auston D H, et al. Saturation properties of large-aperture photoconducting antennas[J]. IEEE Journal of Quantum Electronics, 1992, 28(6): 1607-1616.

[3] Stone M R, Naftaly M, Miles R E, et al. Electrical and radiation characteristics of semilarge photoconductive terahertz emitters[J]. IEEE Transactions on Microwave Theory and Techniques, 2004, 52(10): 2420-2429.

[4] Reid M, Fedosejevs R. Quantitative comparison of terahertz emission from (100) InAs surfaces and a GaAs large-aperture photoconductive switch at high fluences[J].

Applied Optics, 2005, 44(1): 149 - 153.
[5] Grischkowsky D, Keiding S, van Exter M, et al. Far-infrared time-domain spectroscopy with terahertz beams of dielectrics and semiconductors[J]. Journal of the Optical Society of America B, 1990, 7(10): 2006 - 2015.
[6] Hafez H A, Chai X, Ibrahim A, et al. Intense terahertz radiation and their applications[J]. Journal of Optics, 2016, 18(9): 093004.
[7] Ulbricht R, Hendry E, Shan J, et al. Carrier dynamics in semiconductors studied with time-resolved terahertz spectroscopy[J]. Reviews of Modern Physics, 2011, 83(2): 543 - 586.
[8] Ropagnol X, Khorasaninejad M, Raeiszadeh M, et al. Intense THz pulses with large ponderomotive potential generated from large aperture photoconductive antennas[J]. Optics Express, 2016, 24(11): 11299.
[9] Ropagnol X, Kovács Z, Gilicze B, et al. Intense sub-terahertz radiation from wide-bandgap semiconductor based large-aperture photoconductive antennas pumped by UV lasers[J]. New Journal of Physics, 2019, 21(11): 113042.
[10] Ropagnol X, Morandotti R, Ozaki T, et al. THz pulse shaping and improved optical-to-THz conversion efficiency using a binary phase mask[J]. Optics Letters, 2011, 36(14): 2662.
[11] Ropagnol X, Morandotti R, Ozaki T, et al. Toward high-power terahertz emitters using large aperture ZnSe photoconductive antennas[J]. IEEE Photonics Journal, 2011, 3(2): 174 - 186.
[12] Ropagnol X, Bouvier M, Reid M, et al. Improvement in thermal barriers to intense terahertz generation from photoconductive antennas[J]. Journal of Applied Physics, 2014, 116(4): 043107.
[13] Hou L, Shi W. An LT-GaAs terahertz photoconductive antenna with high emission power, low noise, and good stability[J]. IEEE Transactions on Electron Devices, 2013, 60(5): 1619 - 1624.

4 光电导太赫兹天线结构

除了光电导体的材料属性、触发激光的光学参数影响之外，天线的几何结构也是决定 GaAs 光电导天线性能的一个重要因素，具体包括几何形状和几何尺寸两个方面。传统的 GaAs 光电导天线可以制成多样的天线结构，常见的天线结构有基本偶极子天线、共振偶极子天线、对数螺旋天线、大孔径光电导天线和天线阵列等。

4.1　天线电极结构对 GaAs 光电导天线辐射特性的影响

基本偶极子天线具有结构简单、频率响应特性好等优点，因而成为应用最为广泛的天线结构。而基本偶极子天线的电极也有不同的形状，如“工”字形、平行线形和蝴蝶形等，如图 4-1 所示。

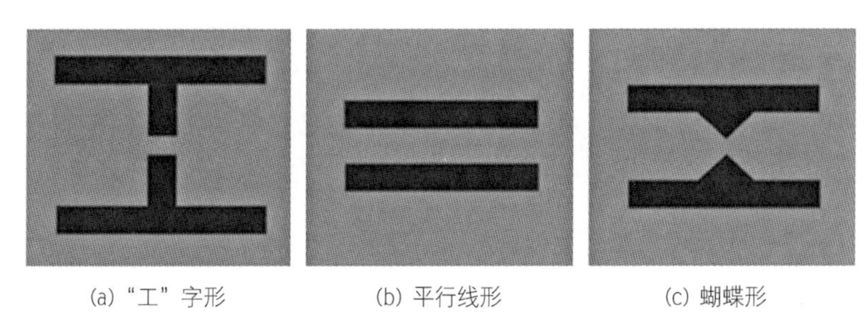

(a)“工”字形　(b) 平行线形　(c) 蝴蝶形

图 4-1　基本偶极子天线电极结构

1991 年，Darrow 和 D. H. Auston 通过实验研究了不同电极形状的基本偶极子天线在相同的工作条件下的太赫兹辐射特性，主要工作条件包括触发激光光能和偏置电场强度。实验检测的时域波形和频谱波形如图 4-2 所示。通过实验检测相同电极间隙的不同电极形状的 GaAs 光电导天线可知，“工”字形偶极子 GaAs 光电导天线在相同的泵浦光能和偏置电场的条件下，相较于其他电极形状的 GaAs 光电导天线，易于产生较强的太赫兹辐射，但是其承载偏置电压的能力不够强；蝴蝶形 GaAs 光电导天线由于电极形状过于尖锐，导致 GaAs 光电导天线的可承受偏置电场强度下降；而平行线形的 GaAs 光电导天线可以承载更大的偏置电场强度，因此在后续研究 GaAs 光电导天线高倍增猝灭模式时得到了广泛的应用。

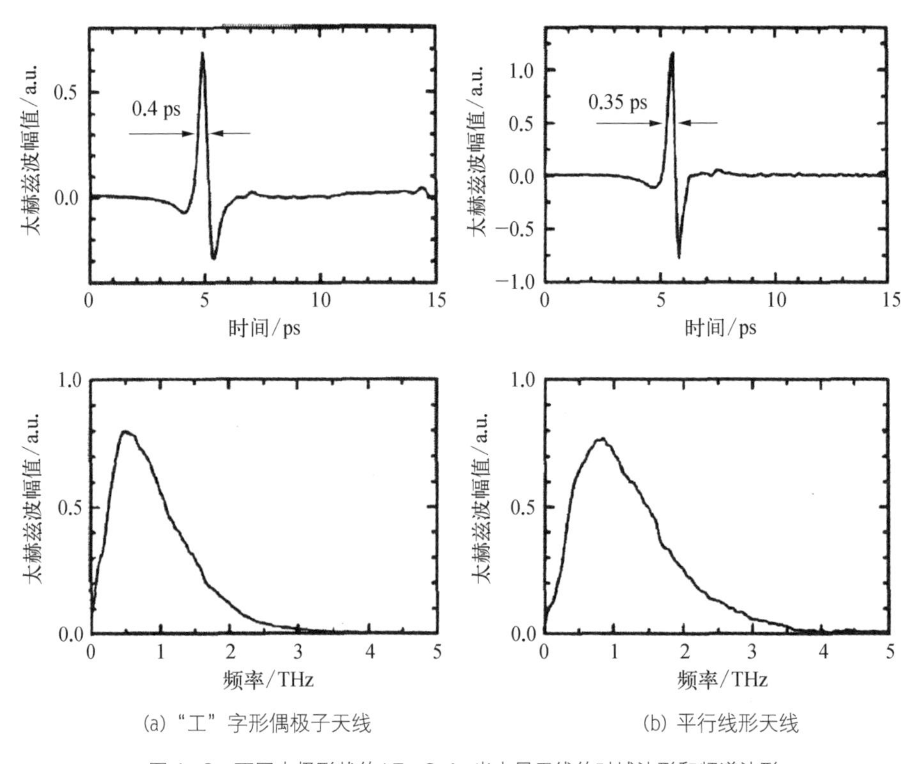

图 4-2　不同电极形状的 LT-GaAs 光电导天线的时域波形和频谱波形

2008 年,德国应用物理学院的 G. Matthaus 研究了叉指电极结构的低温砷化镓光电导天线,同时电极下采用六边形微透镜阵列,使得红外-太赫兹转化效率大于 1.35×10^{-5}。

2010 年,日本信州大学的 F. Miyamaru 等通过实验研究了偶极光电导天线电极长度 L 对太赫兹辐射频谱的影响。结果显示,随着天线电极长度的增加,太赫兹辐射中心频率出现蓝移现象,同时相应的辐射强度也随之增加。

为了模拟天线几何结构对 GaAs 光电导天线辐射特性的影响,而天线结构参数主要包括天线电极长度 L、天线线宽 W 和天线间隙 g 等参数,以“工”字形偶极子天线作为研究对象对其进行模拟计算。由于实验室中光电导天线的金属电极制作在 GaAs 半导体材料上,因此其电极长度要考虑衬底材料的影响。由于 GaAs 的相对介电常数为 12.9,同时设定光电导天线的工作中心频率 $f=1$ THz,为了加强天线的辐射能力,通常将对称偶极子天线的电极长度设置为辐射电磁波的二分之一波长,计算过程如下:

$$\lambda_n = \frac{\lambda_0}{n} = \frac{\frac{c}{f}}{\sqrt{\varepsilon_e}} = \frac{\frac{3 \times 10^8}{1 \times 10^{12}}}{\sqrt{12.9}} \approx 84\ (\mu\text{m}) \tag{4-1}$$

则偶极子天线的电极长度 L 为

$$L = \frac{\lambda_n}{2} \approx 42\ \mu\text{m} \tag{4-2}$$

式中，λ_n 为太赫兹波在 GaAs 材料中的有效波长，λ_0 为太赫兹的自由空间波长，c 为自由空间光速度，f 为天线工作中心频率，ε_e 为 GaAs 材料的相对介电常数。

利用 HFSS 软件对基本偶极子天线仿真的过程主要包括物理建模、模型参数设定、仿真计算、查看结果等步骤。为了探究天线尺寸对 GaAs 光电导天线太赫兹波辐射特性的影响，需要先分别将模型中的 L、W 和 g 等参数转换成 Optimization 变量，然后添加优化设置、添加 Cost 函数、修改变量的起始值、终止值以及步长等条件后，执行优化分析，接着观察优化结果，最终选择最佳的天线尺寸。按照上述建模步骤所建立的“工”字形偶极子天线的物理模型如图 4-3 所示。

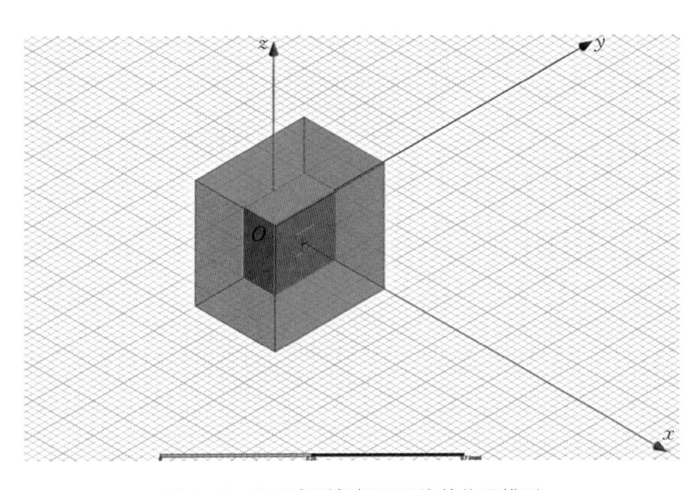

图 4-3 “工”字形偶极子天线的物理模型

利用 HFSS 天线仿真过程中基本设置如下：① 设置求解类型，模式求解类型(Driven Modal)；② 边界条件，辐射边界条件(Radiation)；③ 激励方式，集总端口激励(Lumped Port)；④ 求解参数，求解频率为 1 THz，频率范围为 0.5～1.5 THz，随后运行求解分析，查看求解结果，最后进行 Optimetrics 优化设计，完成最终的仿真过程。

4.1.1 天线电极长度 L 对 GaAs 光电导天线辐射特性的影响

由天线理论可知,偶极子天线的电极长度 L 是决定天线辐射电磁波中心频率的主要因素。因此通过 HFSS 软件 Optimetrics 模块的参数扫描分析功能对天线的电极长度 L 进行了参数扫描分析,从而得到电极长度 L 对天线性能的影响。图 4-4 为不同天线的电极长度 L 对应的 S_{11} 变化曲线图。

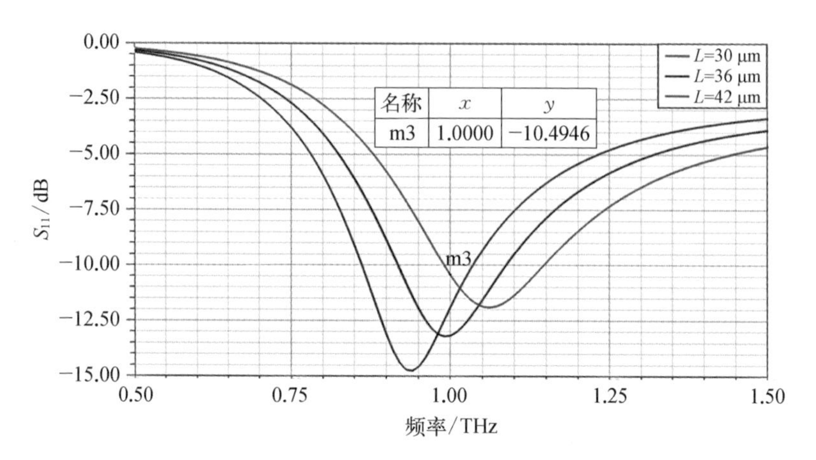

图 4-4 不同天线的电极长度 L 对应的 S_{11} 变化曲线图

从图 4-4 中可知,偶极子天线的谐振频率随着天线电极长度的增加逐渐向低频方向移动。当 $L=36\ \mu m$ 时,偶极子天线的谐振频率约为 1 THz,略小于理论计算值,这可能是辐射损耗和末端效应引起的。由此可推算出实验中不同电极长度 L 的天线的工作中心频率,如表 4-1 所示。

表 4-1 不同电极长度的天线的工作中心频率

电极长度 $L/\mu m$	50	100	150	200	250
工作中心频率/THz	0.82	0.41	0.27	0.20	0.16

4.1.2 天线线宽 W 对 GaAs 光电导天线辐射特性的影响

图 4-5 为不同天线的电极宽度 W 对应的 S_{11} 变化曲线图。从图中可知,偶极子天线的中心频率都在 1 THz 附近,随着电极宽度 W 的增加其中心频率稍微有向低频移动的趋势,但是相对于天线电极长度 L 而言,其对天线中心频率的影响不大。同时随着天线电极宽度 W 的增加,反射系数 $S_{11}<-10$ dB 的相对带宽逐渐增

大，其主要原因是当天线电极间隙保持不变时，天线电极宽度 W 越大，其触发光光照区域越大，这导致天线的通态电阻随之减小，进而导致天线辐射效率变高，此结果与 Darrow 和 D. H. Auston 在 1991 年研究关于不同电极形状的偶极子天线在相同的光电条件下的实验结果一致，平行线形偶极子天线较“工”字形偶极子天线的辐射效果更好。同时由于平行线形偶极子天线承载偏置电压的能力较强，因此在高偏置电场的条件下，该研究在弱光触发 GaAs 光电导天线进入高倍增猝灭模式中得到了广泛的应用。

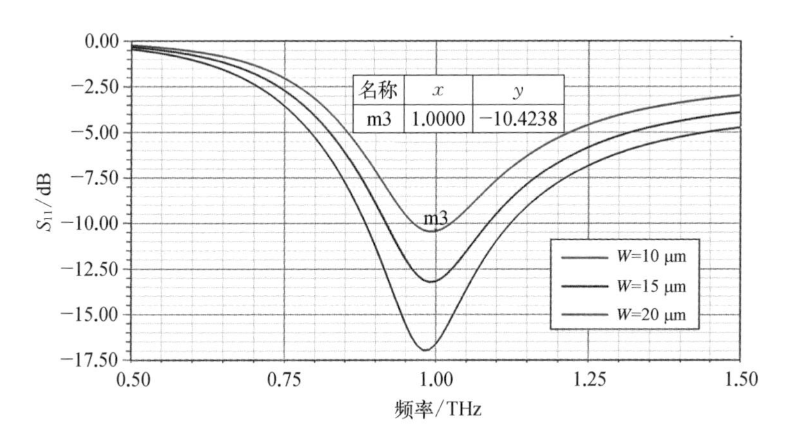

图 4-5　不同天线电极宽度 W 对应的 S_{11} 变化曲线图

4.1.3　天线间隙 g 对 GaAs 光电导天线辐射特性的影响

图 4-6 为不同天线的电极间隙 g 对应的 S_{11} 变化曲线图。由天线原理可知，天线的输入阻抗包含电抗和电阻成分，在设计初期寻求的是纯阻性的阻

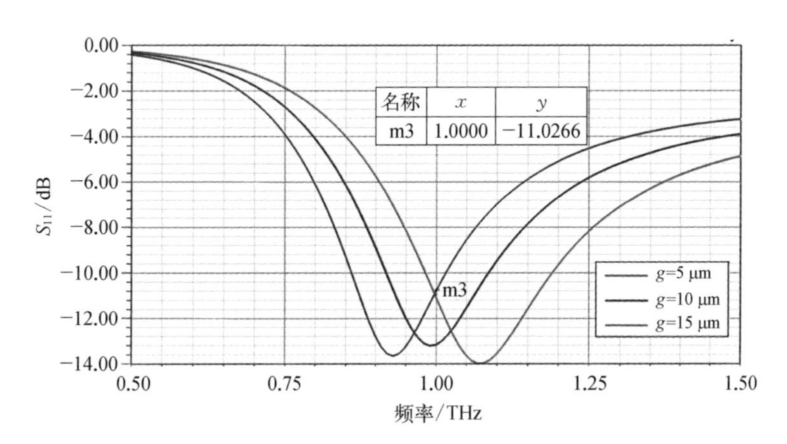

图 4-6　不同天线的电极间隙 g 对应的 S_{11} 变化曲线图

抗，但是这种理想情况很难实现，因为天线的输入阻抗与天线的几何形状、尺寸、馈电点位置、工作波长以及周围环境等因素都有关。在对天线的电极间隙 g 进行参数扫描分析时发现，当 $g=5\ \mu m$ 时，天线的谐振频率高于 1 THz，此时天线带感性电抗；当 $g=10\ \mu m$ 时，天线的谐振频率基本为 1 THz，此时天线电抗约等于 0，基本满足阻抗匹配；当 $g=15\ \mu m$ 时，天线的谐振频率低于 1 THz，此时天线带容性电抗。

4.2 大孔径光电导天线

当光电导天线的电极间距大于天线辐射太赫兹波的波长时，光电导天线被称为大孔径天线，它具有更高的光能饱和阈值，能够发射更高功率的太赫兹辐射。本节将详细研究传输线天线的结构参数、刻蚀及表面绝缘保护对天线的击穿电压、辐射功率、信噪比及稳定性的影响，最后介绍对天线阵列的测试实验。

4.2.1 电极间隙

(1) 电极间隙对天线辐射太赫兹功率的影响

实验中所使用的四种天线的电极间隙分别为 50 μm、100 μm、150 μm 和 200 μm，电极宽度均为 100 μm，衬底材料均为 SI - GaAs，电极材料均为 AuGeNi 合金。图 4 - 7 为四种天线在相同的触发光能和不同的偏置电场下辐射太赫兹电磁波的最大电场强度，触发光功率均为 90 mW。因为电极与天线材料形成欧姆接触，天线间隙中电场分布较均匀，所以采用光斑覆盖电极间隙触发及交流偏压的方式，以便得到更强的太赫兹辐射。由图 4 - 7 知，在相同的偏置电场下，大间隙天线辐射太赫兹波的电场强度比小间隙天线辐射太赫兹波的电场强度更强。例如，200 μm 的天线在偏置电场为 7 kV/cm 时辐射太赫兹波的最大电场强度是 50 μm 天线在偏置电场为 8 kV/cm 时辐射太赫兹波的最大电场强度的 3.5 倍。这是由于触发 50 μm 天线的激光光斑比触发 200 μm 天线的激光光斑面积小，所以 50 μm 天线中的库仑电场屏蔽和辐射电场屏蔽都较大，屏蔽电场削弱了外加偏置电场，从而导致天线发射太赫兹电磁波的功率降低。

(2) 电极间隙对天线辐射太赫兹波频率的影响

在天线材料和触发光脉冲宽度一定时，天线辐射太赫兹波的频率与天线的结构有关。传输线天线的间隙越小，天线辐射太赫兹脉波的峰值频率越高。

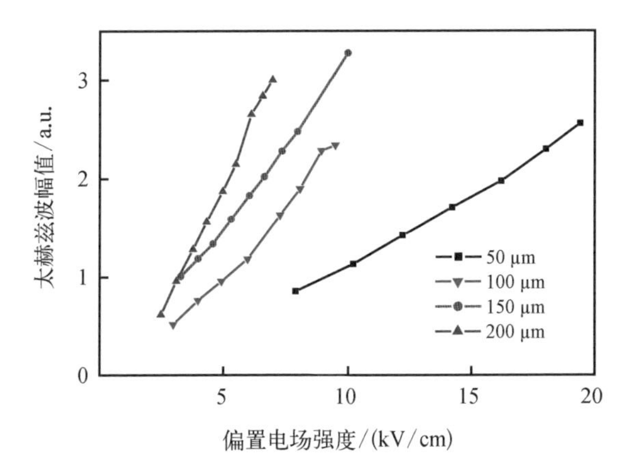

图 4-7　在不同偏置电场下，间隙分别为 50 μm、100 μm、150 μm 和 200 μm 的天线辐射太赫兹波的幅值

图 4-8 是间隙分别为 50 μm、100 μm、150 μm 和 200 μm 的天线在偏置电场为 5 kV/cm，触发光能均为 90 mW 时辐射太赫兹波的频谱，为了便于比较，太赫兹波的幅值被归一化。50 μm、100 μm、150 μm 和 200 μm 间隙的天线辐射太赫兹波的峰值频率分别为 0.86 THz、0.79 THz、0.77 THz 和 0.76 THz，随着电极间隙的增加，峰值频率略微减小，太赫兹频谱宽度也略微减小。

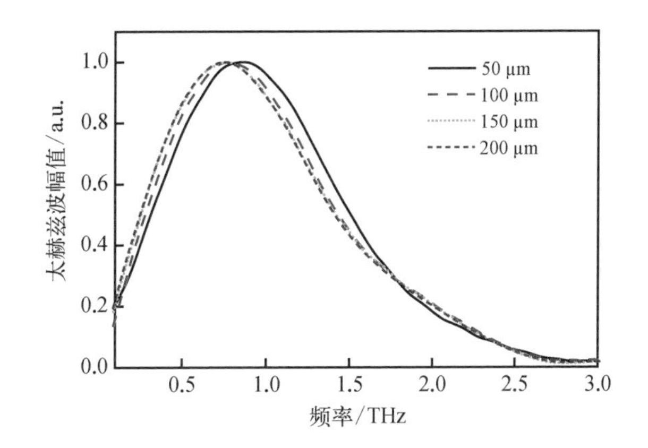

图 4-8　偏置电场为 5 kV/cm 时，间隙分别为 50 μm、100 μm、150 μm 和 200 μm 的天线辐射太赫兹波的频谱

上述实验之所以在相同的偏置电场下进行，是因为偏置电场对天线辐射太赫兹电磁波的峰值频率也有影响。在触发光能一定的情况下，天线中生成的光生载流子的数目是一定的，当偏置电场高时，天线中载流子的加速度大，辐射太赫兹电

磁波的频率高，但是这种效应不太明显。图 4-9 是 150 μm 间隙的天线在偏置电压分别为 50 V、70 V、90 V 和 110 V 时天线辐射太赫兹脉冲的频谱，对应的峰值频率分别为 0.732 THz、0.750 THz、0.769 THz 和 0.770 THz。

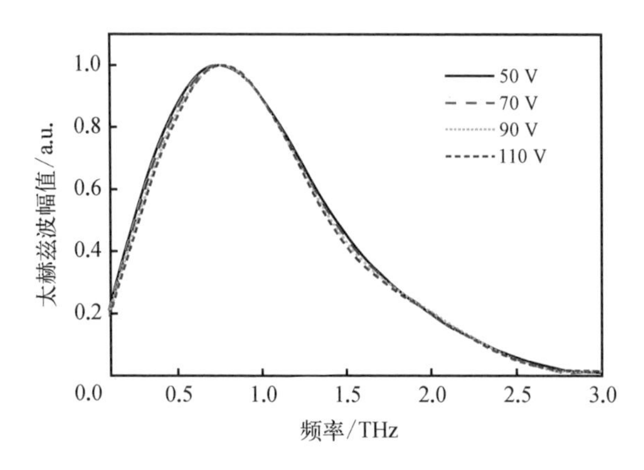

图 4-9 150 μm 间隙的天线分别在 50 V、70 V、90 V 和 110 V 的偏置电压下辐射太赫兹波的频谱

4.2.2 电极宽度对天线稳定性的影响

从 3.4.1 节中的分析中知，天线的稳定性主要由天线的工作温度决定。天线在工作过程中，随时间变化的电流的热效应使天线温度升高，天线芯片材料的性能(禁带宽度、迁移率、电阻率等)也随之变化。如果这些热量不能被有效地耗散出去，将会影响天线辐射太赫兹电磁波的稳定性。热量的耗散有两条途径：其一，通过 GaAs 材料传递到空气和天线架的热沉中；其二，通过电极传递到空气和天线架的热沉中。其中，电极的散热起着非常关键的作用，300 K 时金的热导率[318 W/(cm · ℃)]是 GaAs 的热导率[0.55 W/(cm · ℃)]的 580 倍左右，所以电极越宽，散热效果越好，天线稳定性越好。

图 4-10 是电极间隙均为 80 μm，电极宽度分别为 10 μm、20 μm 和 60 μm 的三个天线辐射太赫兹波的最大电场强度随时间的变化。设置偏置电压为 65 V，因为实验过程中天线温度升高导致天线电阻减小，电路中电流增加，而电源的额定功率一定，所以导致电源的输出电压在 60～65 V 之间波动。图 4-10 中的第一个数据点是在天线工作 1 min 获得的，20 μm 和 60 μm 电极的天线辐射太赫兹波的最大电场强度几乎相同，但是 10 μm 电极的天线辐射太赫兹波的最大电场强度较小。在前 60 min 的实验测试中，三个天线发射太赫兹波的电场强度均有较大幅度的减

小,10 μm 电极的天线辐射太赫兹波的电场强度随时间变化最快,20 μm 电极的天线其次,60 μm 电极的天线变化最慢;在 60～120 min 之间,三个天线辐射太赫兹波的电场强度仍然减小,但是减小的幅度较小。120 min 之后,20 μm 和 60 μm 电极的天线辐射太赫兹波的电场强度比较稳定;10 μm 电极的天线辐射太赫兹波的电场强度略微降低,140 min 后也趋于稳定。因此,三个天线辐射太赫兹波的最大电场强度之比为 $E_{10\,\mu m} : E_{20\,\mu m} : E_{60\,\mu m} = 1 : 1.42 : 1.79$,功率之比为 $P_{10\,\mu m} : P_{20\,\mu m} : P_{60\,\mu m} = 1 : 1.19 : 1.34$。

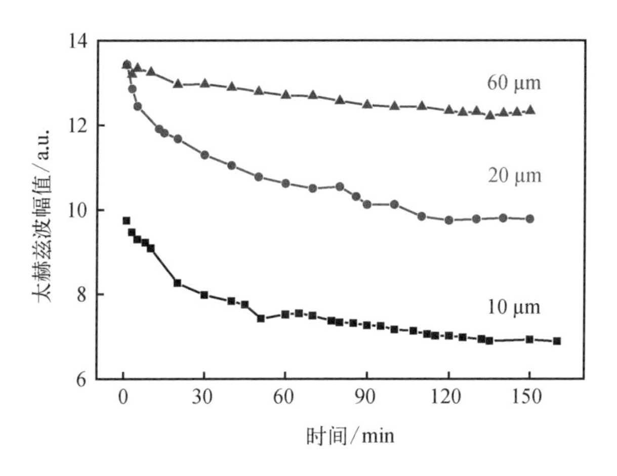

图 4-10　间隙 80 μm,电极宽度分别为 10 μm、20 μm 和 60 μm 的天线的稳定性实验

温度变化是造成天线稳定变化的根本原因。温度升高时,GaAs 材料中的本征载流子浓度增大,电导率增加,相应的暗电流也增加。因为暗电流不随时间瞬变,所以对产生太赫兹辐射没有贡献。但是暗电流的热效应使天线的温度升高,导致 GaAs 的载流子迁移率减小,天线产生的太赫兹脉冲的幅值降低。在最开始的 1 min,天线温度由室温迅速上升,由于 10 μm 电极的天线散热最慢,温度升高最快,所以天线辐射太赫兹波的电场强度变化最大。在前 20 min 内,天线的产热大于散热,温度继续升高,三个天线辐射太赫兹波的强度都减小。在 120 min 后,电流的产热和天线的散热达到动态平衡,天线的性能趋于稳定。10 μm 电极的天线的温度高于 20 μm 和 60 μm 电极的天线的温度,所以辐射太赫兹波的功率最小。

4.2.3　热沉对天线稳定性的影响

从上面的分析知,天线的散热对天线的稳定性至关重要。为了提高天线的散热性能，在天线电极的两侧设计了两片热沉，见图 4－11 中的插图。在制备天线的过程中，采用光刻和电子束蒸镀的方法将热沉和电极一起淀积到 GaAs 表面。利用银浆将天线上的热沉和天线架上的散热片粘在一起，天线工作过程中产生的热量通过热沉有效地散失掉，保证了天线辐射太赫兹波的稳定性。图 4－11 比较了有热沉天线和无热沉天线的稳定性，两个天线的电极间隙均为 150 μm，电极宽度均为 100 μm，触发光功率均为 90 mW，无热沉天线的偏置电压为 95 V，有热沉天线的偏置电压为 150 V。虽然有热沉天线在更高的偏置电压下工作，天线中电流也大于无热沉天线中的电流，但是其稳定性远远好于无热沉天线。在 100 min 的测试中，无热沉天线辐射太赫兹脉冲的幅值的平均值为 2.02 a.u.，标准偏差为 0.09 a.u.，相对误差为 4.5％；而有热沉天线辐射太赫兹脉冲的幅值的平均值为 2.953 a.u.，标准偏差为 0.011 a.u.，相对误差为 0.37％。

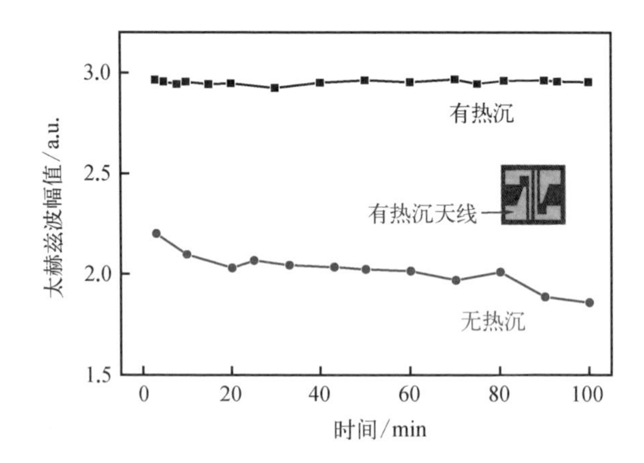

图 4－11　电极宽度为 100 μm、间隙为 150 μm 的有热沉天线和无热沉天线的稳定性(触发光功率均为 90 mW，有热沉天线的偏置电压为 150 V，无热沉电极的偏置电压为 95 V，插图为有热沉天线的示意图)

4.2.4　刻蚀对天线击穿场强的影响

制备天线时，如果不进行刻蚀处理，而直接把电极制备在 GaAs 表面上，那么会导致在电极与天线材料接触的位置电流通道最薄，容易发热，天线容易在此处损坏；如果在天线芯片材料上淀积电极的位置，先刻蚀一定深度的和电极形状一样的沟槽，将电极淀积在沟槽中，就可以增加电极和天线芯片材料的接触面积，增加电流通道的体积，减小接触电阻，从而有效减小接触位置的发热，提高天线的击穿电压和使用寿命。图 4－12 是电极宽度均为 100 μm，电极间隙均为 150 μm 的刻蚀天线和未刻蚀天线在不同电压下辐射太赫兹波的最大电场强度。当触发光功率为90 mW时，未刻蚀天线的击穿电压为135 V，而刻蚀天线的击穿电压为190 V，提高了41%。在偏置电压从50 V增加到未刻蚀天线的最大安全电压（击穿电压的80%）的过程中，两个天线辐射太赫兹波的幅值几乎相同，这是因为这两个天线材料和结构均相同。由于刻蚀天线的最大安全电压为150 V，所以刻蚀天线能够在更高的偏置电压下工作，产生更高功率的太赫兹辐射。

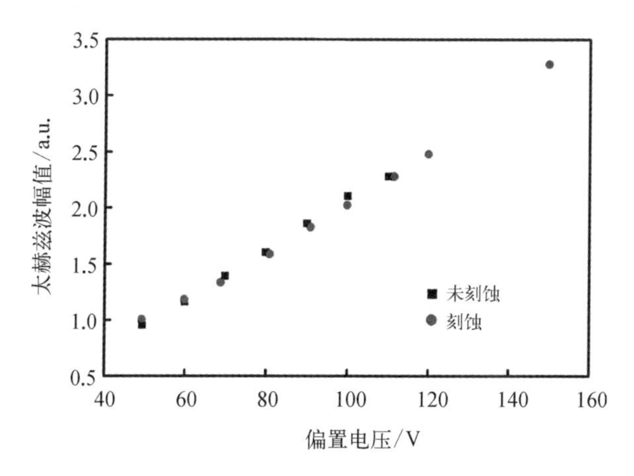

图4-12　电极宽度均为100 μm，触发光功率均为90 mW，间隙为150 μm的刻蚀天线和未刻蚀天线在不同偏置电压下辐射太赫兹波的最大电场强度

4.2.5　绝缘保护对天线击穿场强的影响

虽然SI-GaAs的体击穿电场强度高达250 kV/cm，但是表面闪络、电极的结构与形状、热击穿等因素导致天线材料在电场强度远小于250 kV/cm时就已被击穿损坏。在没有任何绝缘保护措施的情况下，天线材料表面的闪络电场强度仅为10 kV/cm。用SF_6气体（1.7×10^5～3.4×10^5 Pa）封装时，表面闪络电场强度可提高到20～30 kV/cm，采用液体介质如纯水、绝缘油等，绝缘强度可达143 kV/cm，但是上述结构需要密封装置，比较复杂。借鉴半导体工艺中的钝化工艺，可研制一种固态薄膜表面保护工艺，即在天线表面制备一层Si_3N_4钝化层，使电极表面、GaAs表面与空气隔离开，抑制表面闪络的影响，提高天线的击穿电压。该方法工艺简单，不需要任何密封装置，使用方便。图4-13为电极间隙均为3 mm、用Si_3N_4钝化层绝缘保护的光电导天线和无绝缘保护的光电导天线在不同触发光能下的击穿电压。触发光能增加时，天线中的光生载流子浓度增加，从而导致电流增

加，天线的温度升高，更容易出现热击穿，所以天线的击穿电压降低。在相同的触发光能和相同的偏置电压下，有 Si_3N_4 钝化层保护的天线的击穿电压比没有绝缘保护的天线的击穿电压提高了 30%～60%。

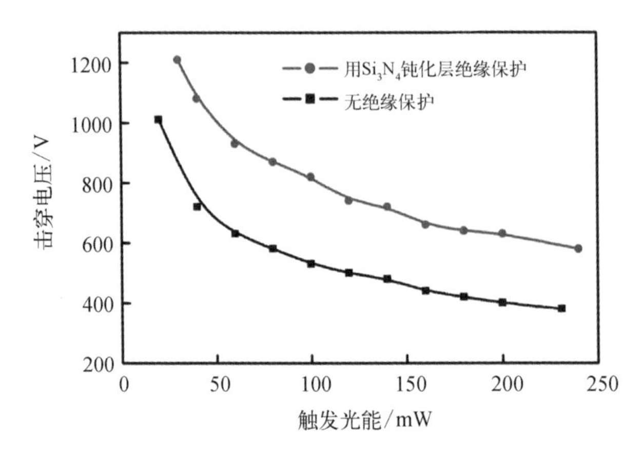

图 4-13　间隙均为 3 mm、有 Si_3N_4 钝化层绝缘保护的光电导天线和无绝缘保护的光电导天线在不同的触发光能下的击穿电压

参考文献

[1] Dobroiu A, Yamashita M, Ohshima Y N, et al. Terahertz imaging system based on a backward-wave oscillator[J]. Applied Optics, 2004, 43(30): 5637-5646.

[2] Samoska L A. An overview of solid-state integrated circuit amplifiers in the submillimeter-wave and THz regime[J]. IEEE Transactions on Terahertz Science and Technology, 2011, 1(1): 9-24.

[3] Rodwell M J W, Kamegawa M, Yu R, et al. GaAs nonlinear transmission lines for picosecond pulse generation and millimeter-wave sampling[J]. IEEE Transactions on Microwave Theory and Techniques, 1991, 39(7): 1194-1204.

[4] von Ribbeck H G, Wenzel M T, Jacob R, et al. Scattering near-field microscopy in the THz region using a free-electron laser[C]//35th International Conference on Infrared, Millimeter, and Terahertz Waves. Rome, Italy. IEEE, 2010: 1.

[5] Hebling J, Stepanov A G, Almási G, et al. Tunable THz pulse generation by optical rectification of ultrashort laser pulses with tilted pulse fronts[J]. Applied Physics B, 2004, 78(5): 593-599.

[6] Fülöp J A, Pálfalvi L, Hoffmann M C, et al. Towards generation of mJ-level ultrashort THz pulses by optical rectification[J]. Optics Express, 2011, 19(16):

15090 - 15097.
[7] Xu L, Zhang X C, Auston D H. Terahertz beam generation by femtosecond optical pulses in electro-optic materials[J]. Applied Physics Letters, 1992, 61(15): 1784 - 1786.
[8] Weiss C, Torosyan G, Meyn J P, et al. Tuning characteristics of narrowband THz radiation generated via optical rectification in periodically poled lithium niobate[J]. Optics Express, 2001, 8(9): 497 - 502.
[9] Yousef-Zamanian A, Neshat M. Investigation of radiation mechanism in THz generation based on laser-induced plasma in air[C]//2014 Third Conference on Millimeter-Wave and Terahertz Technologies (MMWATT). Tehran, Iran. IEEE, 2015: 1 - 4.
[10] Matsubara E, Nagai M, Ashida M. Ultrabroadband coherent electric field from far infrared to 200 THz using air plasma induced by 10 fs pulses[J]. Applied Physics Letters, 2012, 101(1): 021105.
[11] Danylov A A, Waldman J, Goyette T M, et al. Terahertz sideband-tuned quantum cascade laser radiation[J]. Optics Express, 2008, 16(8): 5171 - 5180.
[12] Kawase K, Shikata J I, Ito H. Terahertz wave parametric source[J]. Journal of Physics D: Applied Physics, 2002, 35(3): R1-R14.
[13] Shi W, Ji W L, Zhao W. Investigation of ultra-wide-band microwave generation based on photoconductive semiconductor switches[J]. Acta Electron Sin, 2004, 32 (11): 1891 - 1893.
[14] Islam N E, Schamiloglu E, Fleddermann C B. Characterization of a semi-insulating GaAs photoconductive semiconductor switch for ultrawide band high power microwave applications[J]. Applied Physics Letters, 1998, 73(14): 1988 - 1990.
[15] Ma C, Yang L, Dong C G, et al. An experimental study on LT-GaAs photoconductive antenna breakdown mechanism[J]. IEEE Transactions on Electron Devices, 2018, 65 (3): 1043 - 1047.
[16] Smith P R, Auston D H, Nuss M C. Subpicosecond photoconducting dipole antennas [J]. IEEE Journal of Quantum Electronics, 1988, 24(2): 255 - 260.
[17] Zhang J, Hong Y, Braunstein S L, et al. Terahertz pulse generation and detection with LT-GaAs photoconductive antenna[J]. IEE Proceedings - Optoelectronics, 2004, 151(2): 98 - 101.
[18] Tani M, Matsuura S, Sakai K, et al. Emission characteristics of photoconductive antennas based on low-temperature-grown GaAs and semi-insulating GaAs[J]. Applied Optics, 1997, 36(30): 7853 - 7859.
[19] Schoenberg J S H, Burger J W, Tyo J S, et al. Ultra-wideband source using Gallium arsenide photoconductive semiconductor switches[J]. IEEE Transactions on Plasma Science, 1997, 25(2): 327 - 334.
[20] Shi W, Hao N N, Fu Z L, et al. Large current GaAs PCSS triggered by a laser diode [J]. IEEE Photonics Technology Letters, 2014, 26(21): 2158 - 2161.

[21] Jayaraman S, Lee C H. Observation of two-photon conductivity in GaAs with nanosecond and picosecond light pulses[J]. Applied Physics Letters, 1972, 20(10): 392 - 395.

[22] Lee C H. Picosecond optoelectronic switching in GaAs[J]. Applied Physics Letters, 1977, 30(2): 84 - 86.

[23] Auston D H, Cheung K P, Valdmanis J A, et al. Cherenkov radiation from femtosecond optical pulses in electro-optic media[J]. Physical Review Letters, 1984, 53(16): 1555 - 1558.

[24] Auston D H, Cheung K P, Smith P R. Picosecond photoconducting hertzian dipoles [J]. Applied Physics Letters, 1984, 45(3): 284 - 286.

[25] Loubriel G M, O'Malley M W, Zutavern F J. Toward pulsed power uses for photoconductive semiconductor switches: Closing switches [J]. In: Proc th IEEE Pulsed Power Conf. Arlington, 1987: 149 - 152.

[26] Darrow J T, Zhang X C, Auston D H. Power scaling of large-aperture photoconducting antennas[J]. Applied Physics Letters, 1991, 58(1): 25 - 27.

[27] 施卫,梁振宪.高倍增高压超快 GaAs 光电导开关中的光激发畴现象[J].半导体学报(英文版),1999, 20(1): 53 - 57.

[28] Kirawanich P, Yakura S J, Islam N E. Study of high-power wideband terahertz-pulse generation using integrated high-speed photoconductive semiconductor switches[J]. IEEE Transactions on Plasma Science, 2009, 37(1): 219 - 228.

[29] 黄振,于斌,赵国忠,等.小孔径蝴蝶型光电导天线太赫兹辐射源的研究[J].激光与红外,2009,39(2): 183 - 186.

[30] Park S G, Choi Y, Oh Y J, et al. Terahertz photoconductive antenna with metal nanoislands[J]. Optics Express, 2012, 20(23): 25530 - 25535.

[31] Yang S H, Hashemi M R, Berry C W, et al. 7.5% optical-to-terahertz conversion efficiency offered by photoconductive emitters with three-dimensional plasmonic contact electrodes[J]. IEEE Transactions on Terahertz Science and Technology, 2014, 4(5): 575 - 581.

[32] Yardimci N T, Jarrahi M. 3.8 mW terahertz radiation generation over a 5 THz radiation bandwidth through large area plasmonic photoconductive antennas[C]//2015 IEEE MTT-S International Microwave Symposium. Phoenix, AZ, USA. IEEE, 2015: 1 - 4.

[33] 施卫,闫志巾.雪崩倍增 GaAs 光电导太赫兹辐射源研究进展[J].物理学报,2015,64(22): 33 - 38.

[34] Smith P R, Auston D H, Nuss M C. Subpicosecond photoconducting dipole antennas [J]. IEEE Journal of Quantum Electronics, 1988, 24(2): 255 - 260.

[35] Matthaeus G, Nolte S, Hohmuth R, et al. Microlens coupled interdigital photoconductive switch[J]. Applied Physics Letters, 2008, 93(9): 1 - 3.

[36] Miyamaru F, Saito Y, Yamamoto K, et al. Dependence of emission of terahertz radiation on geometrical parameters of dipole photoconductive antennas[J]. Applied

Physics Letters, 2010, 96(21): 211104.
[37] Darrow J T, Zhang X C, Auston D H. Power scaling of large-aperture photoconducting antennas[J]. Applied Physics Letters, 1991, 58(1): 25 - 27.

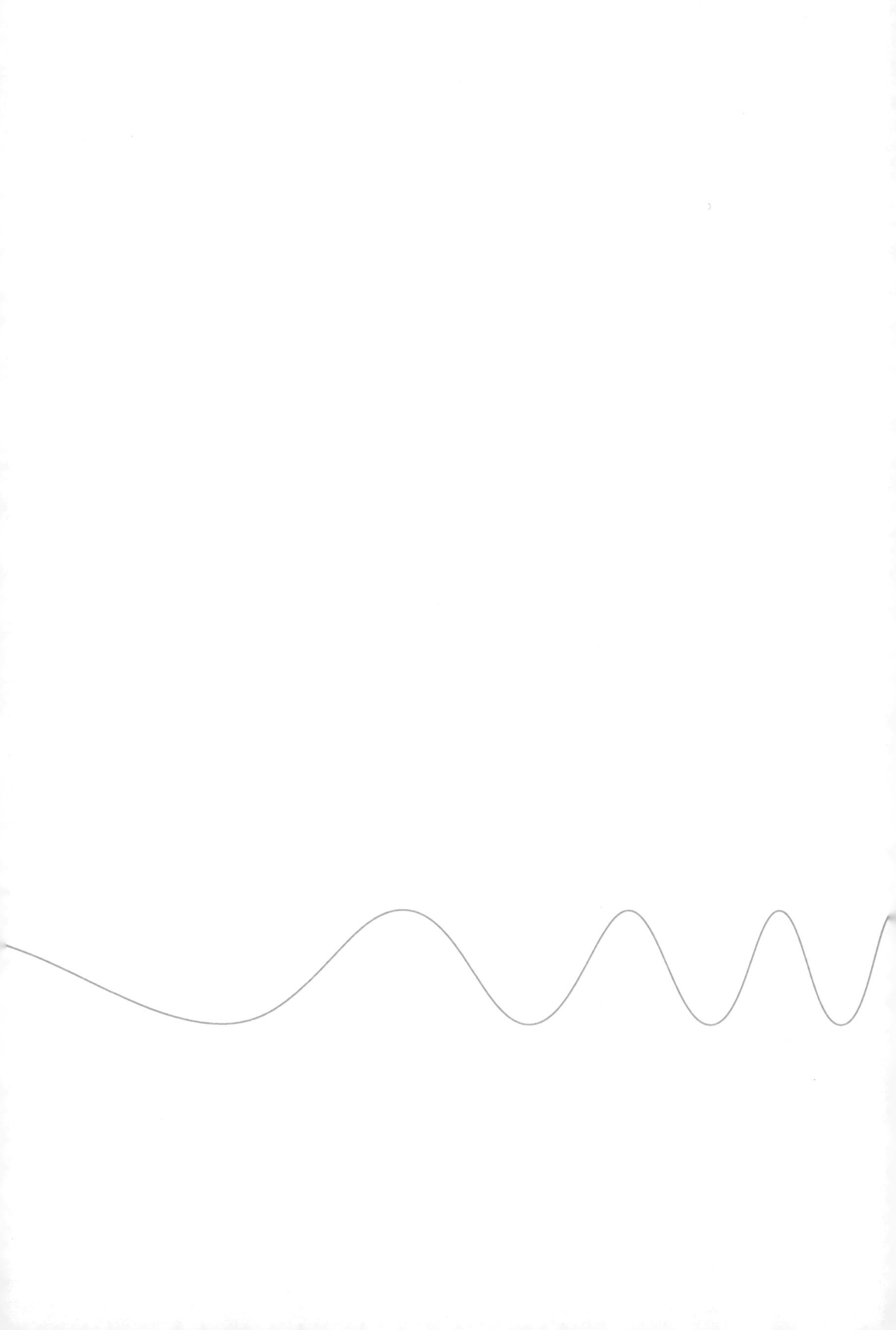

光电导天线制备工艺

光电导天线制备工艺的每一个环节对天线的性能都至关重要。本章归纳总结了制备光电导天线的工艺流程和关键的工艺参数。

5.1 掩模版的制作

在利用光电导天线产生宽带太赫兹辐射的实验中，常用的天线结构包括赫兹偶极天线、共振偶极天线、锥形天线、传输线天线以及大孔径光电导天线。其中传输线天线结构简单、使用方便，当电极间隙大于所辐射太赫兹波的中心波长时，又称为大孔径光电导天线，这种天线具有更强的天线发射功率。所以，本实验设计了一系列电极宽度和间隙不同的传输线天线，它们的电极间隙从 10 μm 到 3 000 μm，电极宽度从 10 μm 到 200 μm。为了研究温度对天线辐射太赫兹波稳定性的影响，给部分天线制作了热沉。

图 5-1 是实验中使用的其中两块光刻掩模版。左图掩模版中的天线只包括两个平行的电极，右图掩模版中的部分天线电极两侧设计有热沉。掩模版在 TOPPAN Photomasks Inc.上制作完成。掩模版的衬底选用石英，其热膨胀系数非常小，在深紫外和近深紫外区域内有很高的穿透系数。天线的图案采用铬制作，它以溅射的方式淀积到石英表面上。溅射铬比蒸发铬的反射率大，为了避免对曝光造成不利影响，在其上制备一层约 20 nm 厚的 Cr_2O_3 作为抗反射膜，可以有效降低溅射铬的反射率。

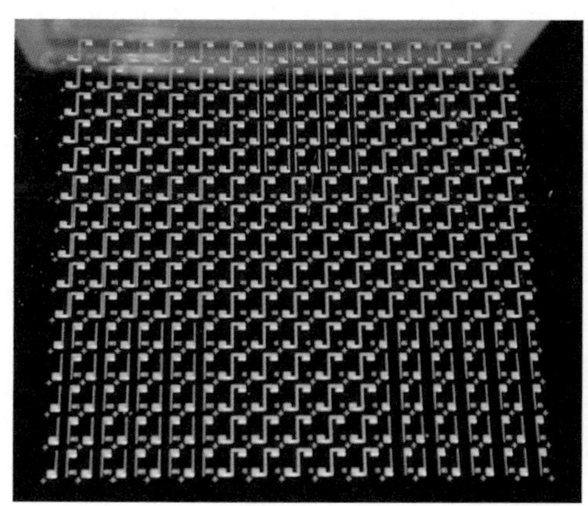
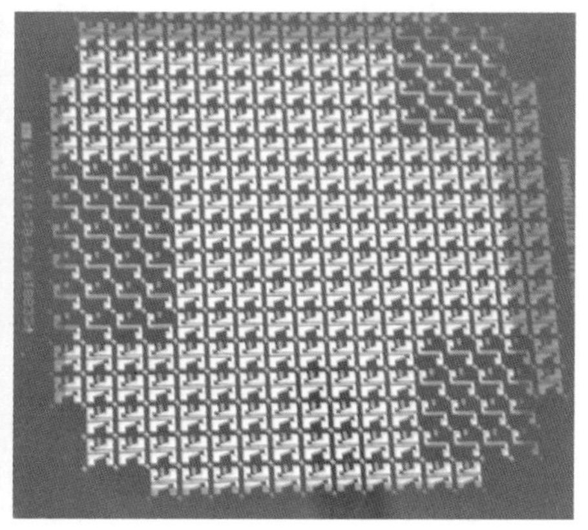

图 5-1 光刻掩模版

5.2 天线的制备工艺

首先采用光刻工艺将掩模版上的天线结构转移到基底表面的光刻胶上，利用离子刻蚀工艺在天线表面刻蚀一定深度的槽，利用电子束蒸发的方法蒸镀金属电极，剥离之后即可获得所需要的天线。整个工艺过程可分为下面 11 个步骤：准备晶圆—涂光刻胶—软烘焙—对准和曝光—显影—硬烘焙—刻蚀—蒸镀电极—快速退火—剥离—划片。

(1) 准备晶圆

光刻是一种平面工艺，即使晶圆表面存在很小的灰尘，也可能导致光刻胶变形或光刻胶不能牢固地黏附在晶圆表面，从而导致所制备的器件变形。因此洁净的晶圆表面是获得好的光刻效果的基础。在涂光刻胶之前，晶圆表面可能存在下面几种污染物：晶圆在切割过程中形成的碎片、空气中的灰尘、细菌以及其他液体残留形成的薄膜等。为了去除上述可能存在的污染物，首先分别用去离子水、丙酮、甲醇、异丙醇、新的去离子水对晶圆超声清洗 3～5 min；然后用干燥的高压氮气枪将晶圆表面的水吹干；最后在 120℃烘箱中烘焙 10 min，蒸发掉晶圆表面残留的水分。

(2) 涂光刻胶

光刻胶又称光致抗蚀剂，是指通过紫外光、电子束、离子束、X 射线等的照射或辐射，使其溶解度发生变化的耐蚀剂刻薄膜材料。光刻胶是由感光树脂、增感剂和溶剂 3 种主要成分组成的对光敏感的混合液体，在光刻工艺过程中，用作抗腐蚀涂层材料。光刻胶按其形成的图像分为正性、负性两大类。在光刻胶工艺过程中，涂层曝光和显影后，曝光部分被溶解，未曝光部分留下来，该涂层材料为正性光刻胶。如果曝光部分被保留下来，而未曝光部分被溶解，那么该涂层材料为负性光刻胶。负性光刻胶具有黏结力强、曝光速度快、成本低等优点，但是其纵横比、针孔数量、阶梯覆盖度等不如正性光刻胶。当所制备的光电导天线的尺寸较大时，选择成本较低的负性光刻胶即可满足需要。按曝光光源和辐射源的不同，又分为紫外光刻胶(包括紫外正、负性光刻胶)、深紫外光刻胶、X 射线胶、电子束胶、离子束胶等。

(3) 软烘焙

液态光刻胶含有 65%～85%的溶剂，虽然甩胶之后液态光刻胶已经成为固态薄膜，但仍含有 10%～30%的溶剂，容易被灰尘玷污，并且这些溶剂会对后续的曝光、显影有不利的影响。用 90℃的电热盘加热 1 min，使溶剂从光刻胶中挥发出来，软烘焙后溶剂含量降至 5%左右，降低了灰尘的玷污，保证了后续工艺的正常进行。同时还可以减轻因高速旋转形成的薄膜应力，提高光刻胶的附着性。

(4) 对准和曝光

利用光刻机进行对准和曝光。首先把掩模版固定在掩模版架上，掩模版的金属面朝下；然后将晶圆固定在晶圆卡盘上。调节晶圆的位置和倾斜角度，使晶圆和掩模版平行。采用接触式曝光，掩模版上带有铬金属图案的一面和晶圆表面上的光刻胶刚好接触，这样可获得较高的空间分辨率和 1∶1 的转换尺寸。

曝光的参数是决定曝光成功与否的关键。需要经过多次实验，确定最佳的工艺参数。

(5) 显影

在显影过程中严格控制显影时间及搅拌速度。将晶圆从显影液中取出后，立即放入流动的去离子水中漂洗 3 min，以避免残留在晶圆表面的显影剂导致光刻胶发生过度显影。清洗后，取出并用干燥的氮气枪吹干晶圆表面的去离子水。曝光时在光刻胶中形成的潜在图形在显影后便显现出来，在光刻胶上形成三维图形。

(6) 硬烘焙

在制备需要刻蚀的样品时，要在 180℃的电热盘上烘焙 3 min，除去光刻胶中剩余的溶剂，增强光刻胶对衬底表面的附着力，同时提高光刻胶在刻蚀过程中的抗蚀性和保护能力。对于不需要进一步刻蚀的天线，则不需要硬烘焙。例如在制备 LT-GaAs 天线和 GaAs:O 天线时，不需要刻蚀，只需在 130℃的电热盘上加热 1 min，以除去光刻胶中部分溶剂。

(7) 刻蚀

使用离子刻蚀机(Trion Phantom Ⅲ Mini-Lock System)，利用反应离子刻蚀的方法在 SI-GaAs 表面刻蚀深度为 700 nm 的沟槽，在后续的电子束蒸发工艺中，在沟槽内淀积一定厚度的金属作为天线电极。SI-GaAs 晶圆处于阴极，刻蚀气体发生辉光放电时，电位大部分降落在阴极附近。大量带电粒子受垂直于晶圆表面的电场加速，垂直入射到晶圆表面上，以较大的动量进行物理刻蚀，同时它们还与晶圆表面发生强烈的化学反应，产生化学刻蚀作用。反应离子刻蚀能够有效地抑制晶圆表面附近的侧向反应，大大提高了刻蚀的各向异性。

(8) 蒸镀电极

电子束蒸发镀膜机采用电子束蒸发的方法在晶圆表面淀积金属电极。为了保证金属电极的质量，先用机械泵和离子泵为真空腔排气 4 h 以上，使真空腔中的气压小于 5×10^{-6} Torr①。调节电子束的聚焦电压和扫描电压，使聚焦电子束在整个靶金属表面均匀扫描。薄膜沉积速度设定为 0.5 nm/s。较常用的有两种电极，一种是 Ti/Au 电极，另一种是 AuGeNi 合金电极。

① Ti/Au 电极：因为 Au 和 GaAs 的晶格不匹配，导致 Au 不能与 GaAs 牢固地结合，所以首先在衬底表面沉积 50 nm Ti 以增加电极和 GaAs 衬底的结合强度。Ti 和 Au 都是金属，很容易紧密地结合在一起，然后在 Ti 表面沉积 500 nm 的 Au。

② AuGeNi 合金电极：在衬底上先淀积 50 nm Ni，然后淀积 400 nm Au 和 200 nm Ge，最后再淀积 50 nm Ni。加入 Ni 也是为了增强电极和 GaAs 晶圆的结合能力，Ni 还可以抑制金属电极被氧化，同时 Ni 能够与衬底相互作用生成 NiAs，更有利于 Ge 的注入。

(9) 快速退火

利用电子束蒸发工艺制备的 Ti/Au 电极和 Ni/AuGe/Ni 金属都是分层的，层与层之间几乎没有扩散。要使金属合金化，必须经过快速退火处理。由于 Ti 的熔点是 1 725℃，所需要的退火温度也很高，可能会损坏光刻胶，所以不适合进行退火处理。本实验仅对 Ni/AuGe/Ni 电极进行快速退火处理。将样品放入快速退火炉(JETFIRST 100)中，设定在 300℃的温度下恒温 1 min，Ni/AuGe/Ni 在这一过程中相互扩散形成 AuGeNi 合金。

(10) 剥离

将表面淀积了金属的晶圆放置于丙酮溶液中浸泡 3～5 min，由于晶圆表面的光刻胶可溶于丙酮溶液，因此在光刻胶溶解的同时，其上的金属也脱离晶圆表面，最后只剩下所需要的电极。经过硬烘焙处理的光刻胶不易溶于丙酮，需要在 50～60℃的丙酮溶液中浸泡 10 h 以上才可剥离掉。对于部分不太容易剥离的样品，使用丙酮枪冲洗和超声波清洗。超声波清洗的时间不要超过 20 min，否则可能造成电极被超声波损坏。将剥离后的样品先用异丙醇清洗，然后用去离子水清洗，最后用氮气枪吹干。

(11) 划片

最后将制备好的样品用划片机切成独立的单元，储存在洁净的容器中备用。

---

① 1 Torr≈133 Pa。

5.3 天线的安装

图 5-2(a)(b)分别为天线结构示意图和天线架照片，将天线安装在天线架上之后天线电极分别和天线架上的 A、B 两个针导通；天线的热沉和天线架的热沉通过银浆紧密接触，保证天线产生的热量能够有效地散失到环境中。图 5-2(c)是天线架底座的实物图，天线架通过四个插接件安装在天线架底座上，插接件还起到给天线加压的作用。电源通过同轴线和天线架底座上的 SMA 接头相连，给天线提供偏置电压，插接件的针孔上分别加有图中所示的偏压。由于天线架上的四个针和天线架底座上的四个孔均在等大的正方形的四个顶点上，当把天线的安装方向改变 90°后，天线辐射太赫兹脉冲的极性也改变 90°。准直光路时，可根据探测光的偏振方向，确定天线的安装方向。

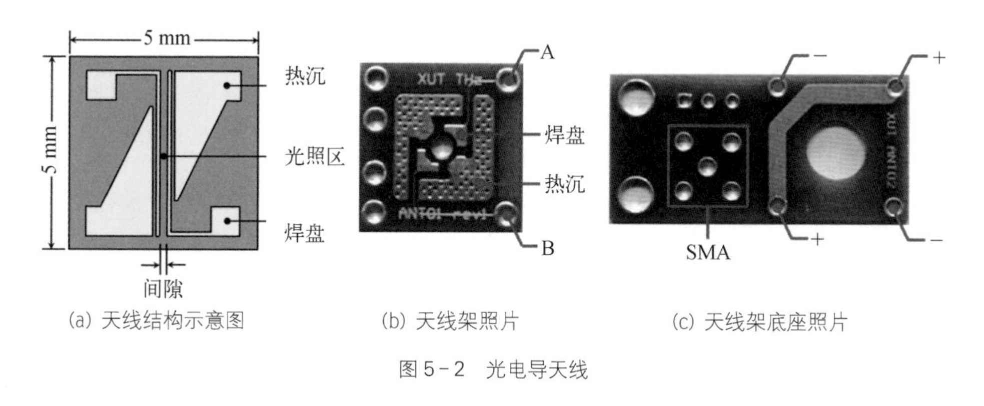

(a) 天线结构示意图　　(b) 天线架照片　　(c) 天线架底座照片

图 5-2　光电导天线

5.4 电极材料对天线性能的影响

Ti/Au 电极和 AuGeNi 合金电极是 GaAs 光电导天线制备中常用的电极材料。电极材料与天线芯片材料接触的性质直接影响天线中的电场分布、电流分布以及天线耐压能力，从而对天线的辐射效率、信噪比和寿命都有很大的影响。下面将分析使用 Ti/Au 电极材料和 AuGeNi 电极材料制备的光电导天线的性能。

5.4.1 金属电极和 SI-GaAs 的接触理论

(1) 金属与 SI-GaAs 接触的能带结构

实验中所使用的 SI-GaAs 属于 n 型半导体材料，300 K 时，施主电子浓度 N_D

的数量级为 $10^{16}\ \text{cm}^{-3}$，功函数 W_s 约为 4.17 eV。常用电极材料的功函数 W_m 都大于 W_s，如 Au 和 Ti 的功函数分别为 5.1 eV 和 4.33 eV。电极与 GaAs 接触之前的能级图见图 4－3(a)。GaAs 的费米能级 $(E_F)_s$ 与金属电极的费米能级 $(E_F)_m$ 之差满足 $(E_F)_s-(E_F)_m=W_m-W_s$。当把电极制备于 GaAs 表面之后，它们就构成了一个统一的电子系统。由于原来的 $(E_F)_s$ 高于 $(E_F)_m$，GaAs 中的电子将向金属电极流动，使接触部位的电极表面带负电，GaAs 表面带正电。它们所带的电荷在数值上是相等的，整个系统保持电中性，金属的电势降低，GaAs 的电势升高。在它们的电势发生变化的过程中，其内部的所有电子能级及表面处的电子能级也随之发生变化，最后达到平衡态。平衡时，电极和半导体的费米能级在同一水平上，这时不再有电子的净流动。它们之间的电势差完全补偿了原来费米能级的不同，即相对于金属电极的费米能级，GaAs 的费米能级下降了 W_m-W_s。由于半导体中自由电荷密度的限制，GaAs 表面的正电荷分布在 GaAs 表面相当厚的一层表面层内，称为空间电荷区。空间电荷区中存在的电场造成能带弯曲，使 GaAs 表面和内部之间存在电势差 V_s，即表面势。由于采用电子束蒸发或者溅射的方法将金属电极制备于 GaAs 表面，金属和 GaAs 的间距可以忽略，此时 $(W_m-W_s)/q=V_s$。

GaAs 一边的势垒高度为

$$qV_D=-qV_s=W_m-W_s \tag{5-1}$$

式中，$V_s<0$，V_D 为内建电势差。

金属一边的势垒高度为

$$q\phi_{ns}=qV_D+E_n=-qV_s+E_n=W_m-W_s+E_n=W_m-\chi \tag{5-2}$$

其能级结构见图 5－3(b)。从图中可以看出，当金属与 SI－GaAs 接触时，在

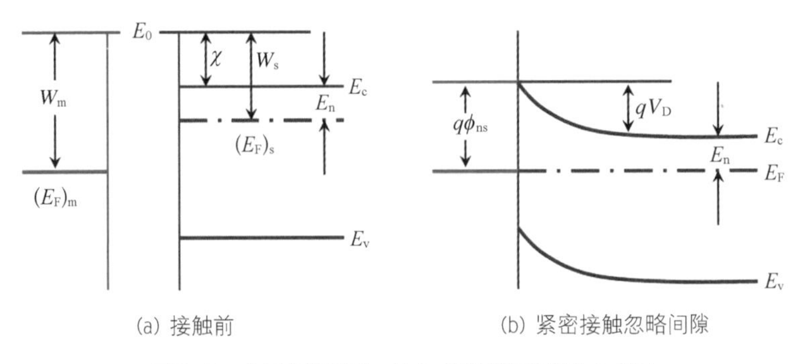

图 5－3　金属电极和 SI－GaAs 接触能带图($W_m>W_s$)

GaAs 的接触表面形成一个正的空间电荷区,其中电场方向由体内指向表面,$V_s<0$,它使 GaAs 表面电子的能量高于体内,能带向上弯曲,形成表面势垒。在势垒区中,空间电荷主要由电离施主形成,电子浓度要比体内小得多,因此它成为一个高阻的阻挡层。

(2) 肖特基接触对电场分布的影响

在前面的讨论中,电极和 SI-GaAs 的接触处于平衡态时,从半导体流入金属的电子流和从金属进入半导体的电子流大小相等、方向相反,构成动态平衡,在阻挡层中没有净电流流过。当在电极上施加电压 V 时,由于阻挡层是一个高阻区域,电压主要降落在阻挡层上。原来 GaAs 表面和内部之间的电势差为表面势 $(V_s)_0$,现在变为 $(V_s)_0+V$,因而电子势垒高度是 $-q[(V_s)_0+V]$。当 V 与 V_s 符号相同时,阻挡层势垒将提高,否则势垒将下降。图 5-4(a)为平衡阻挡层的情形,图 5-4(b)(c)表示外加电压对 SI-GaAs 的 n 型阻挡层的影响。

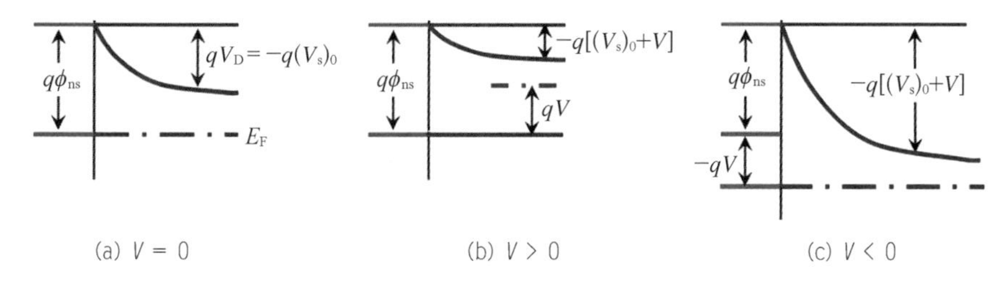

图 5-4　外加电压对 n 型阻挡层的影响

外加电压后,GaAs 和金属电极不再处于相互平衡的状态,两者没有统一的费米能级。GaAs 和金属电极的费米能级之差等于由外加电压所引起的静电势能差。图 5-4(b)表示外加正向电压的情形,$V>0$。GaAs 的势垒由 $qV_D=-q(V_s)_0$ 降低为 $-q[(V_s)_0+V]$。这时,从 GaAs 到电极的电子数目增加,超过从电极到 GaAs 的电子数,形成从电极到 GaAs 的正向电流,它是由 n 型 SI-GaAs 中多数载流子构成的。外加电压越高,势垒下降越多,正向电流越大。图 5-4(c)表示加反向电压时的情形,$V<0$。这时势垒增高为 $-q[(V_s)_0+V]$。从 GaAs 到电极的电子数目减少,电极到 GaAs 的电子流占优势,形成由 GaAs 到电极的反向电流。因为金属中的电子要越过相当高的势垒 $q\phi_{ns}$ 才能到达 GaAs 中,所以反向电流很小。由图 5-4 知,电极中的势垒不随外加电压变化,所以从电极到 GaAs 的电子流是恒定的。反向电压提高,使 GaAs 到金属电极的电子流可以忽略不计时,反向电流将趋于饱和值。

下面分析由于n型阻挡层的存在，在电极上施加一定的电压时，SI－GaAs中电势的分布。假设SI－GaAs中的n型阻挡层足够厚，这时势垒宽度比电子平均自由程大得多，电子通过势垒区要发生多次碰撞。对于这种模型可以利用扩散理论进行分析。在势垒区中存在电场，有电势的变化，载流子浓度不均匀。当势垒高度远远大于k_0T时，势垒区可近似为一个耗尽层。在耗尽层中，载流子浓度很小，它对空间电荷的贡献可忽略；杂质全部电离，空间电荷完全由电离杂质的电荷形成。如图5－5假设GaAs中耗尽层的厚度为x_d，对于SI－GaAs中的EL2能级是均匀分布的，所以在耗尽层中的电荷密度也是均匀的，等于qN_D。这时的泊松方程为

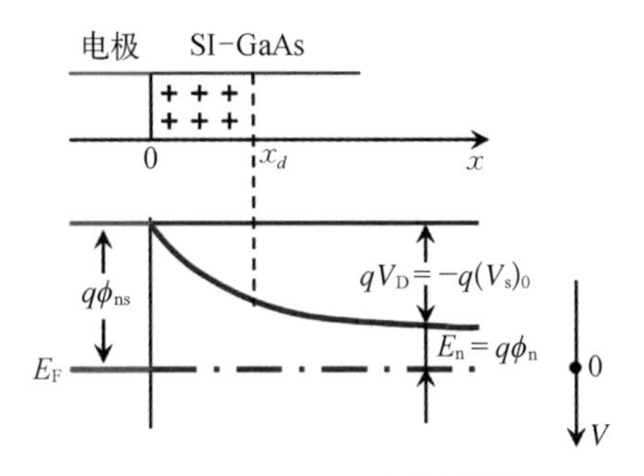

图5－5　SI－GaAs中的耗尽层

$$\frac{d^2V}{dx^2}=\begin{cases}-\dfrac{qN_D}{\varepsilon_r\varepsilon_0} & (0\leqslant x\leqslant x_d)\\ 0 & (x>x_d)\end{cases}\tag{5-3}$$

平衡时，GaAs内电场为0，因而$|E(x_d)|=-dV/dx|_{x=x_d}=0$。把电极费米能级$(E_F)_m$除以$-q$选作电势零点，则$V(0)=-\phi_{ns}$。利用上述边界条件可得，势垒区中

$$|E(x)|=-\frac{dV(x)}{dx}=\frac{qN_D}{\varepsilon_r\varepsilon_0}(x-x_d)\tag{5-4}$$

$$V(x)=\frac{qN_D}{\varepsilon_r\varepsilon_0}\left(xx_d-\frac{1}{2}x^2\right)-\phi_{ns}\tag{5-5}$$

当在电极上加上偏置电压V时，

$$V(x_d)=-(\phi_n+V)\tag{5-6}$$

式中，$\phi_{ns}=\phi_n+V_D$。

由式(5－5)得到势垒宽度

$$x_d=\left\{-\frac{2\varepsilon_r\varepsilon_0[(V_s)_0+V]}{qN_D}\right\}^{\frac{1}{2}}\tag{5-7}$$

由式(5－7)知，当外加偏压 V 与 $(V_s)_0$ 的符号相同时，随着电压的升高，不仅势垒高度提高，而且宽度也增加。这种厚度依赖于外加电压的势垒称作肖特基势垒。

以 Ti 电极与 SI－GaAs 接触为例，根据扩散理论模拟 SI－GaAs 中电场的分布。平衡时，金属电极与 SI－GaAs 的电势差为 0.7 V，GaAs 的费米能级与导带的电势差约为 0.2 V。根据式(5－5)～式(5－7)可以得到在 10 μm 的 SI－GaAs 天线的 Ti 电极上施加 20 V 偏置电压时，电极间隙中电势的分布，见图 5－6。所加偏置电压几乎全部在耗尽层上，分布在距离阳极约 1.3 μm 的间距内。对于间隙大于 10 μm 的具有 Ti 电极的 SI－GaAs 天线，在 20 V 的偏置电压下，电压的分布相同。耗尽层的厚度与偏置电压有关，随着偏置电压的升高，耗尽层厚度增加。

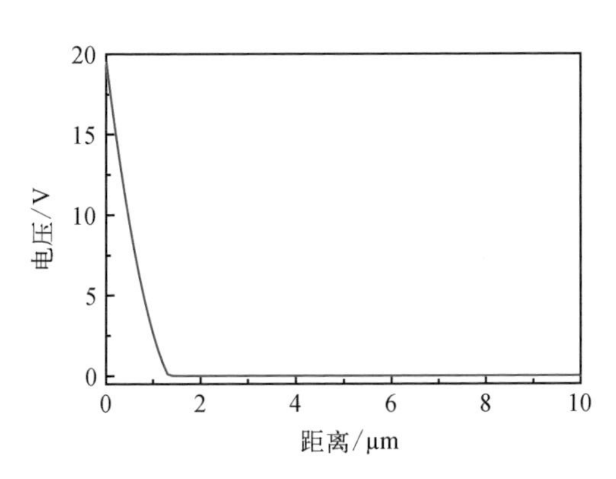

图 5－6　电极间隙为 10 μm 的 Ti 电极 SI－GaAs 天线中电势的分布(偏置电压 20 V)

(3) 欧姆接触对电场分布的影响

当电极与 SI－GaAs 形成欧姆接触时，不产生明显的附加阻抗，而且不会使半导体内部的平衡载流子浓度发生显著的改变。理想的欧姆接触的接触电阻与 GaAs 的电阻相比可忽略不计，当有电流流过时，欧姆接触上的电压降远远小于 GaAs 本身的压降，这种接触不影响天线的电流-电压特性。所以当电极与天线材料形成欧姆接触时，电场均匀地分布在天线中。

如何实现欧姆接触呢？从前面的分析可知，反阻挡层没有整流作用，这样看来选择 $W_m < W_s$ 的金属材料作为电极就可能与 SI－GaAs 形成欧姆接触。但是 GaAs 具有很高的表面态密度，与金属接触时会形成势垒，所以这种方法是不可取的。利用隧道效应的原理制备欧姆接触电极是目前常用的方法。

金属和半导体接触时，如果半导体掺杂浓度很高，那么势垒区变得很薄，电子将通过隧道效应贯穿势垒产生较大的隧道电流，甚至超过热电子发射电流。当隧道电流占主导地位时，其接触电阻很小，可以用作欧姆接触。

(4) 陷阱效应对电场分布的影响

当半导体处于热平衡状态时，无论是在施主、受主、复合中心或是任何其他杂质能级上，都具有一定数目的电子，它们由平衡时的费米能级及分布函数决定。能级中的电子是通过载流子的俘获和产生过程与载流子之间保持平衡的。当半导体处于非平衡态，出现非平衡载流子时，这种平衡遭到破坏，必然引起杂质能级上电子数目的改变。如果电子增加，能级具有收容部分非平衡电子的作用；若是电子减少，则可以看成能级具有收容空穴的作用。杂质能级的这种积累非平衡载流子的作用就是陷阱效应。

SI－GaAs 中的 EL2 能级对电子和空穴都具有较大的俘获截面，俘获概率与自由电子和空穴的密度有关。如果 $r_n \gg r_p$，陷阱俘获电子后，很难俘获空穴，因而被俘获的电子往往在复合前就受到热激发又被重新释放回导带，这种陷阱就是电子陷阱；如果 $r_p \gg r_n$，就形成空穴陷阱。在 SI－GaAs 与电极接触的表面，由于电子的速度饱和以及能级结构的影响，在阳极附近形成电子的积累层和空穴的耗尽层。自由载流子密度的变化导致俘获界面的变化，从而使原来平衡态下的空间电荷分布发生变化。利用 Shockley－Read－Hall 陷阱模型可以描述这一过程。此时的泊松方程可表示为

$$\rho = e\alpha_p (p - p_0) - e\alpha_n (n - n_0) \tag{5-8}$$

式中，e 为电子电量；n 和 n_0 为非平衡电子浓度和平衡电子浓度；p 和 p_0 为非平衡空穴浓度和平衡空穴浓度；α_n 和 α_p 为放大系数，它们分别表示为

$$\alpha_n = \frac{N_t \tau_p r^2 (1-r)}{n_0 \tau_p r + p_0 \tau_n (1-r)}, \quad \alpha_p = \frac{N_t \tau_n r\,(1-r)^2}{n_0 \tau_p r + p_0 \tau_n (1-r)} \tag{5-9}$$

式中，N_t 为陷阱浓度；τ_p 和 τ_n 为空穴和电子的俘获寿命；$r = N_a / N_t$。

α_n 和 α_p 的典型值分别为 5×10^7 和 3×10^6。由此可知，电子浓度远远大于平衡值 n_0，这样导致大量净负电荷的出现，从而使大量电子被 EL2 陷阱俘获。

在阴极附近，由于势垒较低，电子容易注入，所以只有很窄的电子耗尽层。在高场下空穴速度饱和，并且不会出现负微分效应。所以阴极附近的空穴浓度很低，空间电荷密度几乎不发生变化。

Grischkowsky 等模拟了一个 80 μm 间隙 SI－GaAs 天线中阳极附近的电压分布，见图 5－7。其中 $N_t = 1.5\times10^{16}\ \text{cm}^{-3}$，$N_a = 1\times10^{15}\ \text{cm}^{-3}$，陷阱能级到导带的能级高度 $E_t = 0.68\ \text{eV}$，$\tau_p = 6\ \mu\text{s}$，$\tau_n = 5\ \text{ns}$。结果表明，由于陷阱增强电场，天线中的电势主要分布在靠近阳极的区域内，并且随着偏置电压的升高，高电势区域的面积增加。

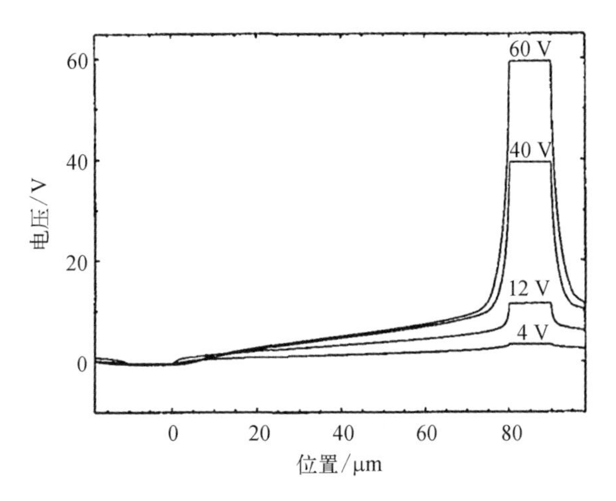

图 5-7　80 μm 间隙的 SI-GaAs 天线中阳极附近电压的分布的模拟曲线

5.4.2　n 型 GaAs 天线电极材料的研究

1996 年,X. C. Zhang 研究了一系列的金属电极材料(Cu、Al、Ag)对太赫兹天线的影响,在后来的 GaAs 天线的研究中应用最广泛、性能较好的两种电极材料是合金化 AuGeNi 材料(例如 Ni/AuGe/Ni/Au)和 Ti/Au 材料。

(1) Ni/AuGe 合金电极

1964 年,Gunn 首先使用 AuGe 合金在 n 型 GaAs 表面制作欧姆接触电极,后来 Braslau 对这种材料的性能进行了详细的研究,提出了 Ni/AuGe 合金电极中 Au 和 Ge 的最佳质量占比分别为 88%和 12%,至今这种合金电极在 n 型 GaAs 器件中仍被广泛采用。其优点主要包括:① 电极制备工艺的重复性好;② 退火之后电导率非常高,可以与 n 型 GaAs 材料形成欧姆接触;③ 传统制备工艺和多种退火方法都可使用。但是这种电极在应用中也有一些不足,例如,当器件应用在高温或高功率状态时,该合金体系常发生横向和纵向扩散,形成尖峰,形貌不平整,同时与衬底的互扩散导致接触电阻增大,欧姆接触特性严重退化。几十年来,人们在改进这种天线电极材料的性能方面所做的工作归结如下:

在最初的合金电极中只有 AuGe 两种成分,当合金化温度达到 361℃以后,由于 AuGe 合金的晶格结构和 GaAs 不匹配,导致 AuGe 合金在表面张力的作用下变成球状,接触性能变差,不适合应用于小尺寸半导体器件。Ni 被称为金属润湿剂,在 GaAs 衬底表面先淀积一层 Ni,然后在 Ni 的表面淀积 AuGe,共金后形成 AuGeNi 合金,这样可以增强电极与衬底的接触性能。加入 Ni 还可以带来一些其他的有益效果，如 Ni 可以增强电极表面的抗氧化能力；Ni 还可以与晶圆表面上吸附的氧气发生反应；Ni 在 400℃以下就可以和 GaAs 相互作用形成 $Ni_x GaAs$，该化合物有利于 Ge 的注入，对形成欧姆接触电极是非常重要的。Ge 作为掺杂剂被渗入电极下方的 GaAs 材料中，在电极和 GaAs 之间形成一个小的异质结势垒，使电极表现出极低的接触电阻，该接触电阻的大小和掺杂浓度 N_d 成反比。通过优化制备工艺可以使 Ni/AuGe 材料的电阻率降低到 10^{-6} Ω·cm 以下。

虽然加入 Ni 之后可以改善 AuGe 合金组织的结构形态，但是在很多应用中合金电极仍然会出现尖峰、形貌不平整、可控性差、热稳定性不好等缺点。主要原因是当退火温度高于 420℃时，Ni/AuGe 电极容易在 GaAs 中形成 AuGa。要抑制形成 AuGa，一方面要使 Au 和其他的成分相结合，另一方面在生成 AuGa 之前就要终止热处理过程。近些年来，很多改进的方法被提出，其中最有效的方法有两种，一种是优化 Ni/AuGe/Ni 合金电极中第一层 Ni 的厚度，另一种是采用快速退火的方法。

(2) 固相再生电极

为了解决 Ni/AuGe 电极在高温下的不稳定性，人们开发了一种固相再生电极。固相再生原理是在研究 Ge/Pd 电极和 n 型 GaAs 的欧姆接触的过程中提出的，后来被应用于解释其他具有类似行为的金半接触中。固相再生原理是 Ge/Pd 欧姆接触电极中的 Pd 在温度低于 400℃时就与 GaAs 发生反应，形成一种在高温下不稳定的中间相 $Pd_x GaAs$；当温度升高后，电极材料中的 Ge 与 Pd 形成稳定的合金 Ge/Pd，这个过程中 Ge 结合了 $Pd_x GaAs$ 中的 Pd 而使 GaAs 晶格再生。再生过程中部分 Ge 作为杂质被掺入 GaAs 中，并且在再生的过程中形成了一些缺陷，这样就降低了接触位置的接触电阻。这种电极的优点是接触电阻很小，由于电极成分相互反应而阻止了它们与 GaAs 的反应，从而保证接触位置具有非常好的组织形貌。其他的基于固相再生原理应用于 n 型 GaAs 材料的电极还有 Si/Pd、Pd/In/Pd 和 Pd/In/Pd/Ge/Pd。

(3) 无金电极和少金电极

由于 Ni/AuGe 电极中的 Au 常发生横向和纵向扩散形成尖峰和其他不均匀的形貌，人们研究了无金电极和少金电极。

无金电极可以被归类到固相再生电极的范畴。Al/Ni/Ge 合金电极是一种性能优良的无金电极，其电阻率为 10^{-6} Ω·cm，并且具有很好的热稳定性。其热稳定性高是因为 AlGe 的合金化温度(424℃)高于 AuGe 的合金化温度(361℃)，更重要的原因是电极在 500℃烧结时生成了非常稳定的 Al_3Ni 和 NiGe。

在某些电极中掺入少量的 Au,不仅可以提高电极的电学特性,而且不会生成 AuGa。例如,Ge/Ni 电极在没有 Au 时是一种固相再生电极,Ni 的作用类似于 Ge/Pd 电极中的 Pd,在较低的温度下与 GaAs 生成 Ni_xGaAs,这样就有大量 Ge 的稳定相存在。Ge/Ni 电极的电阻率比 Ni/AuGe 电极大 10 倍,在高于 600℃时仍然很稳定。如果按 50∶3 的比例在 Ge/Ni 电极中掺入少量的 Au,电极的电阻率可以降到 Ni/AuGe 电极的一半左右,在 400℃时仍然表现出非常好的热稳定性。在 Ge/Ni 电极中加入少量 Ag 也具有类似的效果。少金电极表现出较好电学性能的原因是,掺入的少量 Au 或 Ag 能够与 Ge 结合,从而在 GaAs 中形成 Ga 空位。

(4) 难熔金属电极

随着半导体器件的线宽越来越小,退火过程中过热的温度容易损坏器件。Ti/Au 电极作为一种不需退火的电极材料,在 n 型 GaAs 器件中被广泛采用。与 Au(熔点 1 063℃)和 Ge(熔点 959℃)相比,Ti 的熔点高达 1 725℃,因此 Ti/Au 电极的化学活动性远远小于 AuGe 电极,Ti/Au 电极具有非常高的热稳定性。退火之前,Ti/Au 电极和 AuGeNi 电极与 n 型 GaAs 材料都形成肖特基接触。在退火过程中,Ti/Au 电极和 AuGeNi 电极都会与衬底材料相互作用分别生成 TiAs 和 NiAs(Ge)中间体,这些中间体产生的 n 型掺杂层能够减小金属和半导体之间的肖特基势垒,Ti/Au 电极的肖特基势垒是 0.7 eV,AuGeNi 合金电极的肖特基势垒是 0.2～0.4 eV。前面已经分析过,AuGeNi 电极之所以表现出比较低的接触电阻,主要是因为 Ge 在 n 型 GaAs 材料中具有比较高的扩散深度(200 nm),AuGeNi 合金电极在退火后与 n 型 GaAs 材料形成欧姆接触,而 Ti/Au 电极仍然保持肖特基接触的性质,所以 Ti/Au 电极在使用时一般不进行退火处理。

5.4.3 光电导天线电极性能的测试

本节将介绍制作太赫兹光电导天线最常使用的两种电极(Ti/Au 电极和 AuGeNi 合金电极)材料的性能及测试方法。

(1) 电极的伏安特性

通过测量电极和光电导天线芯片材料接触的伏安特性曲线可以判断电极和芯片材料的接触形式。欧姆接触电极的伏安特性曲线为一直线,而肖特基接触电极的伏安特性曲线是非线性的。Ti/Au 电极与 GaAs 接触位置形成的肖特基二极管在导通之前,电阻趋于无穷大。当正向偏置电压大于 0.6～0.8 V 时,肖特基二极管正向导通，电阻几乎为0；当反向电压大于肖特基二极管的反向击穿电压时，二极管反向导通，电阻迅速减小，所以肖特基接触的伏安特性为非线性。

利用半导体特性分析仪（Agilent 4155C）测试两个电极间距为 200 μm 的 SI-GaAs 天线的伏安特性曲线，一个天线的电极材料为 AuGeNi 合金，另一个天线的电极材料为 Ti/Au。由于电极间距较小，两探针放置在天线的两个焊盘上[图 5-8(a)]，因此，当电极与天线材料形成欧姆接触时，天线等效为两个欧姆接触电阻（R_{Ohm}）和天线体电阻（R_{GaAs}）串联，见图 5-8(b)，由于 $R_{\mathrm{Ohm}} \ll R_{\mathrm{GaAs}}$，$R_{\mathrm{Ohm}}$ 可以被忽略。当电极与天线材料形成肖特基接触时，天线等效为两个反接的肖特基二极管(SD)与 R_{GaAs} 串联，见图 5-8(c)。

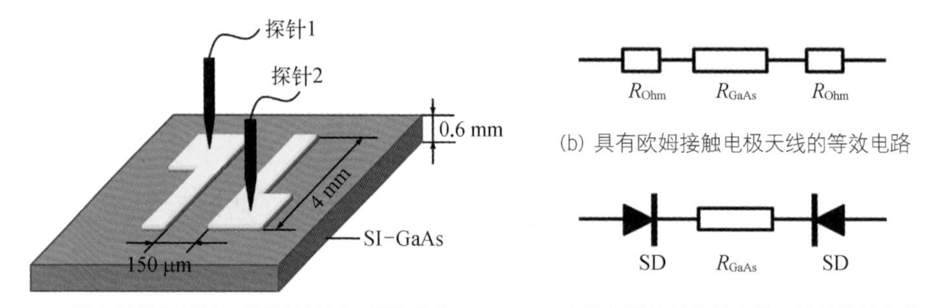

(a) 用于伏安特性测试的天线的结构以及探针的位置

(b) 具有欧姆接触电极天线的等效电路

(c) 具有肖特基接触电极天线的等效电路

图 5-8　电极的伏安特性测试

图 5-9 为电极间隙均为 200 μm 的 AuGeNi 合金电极天线和 Ti/Au 电极天线的伏安特性曲线。AuGeNi 合金电极天线的伏安特性曲线几乎是线性的，说明 AuGeNi 电极和 GaAs 形成良好的欧姆接触。对实验数据做线性拟合，根据直线的斜率可得天线的电阻（$2R_{\mathrm{Ohm}}+R_{\mathrm{GaAs}}$）大约等于 1.2×10^{7} Ω。根据式(5-10)计算可得天线的电阻率大约为 1.44×10^{7} Ω·cm。这一结果比表 3-1 中的 SI-GaAs 材料的电阻率略小，这是由于在制备 AuGeNi 电极的过程中 Ge 被掺入 SI-GaAs 中，如式(5-10)所示，降低了芯片材料的电阻率。

$$\rho=\frac{RS}{l} \tag{5-10}$$

Ti/Au 电极天线的伏安特性曲线是非线性的，并且曲线在正向偏置电压和负向偏置电压下几乎对称。当电压从−0.8 V 变化到−1.3 V 和从 0.8 V 变化到 1.3 V 的过程中，伏安特性曲线上出现了跳变，这是由于 Ti 和 Au 的势垒高度分别是 0.82 eV和 0.86 eV，当偏置电压大概为 0.8 V 和−0.8 V 时，加有正向偏置电压的肖特基电极被击穿，电流突然增加。但是，因为光电导天线的电阻很大，并且反向偏置的肖特基电极还没有击穿，所以电流的变化不会太大。插图为偏置电压从 0 变化到 −100 V 的过程中，天线的伏安特性曲线。当偏置电压大约为 −57 V 时，伏安特性曲线中又出现了跳变，此时反向偏置电压的肖特基电极被击穿。对伏安特性曲线中 −60～−100 V 一段进行线性拟合，得到 GaAs 的体电阻为 3×10^{7} Ω，电阻率为 3.6×10^{7} Ω·cm，这一结果和表 3 - 1 中的数据相似。

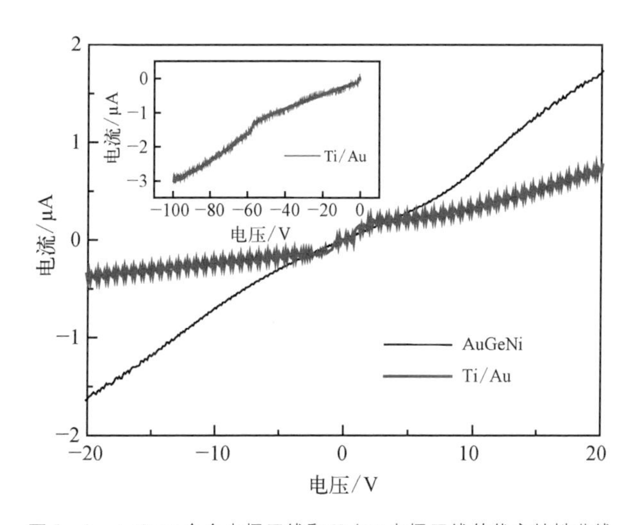

图 5 - 9　AuGeNi 合金电极天线和 Ti/Au 电极天线的伏安特性曲线

(2) 光电导天线中电场的分布

为了测试光电导天线中电场的分布，在太赫兹时域光谱系统中利用透镜将激光束聚焦成 20 μm 左右的光斑照射到光电导天线的表面。将天线安装在一维平移台上，调节平移台移动天线位置的过程中，激光光束沿着垂直于电极的方向从正极移动到负极，光斑的位置可以通过平移台读出。在此过程中，利用太赫兹时域光谱系统扫描出每一个位置辐射的太赫兹时域波形，便可得到该位置辐射的太赫兹波的峰值电场 (E_{THz})。天线辐射太赫兹脉冲的峰值电场正比于所加的偏置电场 ($E_{THz}\propto E_b$)，因此天线辐射太赫兹脉冲的峰值电场随触发光斑位置的变化规律与天线中电场的分布规律完全相同。

首先测试在直流偏置电压下，Ti/Au 电极天线和 AuGeNi 电极天线中电场的分布。图 5 - 10 为间隙分别为 50 μm、100 μm、200 μm 的 Ti/Au 电极 SI - GaAs 天线中电场的分布，天线左边的电极加上 +100 V 偏置电压，并取正极的右边缘作为零点。为了便于比较，图中的纵坐标被归一化。从图 5 - 10 可以看出，三个天线中电场的分布都不均匀，绝大部分电场分布在阳极附近很窄的区域，并且与电极间隙没有关系，这一电场分布的规律与图 5-7 中的模拟结果相似。

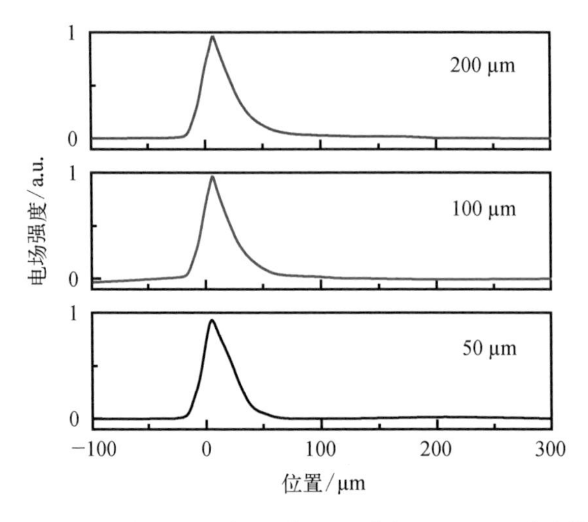

图 5-10　在直流偏置电压下，间隙不同的 Ti/Au 电极 SI-GaAs 天线中的电场分布

利用同样的方法，测量了间隙分别为 50 μm、100 μm、200 μm 的 AuGeNi 电极 SI-GaAs 天线在直流偏置电场下天线间隙中电场的分布，见图 5-11。AuGeNi 电极与 SI-GaAs 形成欧姆接触，电场应该均匀地分布在两电极之间。由于陷阱增强电场的影响，因此在阳极附近电场强度较高。AuGeNi 电极天线的整个电极空间中都分布有电场，其电场分布比 Ti/Au 电极天线中的电场分布要均匀得多。

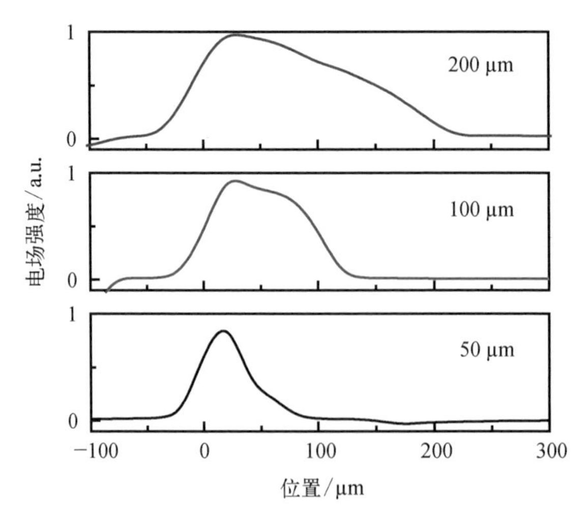

图 5-11　在直流偏置电压下，间隙不同的 AuGeNi 电极 SI-GaAs 天线中的电场分布

采用交流偏置电压可以减小陷阱效应的影响，使天线中电场的分布更均匀。图 5-12 测试了交流偏置电压下 AuGeNi 电极天线中电场的分布。这种情况下，电场的分布遍及整个电极间隙，除了在两电极的附近由于陷阱增强电场的影响而略有增加之外，其他位置的电场分布比较均匀。左边电极附近的电场比右边电极附近的电场略强，这是因为右边的电极与交流电源的接地端相连。当左边的电极电压为正时，左边电极附近产生的陷阱增强电场使左边电极附近的电场略有增加；当左边的电极为负的电压时，在右边电极上感应出正电荷，这些正电荷在右边电极附近产生陷阱增强电场而导致右边电极左侧的电场略有增加。由于感应电荷的影响比电源正极的影响弱，因此造成两电极附近电场的分布略有差异。

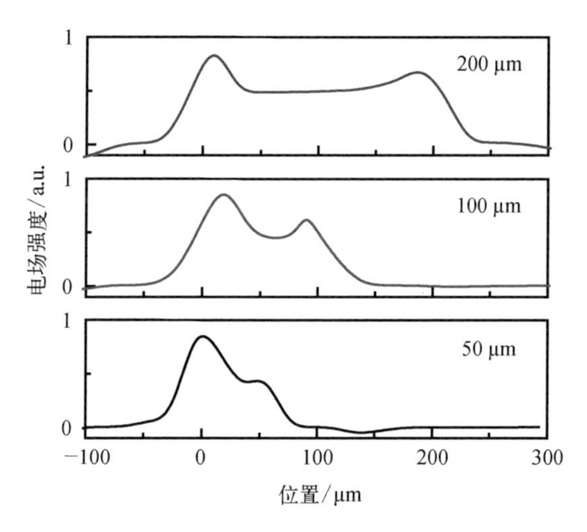

图 5-12　在交流偏置电压下，间隙不同的 AuGeNi 电极 SI-GaAs 天线中的电场分布

(3) AuGeNi 电极天线和 Ti/Au 电极天线辐射太赫兹波的功率

天线发射太赫兹电磁波的效率与电极中电场的分布密切相关。在直流偏置下的 Ti/Au 电极天线中，电场分布在阳极附近几微米到十几微米的狭窄区域内。为了获得相对较强的太赫兹辐射，必须把触发光聚成直径为几微米到十几微米的光束来触发阳极附近的高电场区域。而对于 AuGeNi 电极天线，电场的分布较均匀，所以可以采用光斑覆盖电极照射的方法。当激光触发天线材料时，在材料表面产生光生载流子，天线材料不再是纯介电物质。这些光生电子和空穴在外加电场的作用下分别向阳极和阴极运动，所形成的内建电场的方向和外加偏置电场的方向相反，从而对外加电场形成屏蔽，这一屏蔽称为空间电荷屏蔽。天线表面的辐射场 $\boldsymbol{E}_{\mathrm{r,in}}(t)$ 的方向与外加偏置电场 $\boldsymbol{E}_{\mathrm{b}}$ 的方向相反，也会削弱偏置电场，从而造成辐射

场屏蔽。根据图 1－19，空间电荷屏蔽和辐射场屏蔽都随着触发光斑直径的增加而减小。当触发光的光斑小于 100 μm 时，空间电荷屏蔽占优势，对天线发射太赫兹电磁波的影响非常严重。当触发光的光斑大于 100 μm 时，屏蔽效应大大减弱。这样利用聚焦的小光斑触发 Ti/Au 电极天线时，屏蔽效应，尤其是空间电荷屏蔽变强，天线发射太赫兹波的功率变低。而利用大光斑覆盖 AuGeNi 电极天线的间隙触发时，屏蔽效应大大减弱，在相同的触发光能和偏置电场下，AuGeNi 电极天线可以辐射更高功率的太赫兹电磁波。

图 5－13 比较了结构相同、间隙均为 200 μm 的 AuGeNi 电极天线和 Ti/Au 电极天线在相同的偏置电压和相同的触发光功率下辐射太赫兹电磁波的时域波形。当使用 Ti/Au 电极天线时，功率为 90 mW 的触发光被聚焦成大约 20 μm 的光斑照射在阳极附近的区域。当使用 AuGeNi 电极天线时，相同功率的触发光被聚焦成 200 μm 的光斑覆盖整个电极照射。这种情况下，两天线辐射太赫兹电磁波的最大电场强度的比值为 $E_{\mathrm{AuGeNi}}:E_{\mathrm{Ti/Au}}=3.5:1$，功率之比为 $P_{\mathrm{AuGeNi}}:P_{\mathrm{Ti/Au}}=1.87:1$。如果再增加光能，Ti/Au 电极天线中的屏蔽效应导致天线发射太赫兹电磁波的功率饱和，而 AuGeNi 电极天线辐射太赫兹电磁波的功率将继续增加，这样 AuGeNi 电极天线辐射太赫兹电磁波的功率与 Ti/Au 电极天线辐射太赫兹电磁波的功率的比值还会增加。

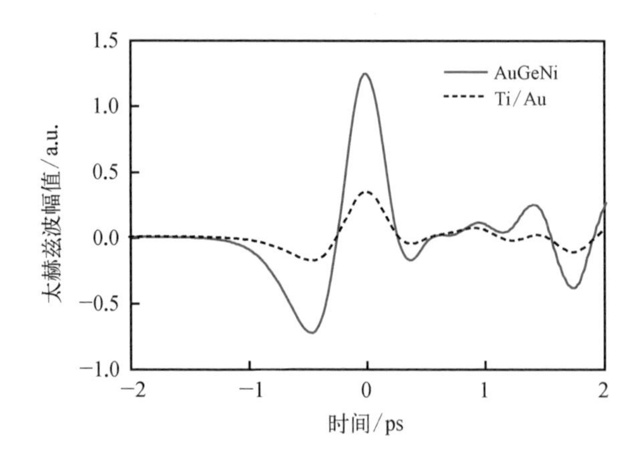

图 5－13　结构相同、间隙均为 200 μm 的 AuGeNi 电极天线和Ti/Au 电极天线在相同的偏置电压和相同的触发光功率下辐射太赫兹电磁波的时域波形

(4) 不同偏置电压下天线辐射太赫兹波的最大电场强度

Ti/Au 电极天线需要用聚焦的激光束触发，天线间隙中的电流集中，产生的热

量也集中。在较高的偏置电场下，天线产生大量的热量导致天线局部温度迅速升高，天线容易发生热击穿，所以天线的击穿电压小。而 AuGeNi 电极天线利用大光斑覆盖电极触发，间隙中的电流分散，电流产生的热量可以通过较大的面积散失掉，天线中不存在局部高温区，因此天线的击穿电压大。图 5-14 为间隙均为 150 μm的 AuGeNi 电极天线和 Ti/Au 电极天线在相同的触发光能和不同的偏置电压下辐射太赫兹电磁波的最大电场强度。150 μm 的 AuGeNi 电极天线的击穿电压为 150 V，而 150 μm 的 Ti/Au 电极天线的击穿电压仅为 110 V。随着偏置电压的升高，AuGeNi 电极天线和 Ti/Au 电极天线辐射的太赫兹电场的强度均增加，但是 AuGeNi 电极天线辐射太赫兹电场的强度和 Ti/Au 电极天线辐射太赫兹电场的强度的比值随着偏置电压的升高而增加。

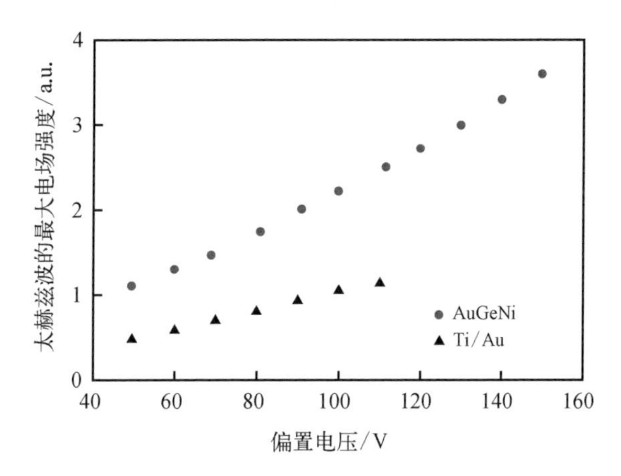

图 5-14　AuGeNi 电极天线和 Ti/Au 电极天线在相同的触发光功率和不同的偏置电压下辐射太赫兹波的最大电场强度(间隙均为 150 μm)

(5) 不同偏置电压下天线的信噪比

图 5-15 比较了间隙均为 150 μm 的 AuGeNi 电极天线和 Ti/Au 电极天线在相同触发光功率下的信噪比。触发光能不变，随着偏置电场的升高，两天线的信噪比都升高。AuGeNi 电极天线产生太赫兹辐射的信噪比始终大于 Ti/Au 电极天线产生太赫兹辐射的信噪比。当偏置电压为 100 V 时，AuGeNi 电极天线产生太赫兹电场的幅值是 Ti/Au 电极天线产生太赫兹电场的幅值的 2.1 倍，但是它们的信噪比分别为 73.86 dB 和 72.757 dB，其比值为 1.135[$10^{(73.86-72.757)/20}=1.135$]。这说明 AuGeNi 电极天线信噪比高的主要原因是在相同条件下，AuGeNi 电极天线辐射太赫兹电磁波的电场强度高，而不是其噪声小。两天线的材料相同，所以产生-复合

噪声相同。但是 Ti/Au 电极天线工作时，电流集中，产生的热量也集中在很小的区域，虽然 Ti/Au 天线的局部温度高，但是天线的整体温度低。并且在小光斑照射时，天线的电阻大，在相同的偏置电压下天线的发热功率小；而 AuGeNi 电极天线中电流分散，虽然没有局部高温区域，但是天线的整体温度较高。根据式(3－4)，天线中的热噪声和电流起伏噪声谱强度都与温度成正比，并且当温度升高后，天线的电阻减小，这样会进一步增加天线的噪声，所以 AuGeNi 电极天线产生太赫兹波的噪声要大于 Ti/Au 电极天线辐射太赫兹波的噪声。但是 AuGeNi 电极天线在辐射太赫兹波的功率上的优势使其仍然表现出较高的信噪比。

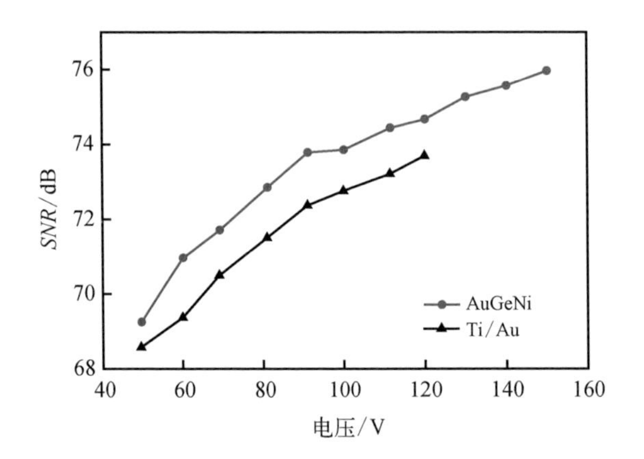

图 5－15　相同触发光功率，150 μm 间隙的 AuGeNi 电极天线和 Ti/Au 电极天线的信噪比

(6) AuGeNi 电极天线和 Ti/Au 电极天线的稳定性

在触发光功率均为 90 mW，较高的偏置电压下分别测试了间隙为 150 μm 的 AuGeNi 电极天线和 Ti/Au 电极天线在 100 min 内辐射太赫兹电磁脉冲幅值的稳定性，见图 5－16。

AuGeNi 电极天线和 Ti/Au 电极天线的偏置电压分别为 150 V 和 100 V。在 100 min 的测试中，AuGeNi 电极天线辐射太赫兹波的幅值几乎不变，而 Ti/Au 电极天线发射太赫兹波的幅值减小了 19.6%。造成上述现象的原因是 Ti/Au 电极天线中电流集中，在阳极附近产生了较多的热量，此处成为天线材料的局部高温区域，而这一区域刚好是天线辐射太赫兹电磁波的区域，GaAs 的迁移率减小，天线辐射太赫兹电磁波的电场强度降低。对于 AuGeNi 电极天线，虽然其整体温度较 Ti/Au 电极天线高，但是不存在局部高温区，产生的热量可以通过较大的区域释放出去，容易较快地达到热平衡，所以天线的稳定性好。

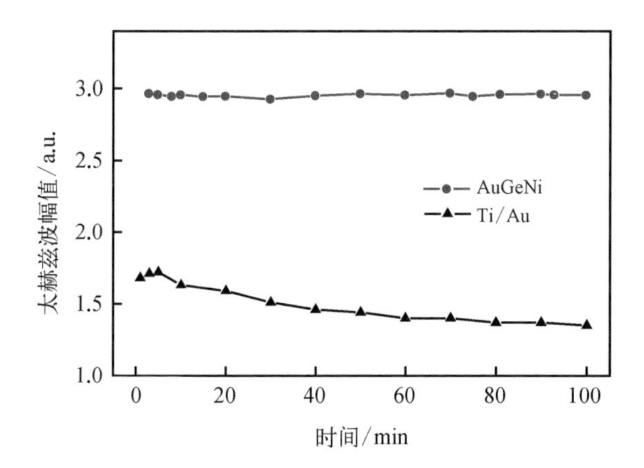

图 5-16　间隙 150 μm 的 AuGeNi 电极天线和 Ti/Au 电极天线的稳定性(AuGeNi 电极天线的偏压为 150 V,Ti/Au 电极天线的偏压为 100 V,触发光功率均为 90 mW)

参考文献

[1] Manifacier J C, Henisch H K. Minority-carrier injection into semiconductors containing traps[J]. Physical Review B, 1978, 17(6): 2648 - 2654.

[2] Zhang X C. Generation and detection of terahertz electromagnetic pulses from semiconductors with femtosecond optics[J]. Journal of Luminescence, 1995, 66/67: 488 - 492.

[3] Gunn J B. Instabilities of current in III - V semiconductors[J]. IBM Journal of Research and Development, 1964, 8(2): 141 - 159.

[4] Braslau N, Gunn J B, Staples J L. Metal-semiconductor contacts for GaAs bulk effect devices[J]. Solid-State Electronics, 1967, 10(5): 381 - 383.

[5] Bieler M, Spitzer M, Lecher H, et al. Transfer of sub - 5 ps electrical test pulses to coplanar and coaxial electronic devices[J]. Electronics Letters, 2002, 38(3): 125 - 126.

[6] Steffens W M, Heisig S, Keil U D, et al. Spatio-temporal imaging of voltage pulses with a laser-gated photoconductive sampling probe[J]. Applied Physics B, 1999, 69(5): 455 - 458.

[7] 刘文超,夏冠群,李冰寒,等.难熔金属与 n-GaAs 的欧姆接触特性[J].半导体学报,2005,26(1): 57 - 61.

[8] Baca A G, Ren F, Zolper J C, et al. A survey of ohmic contacts to III - V compound semiconductors[J]. Thin Solid Films, 1997, 308 (1): 599 - 606.

[9] Murakami M, Childs K D, Baker J M, et al. Microstructure studies of AuNiGe Ohmic contacts to n-type GaAs [J]. Journal of Vacuum Science & Technology B:

Microelectronics Processing and Phenomena, 1986, 4(4): 903 - 911.

[10] Shih Y C, Murakami M, Wilkie E L, et al. Effects of interfacial microstructure on uniformity and thermal stability of AuNiGe ohmic contact to n-type GaAs[J]. Journal of Applied Physics, 1987, 62(2): 582 - 590.

[11] Shen T C, Gao G B, Morkoç H. Recent developments in ohmic contacts for III - V compound semiconductors [J]. Journal of Vacuum Science & Technology B: Microelectronics and Nanometer Structures Processing, Measurement, and Phenomena, 1992, 10(5): 2113 - 2132.

[12] Bruce R A, Piercy G R. An improved Au-Ge-Ni ohmic contact to n-type GaAs[J].Solid State Electronics, 1987, 30(7): 729 - 737.

[13] M. Ogawa. Alloying reaction in thin nickel films deposited on GaAs[J]. Thin Solid Films, 1980, 70(1): 181 - 189.

[14] Marshall E D, Chen W X, Wu C S, et al. Non-alloyed ohmic contact to n-GaAs by solid phase epitaxy[J]. Applied Physics Letters, 1985, 47(3): 298 - 300.

[15] Wang L C, Li Y Z, Kappes M, et al. The Si/Pd(Si, Ge) ohmic contact on n-GaAs[J]. Applied Physics Letters, 1992, 60(24): 3016 - 3018.

[16] Wang L C, Wang X Z, Lau S S, et al. Stable and shallow PdIn ohmic contacts to n-GaAs[J]. Applied Physics Letters, 1990, 56(21): 2129 - 2131.

[17] Wang L C, Wang X Z, Hsu S N, et al. An investigation of the Pd-In-Ge nonspiking Ohmic contact to n-GaAs using transmission line measurement, Kelvin, and Cox and Strack structures[J]. Journal of Applied Physics, 1991, 69(8): 4364 - 4372.

[18] Dávid L, Kovács B, Mojzes I, et al. The electrical properties of Al/Ni/Ge/n-GaAs interfaces[J]. Microelectronics Reliability, 1998, 38(5): 787 - 793.

[19] Tanahashi K, Takata H J, Otuki A, et al. Thermally stable non-gold Ohmic contacts to n-type GaAs. I. NiGe contact metal[J]. Journal of Applied Physics, 1992, 72(9): 4183 - 4190.

[20] Lin X W, Lampert W V, Haas T W, et al. Metallurgy of Al-Ni-Ge ohmic contact formation on n-GaAs [J]. Journal of Vacuum Science & Technology B: Microelectronics and Nanometer Structures Processing, Measurement, and Phenomena, 1995, 13(5): 2081 - 2091.

[21] Kawata H R, Oku T, Otsuki A, et al. NiGe-based ohmic contacts to n-type GaAs. II. Effects of Au addition[J]. Journal of Applied Physics, 1994, 75(5): 2530 - 2537.

[22] Wakimoto H, Oku T, Koide Y, et al. Effects of small amounts of silver added to NiGe ohmic contacts to n-type GaAs[J]. Journal of the Electrochemical Society, 1996, 143 (5): 1705 - 1709.

[23] Shi W, Hou L, Liu Z, et al. Terahertz generation from SI-GaAs stripline antenna with different structural parameters[J]. Josa B, 2009, 26(9): A107-A112.

[24] Shi W, Hou L, Wang X M. High effective terahertz radiation from semi-insulating-GaAs photoconductive antennas with ohmic contact electrodes[J]. Journal of Applied Physics, 2011, 110(2): 023111 - 023111 - 5.

6 相干合成光电导天线阵列

一直以来,如何提高光电导太赫兹源的辐射效率,是太赫兹发展领域中一个非常重要的问题,而相干合成是解决该问题的一种行之有效的办法。如何获得满足相干条件的太赫兹源是一个有待解决的问题。本章首先介绍相干合成的基本原理,然后以 2 种不同结构的天线阵列为例,分析光电导天线阵列辐射太赫兹波的相干合成问题。

6.1 光电导天线阵列的发展历史

多个天线按一定规律排列组成的天线系统称为天线阵列,通常由几何结构相同、尺寸相同的多个天线构成。天线阵列中的每一个独立单元称为阵元或天线单元。如果各阵元的中心依次等距离地排列在一条直线上,就构成了直线阵列;如果多个直线阵列在某一平面上按一定间隔排列,就构成了平面阵列;如果各天线单元的中心排列在球面上,就构成了球面阵列。在应用过程中,与单个光电导天线相比,光电导天线阵列能够在自由空间中辐射更高功率的太赫兹波,选择合适的激光脉冲光源,就可以实现对太赫兹时域光谱波形的控制,因此人们将越来越多的目光投向了光电导天线阵列。常见的天线阵列结构有叉指电极、对数螺旋天线、等离激元增强电极天线等(图 6-1)。

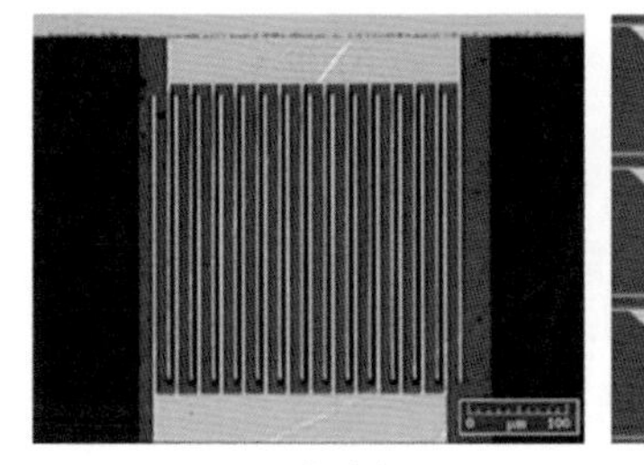

(a) 叉指电极

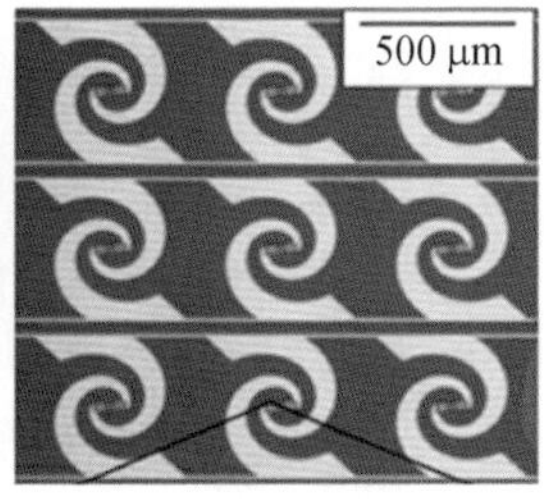

(b) 对数螺旋天线

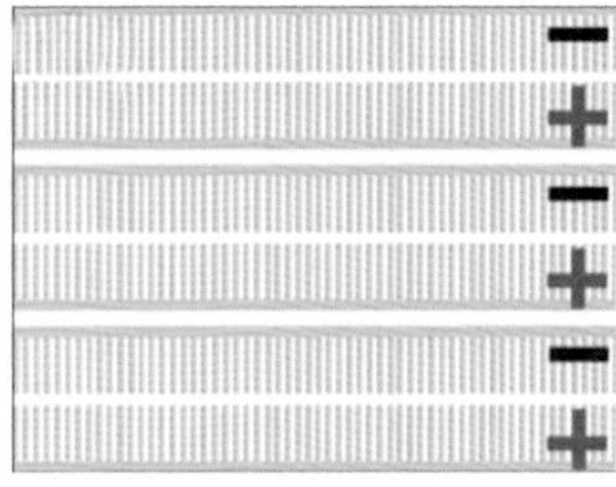

(c) 等离激元增强电极天线

图 6-1 常见天线阵列结构

由于光电导天线阵列相邻两阵元之间存在反向电场,影响了天线阵列的辐射效率。常见的消除反向电场影响的方法有金属覆盖层遮挡、光刻技术去除阵元之间的光电导材料、微透镜阵列和光栅调整激发光的分布。

Hattori 研究小组通过金属覆盖层交替遮挡相邻阵元消除反向电场的影响,由

图 6-2(a)所示的 7 个辐射面积为 1 cm^2 的叉指电极天线阵列构成了图 6-2(b)所示的辐射源，与电极间距为 3 cm 的大孔径光电导天线相比，该阵列辐射太赫兹波的强度是大孔径光电导天线的一半。

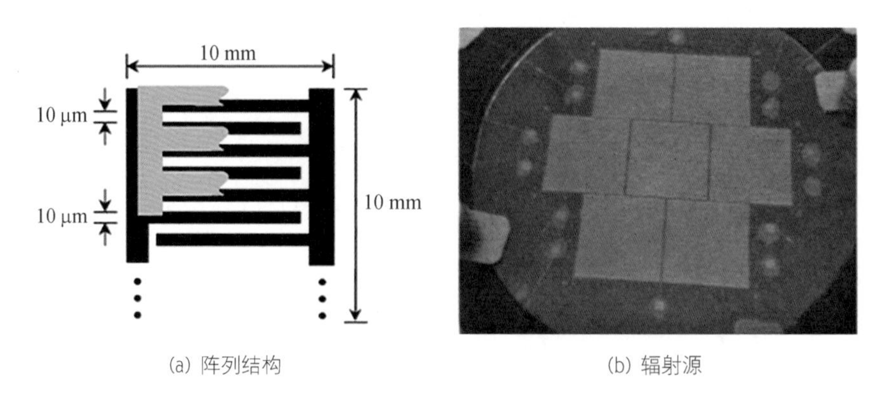

(a) 阵列结构　　(b) 辐射源

图 6-2　Hattori 研究小组所用天线结构及辐射源

Awad 研究小组采用刻蚀工艺分离阵元，选用 LT-GaAs 作为衬底材料，用 14 个天线单元构成叉指电极天线阵列，去除相邻阵元之间的光电导材料，消除相邻阵元之间的反向电场，且不需要在天线阵列上再做金属覆盖层，如图 6-3 所示。与单个天线辐射太赫兹波的强度相比，该天线阵列的辐射强度提高了 30%。

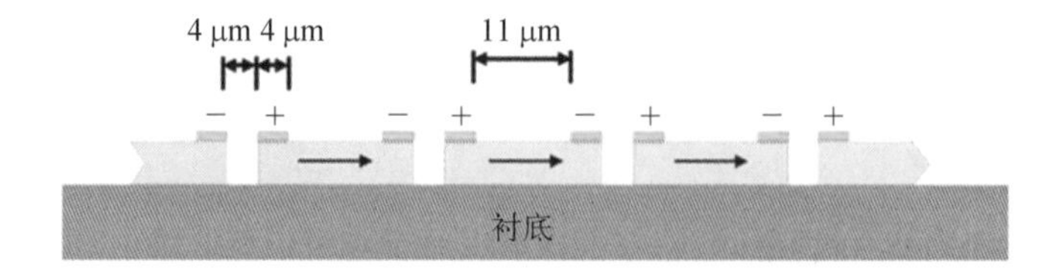

图 6-3　Awad 研究小组所用天线阵列的结构

Mona 和 Singh 采用平凸透镜或圆柱形透镜构成微透镜阵列，将入射光聚焦到光电导天线阵列的电极间(图 6-4)，微透镜阵列不需要金属覆盖层或蚀刻工艺，简化了制造过程，同时入射光聚焦提高了各阵元电极间泵浦光的强度，提高了泵浦效率，还可以控制太赫兹辐射源的光照面积，提高激发光到太赫兹的转换效率。

Kraub 采用光栅调整激发光的分布(图 6-5)，形成明暗相间的条纹。用明条纹作为触发光电导天线阵列的光源，可以充分利用触发光能，不需要在天线阵列上做金属覆盖层。

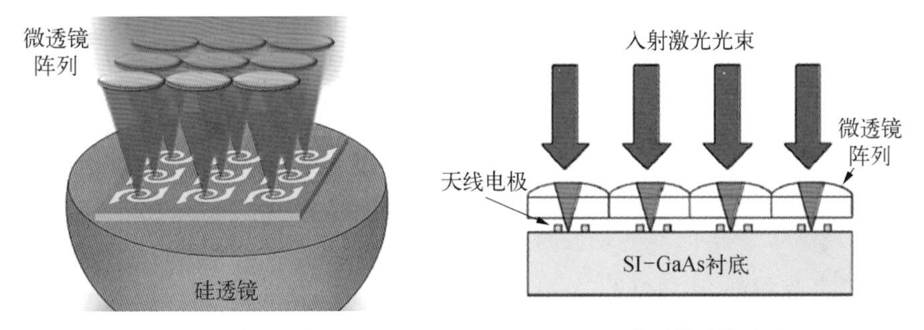

(a) 平凸透镜微透镜阵列　　(b) 圆柱形微透镜阵列

图 6-4　微透镜阵列

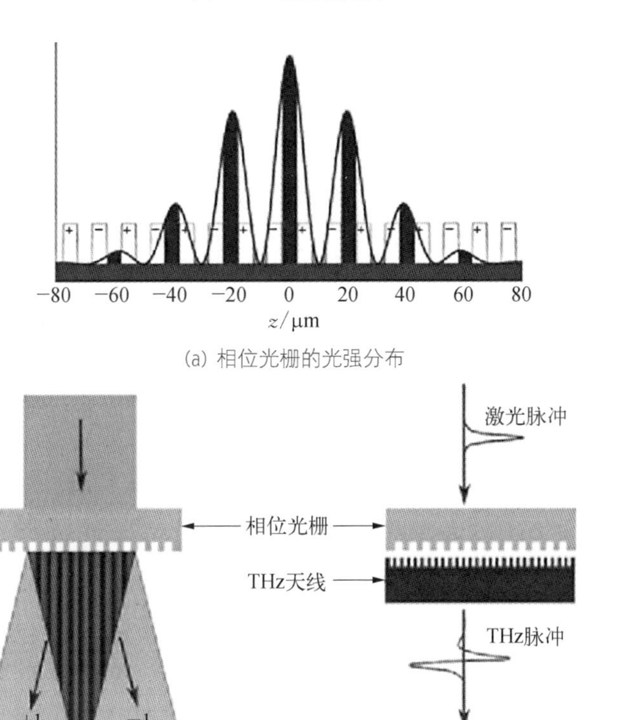

(a) 相位光栅的光强分布

(b) 激光透过相位光栅后的光束分布　(c) 利用相位光栅与THz天线结合产生THz波

图 6-5　利用光栅使入射激光相干

6.2　相干叠加的基本原理

当频率相同、振动方向相同、相位差恒定的两列电磁波在空间相遇时，在两列波的相遇区域内，有些点的振动始终加强，合振动的强度大于分振动的强度之和，另一些点的振动始终减弱，合振动的强度小于分振动的强度之和，这种强度按照周期性变化的现象称为波的干涉现象，波的这种叠加称为相干叠加。能产生相干叠加的两列波称为相干波，相干叠加满足的条件称为相干条件。如果两列波不满足相干叠加的条件，那么在两列波的交叠区域，合振动的强度等于分振动的强度之和，没有产生干涉现象，这两列波的叠加称为非相干叠加。

两个频率相同，初相位不同，沿同一直线振动的简谐振动，振动方程为

$$E_1 = E_{10}\cos(\omega t + \varphi_1) \quad 其复数形式：\widetilde{E}_1(P) = E_{10}e^{i\varphi_1}$$

$$E_2 = E_{20}\cos(\omega t + \varphi_2) \quad 其复数形式：\widetilde{E}_2(P) = E_{20}e^{i\varphi_2}$$

式中，E_{10} 和 E_{20} 分别表示两个分振动的振幅；ω 为振动的角频率；φ_1 和 φ_2 为两个分振动的初相位。由于两分振动的振动方向相同，叠加后，

$$E = E_1 + E_2 = E_0\cos(\omega t + \varphi) \tag{6-1}$$

其复数形式为

$$\widetilde{E}(P) = \widetilde{E}_1(P) + \widetilde{E}_2(P) = E_{10}e^{i\varphi_1} + E_{20}e^{i\varphi_2} \tag{6-2}$$

式中，合振动的振幅 E_0 为

$$\begin{aligned} E_0^2 &= \widetilde{E} \cdot \widetilde{E}^* \\ &= (E_{10}e^{i\varphi_1} + E_{20}e^{i\varphi_2})(E_{10}e^{-i\varphi_1} + E_{20}e^{-i\varphi_2}) \\ &= E_{10}^2 + E_{20}^2 + E_{10}E_{20}e^{i(\varphi_1-\varphi_2)} + E_{10}E_{20}e^{-i(\varphi_1-\varphi_2)} \\ &= E_{10}^2 + E_{20}^2 + 2E_{10}E_{20}\cos(\varphi_2 - \varphi_1) \end{aligned} \tag{6-3}$$

合振动的初相位为

$$\varphi = \arctan\frac{E_{10}\sin\varphi_1 + E_{20}\sin\varphi_2}{E_{10}\cos\varphi_1 + E_{20}\cos\varphi_2} \tag{6-4}$$

由于振动的强度与振幅的平方成正比（$I \propto E_0^2$），因此，通常情况下，当两个振动发生叠加时，合振动的强度并不等于分振动的强度之和，即 $I \neq I_1 + I_2$。

考虑到探测器有一定的响应时间，实验中能够观察到的结果是一定时间内的平均强度。假设在时间间隔 τ 内（且该时间间隔的值要远远大于振动周期 T），平均强度为

$$\bar{I}=\overline{E}_0^2=\frac{1}{\tau}\int_0^\tau E_0^2\,\mathrm{d}t$$

$$=\frac{1}{\tau}\int_0^\tau[E_{10}^2+E_{20}^2+2E_{10}E_{20}\cos(\varphi_2-\varphi_1)]\,\mathrm{d}t \tag{6-5}$$

$$=E_{10}^2+E_{20}^2+2E_{10}E_{20}+\frac{1}{\tau}\int_0^\tau\cos(\varphi_2-\varphi_1)\,\mathrm{d}t$$

$$I=I_1+I_2+2\sqrt{I_1I_2}+\frac{1}{\tau}\int_0^\tau\cos(\varphi_2-\varphi_1)\,\mathrm{d}t$$

(1) 非相干叠加

若在观察时间内,振动时断时续,导致振动的初相位无规则地改变,由概率知识可知:

$$\varphi_2-\varphi_1=f(t) \tag{6-6}$$

则

$$\frac{1}{\tau}\int_0^\tau\cos(\varphi_2-\varphi_1)\,\mathrm{d}\tau=0 \tag{6-7}$$

所以,合振动的平均光强为

$$I'=E_{10}^2+E_{20}^2 \tag{6-8}$$

合振动的平均强度等于各分振动的强度之和。

干涉项的平均值为0,两分振动在叠加后并未出现强度减弱的情况,称为非相干叠加。

(2) 相干叠加

在一定的时间内,若两个分振动各自保持连续性。当两分振动在任一时刻的相位差($\varphi_2-\varphi_1$)与时间无关,始终保持不变。对式(6-5)的三角函数积分可得

$$\frac{1}{\tau}\int_0^\tau\cos(\varphi_2-\varphi_1)\,\mathrm{d}\tau=\cos(\varphi_2-\varphi_1) \tag{6-9}$$

合振动的平均强度为

$$\bar{I}=E_0^2=E_{10}^2+E_{20}^2+2E_{10}E_{20}\cos(\varphi_2-\varphi_1) \tag{6-10}$$

式中,$2E_{10}E_{20}\cos(\varphi_2-\varphi_1)$ 称为干涉项。

若两振动的相位差 $\varphi_2-\varphi_1=2k\pi(k=0, 1, 2, 3, \cdots)$,则合振动的强度为

$$\bar{I}_{max}=(E_{10}+E_{20})^2 \tag{6-11}$$

此时，合振动平均强度达到最大值。

设有多个频率相同、振动方向相同且分振动在相遇点有恒定的相位差，若振幅也相同均为 E_{10}，满足相干叠加的条件，那么合振动的最大值和最小值分别为

$$\bar{I}_{max}=(nE_{10})^2=n^2E_{10}^2 \tag{6-12}$$

$$I_{min}=0$$

若它们是非相干叠加，那么合振动的强度为

$$\bar{I}'=n\bar{E}_{10}^2 \tag{6-13}$$

6.3　天线阵列的结构

采用分立光电导天线阵列和集成光电导天线阵列这两种不同结构的光电导天线阵列可产生太赫兹波。分立光电导天线阵列的实物如图 6-6 所示，该天线阵列是将叉指电极天线阵列切割成一个一个独立的天线，然后再用这些独立的天线构成新的天线阵列。分立光电导天线阵列中每一个阵元的结构都相同，在相同的实验条件下，辐射的太赫兹波满足相干合成条件。图 6-6(a)和图 6-6(b)分别为 1×2 和 2×2 分立光电导天线阵列，每个阵元的电极间隙均为 150 μm。分立光电导天线阵列的示意图如图 6-7 所示，每一个阵元固定在集成电路芯片上，阵元电极通过金线与芯片的管脚相连。芯片底座和偏置电压加载线路示意图如图 6-8 所示，按照管脚标号将芯片插到底座上，通过引线与 SMA(Sub-Miniature-A)连接，单独控制每个阵元的偏置电压。

(a) 1×2天线阵列

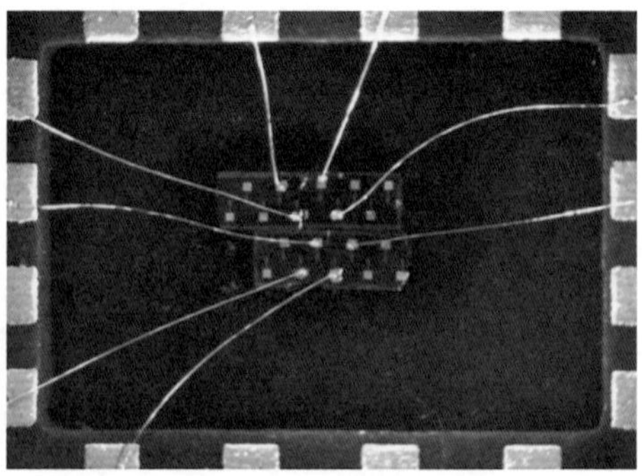

(b) 2×2天线阵列

图6-6　分立光电导天线阵列实物图

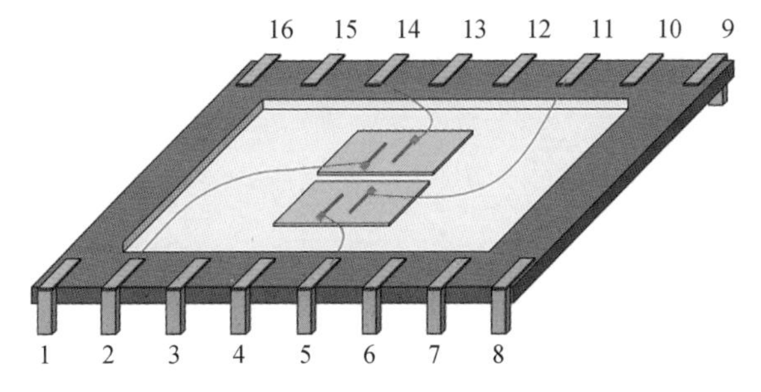

图 6-7　分立光电导天线阵列示意图

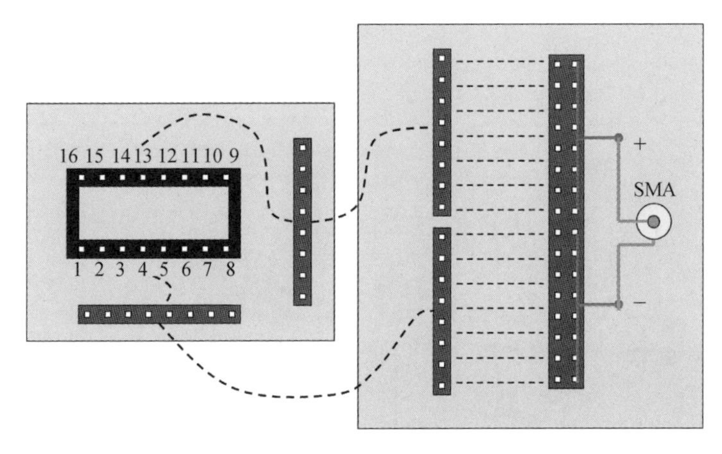

图 6-8　芯片底座和偏置电压加载线路示意图

集成光电导天线阵列在制备过程中，衬底材料上直接设计 4 个相同结构和相同电极间距的偶极天线作为天线阵列，用于产生太赫兹波。每一个阵元的电极间距为 30 μm，相邻两阵元中心之间的距离为 300 μm，实物图如图 6-9(a)所示，图 6-9(b)

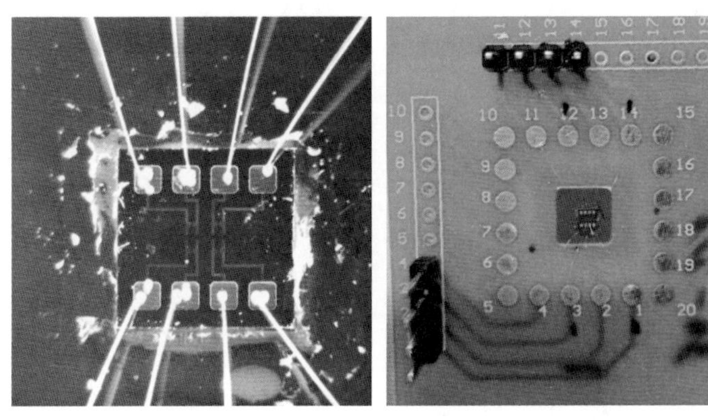

(a) 天线阵列实物图　　(b) 天线支架

图 6-9　集成光电导天线阵列

为天线支架，通过该支架单独控制每一个阵元的偏置电压。

6.4 分立光电导天线阵列

透射型 THz-TDS 系统的光路示意图如图 6-10 所示。系统中使用 MaiTai 飞秒激光器为光电导天线阵列提供光源，该激光器发射激光脉冲的波长是 800 nm，宽度为 60 fs，重复频率是 80 MHz。分束镜(CBS)将激光脉冲分成两束，其中用作泵浦光的激光光束的光功率是 160 mW，另一束用作探测光的激光光束的光功率是 3.5 mW。

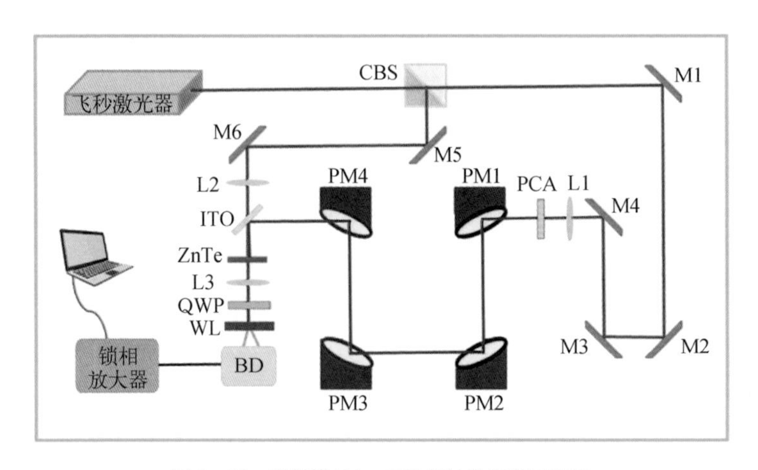

图 6-10　透射型 THz-TDS 系统的光路示意图

6.4.1 1×2 光电导天线阵列的太赫兹波辐射

1×2 光电导天线阵列 2 个阵元与相干合成在直流 30 V 偏置电压的作用下辐射太赫兹波的时域谱如图 6-11 所示，其中虚线分别表示阵元 1 和阵元 2 单独工作时辐射太赫兹波的时域谱，蓝色实线 CC(Coherent Combination)表示 2 个阵元同时工作时辐射太赫兹波的时域谱。

根据 6.2 节相干叠加理论，分析相干合成时合振动的振幅应该满足的条件。由合振动平均强度最大值的式(6-11)可知，若 2 个分振动的振幅 $E_{10}=E_{20}$，则合振动的振幅和光强分别为

$$E_0=2E_{10}$$
$$I=E_0^2=2^2E_{10}^2 \tag{6-14}$$

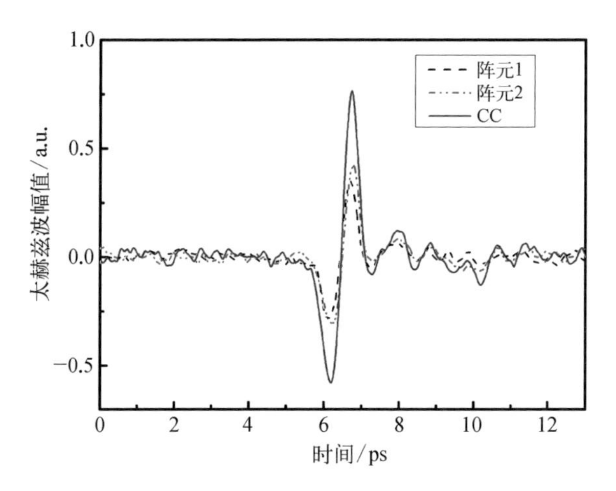

图 6-11　1×2 光电导天线阵列 2 个阵元与相干合成的时域谱

由式(6-13)可知,若 2 个阵元没有实现相干叠加,则为简单的照度叠加,其光强为

$$I' = 2E_{10}^2 \tag{6-15}$$

计算式(6-14)与式(6-15)的比值,通过比较相干叠加与非相干叠加的光强可以确定两个阵元是否实现了相干叠加,即

$$\frac{I}{I'} = \frac{2^2 E_{10}^2}{2E_{10}^2} = 2 \tag{6-16}$$

由式(6-16)可知,对于 1×2 光电导天线阵列而言,若比值等于 2,则说明 2 个阵元之间是相干叠加;若比值远小于 2,则说明是非相干叠加。将该结论加以推广可知,如果是 n 个阵元构成的天线阵列,那么相干叠加与非相干叠加的光强之比为

$$\frac{I}{I'} = \frac{n^2 E_{10}^2}{nE_{10}^2} = n \tag{6-17}$$

当光强之比为 n 时,这 n 个阵元之间实现了相干合成。

将阵元 1 与阵元 2 所辐射的太赫兹波求和,然后与 2 个阵元相干合成时的太赫兹波进行比较,如图 6-12 所示,结果发现相干合成曲线 CC(蓝色实线)与求和曲线 Sum(红色虚线)几乎完全重合,满足相干合成时的振幅合成规律 $E_0 = E_{10} + E_{20}$。

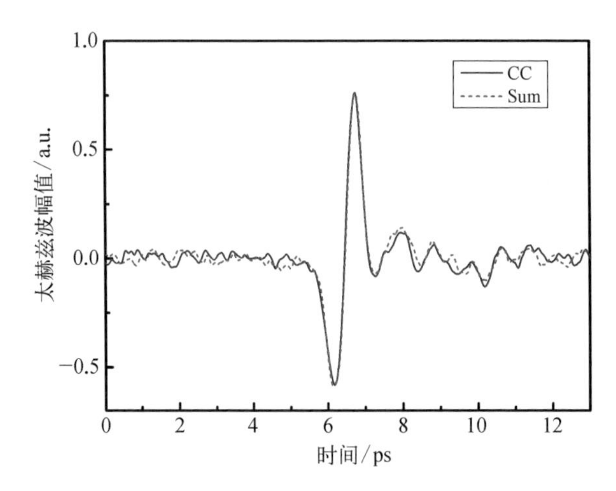

图 6-12　1×2 光电导天线阵列相干叠加与天线阵元辐射太赫兹波求和的时域谱

光电导天线阵列相干合成的振幅合成情况可以用合成度来定量描述，合成度为天线阵列相干叠加时太赫兹辐射峰值 Y_m 与各阵元单独辐射太赫兹峰值之和 Y_n 的比值。即

$$\text{振幅合成度} = Y_m / Y_n \times 100\% \tag{6-18}$$

根据图 6-11 的结果，利用式(6-18)计算 1×2 光电天线阵列的振幅合成度，结果如表 6-1 所示，振幅合成度达到 98.6%，从振幅的角度说明，阵元 1 和 2 之间产生了相干叠加现象。

表 6-1　1×2 光电导天线阵列振幅合成的实验结果

	阵元 1	阵元 2	求和	相干合成	振幅合成度
振幅/($\times 10^{-11}$ a.u.)	6.385	7.33	13.715	13.52	98.6%

对 1×2 光电导天线阵列，在实际使用式(6-15)时发现，由于 2 个阵元辐射太赫兹波的振幅不完全相等，因此计算太赫兹光强之比时，非相干叠加时的太赫兹光强应该根据式(6-8)，即 $I' = E_{10}^2 + E_{20}^2$，此时相干叠加的太赫兹光强为 $I = E_{CC}^2$，E_{CC}为相干叠加时的振幅，即图 6-11 和图 6-12 中的 CC 曲线，计算公式为

$$\frac{I}{I'} = \frac{E_{CC}^2}{E_{10}^2 + E_{20}^2} \tag{6-19}$$

相干叠加与非相干叠加时太赫兹光强的结果如图 6-13 所示。其中蓝色实线表示相干叠加时的太赫兹光强，红色虚线表示非相干合成时的太赫兹光强。根据

式(6-19)可知,此时光强的比值为1.99,与理论值2非常接近,从光强的角度说明,阵元1和2之间产生了相干叠加现象。

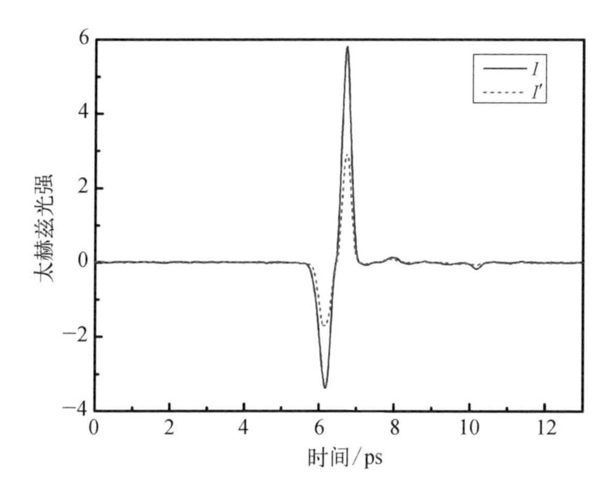

图6-13　1×2光电导天线阵列相干叠加与非相干叠加时的太赫兹光强

通过分析上述时域结果可知,1×2光电导天线阵列出现了相干叠加现象,满足振幅合成规律。

6.4.2　2×2光电导天线阵列的太赫兹波辐射

2×2光电导天线阵列由4个直流电源分别给4个阵元提供偏置电压,图6-14是直流偏置电压60 V时4个阵元辐射太赫兹波的时域谱。其中虚线分别表示每个阵元单独工作时辐射太赫兹波的时域谱,绿色实线CC表示4个阵元同时工作时产生的太

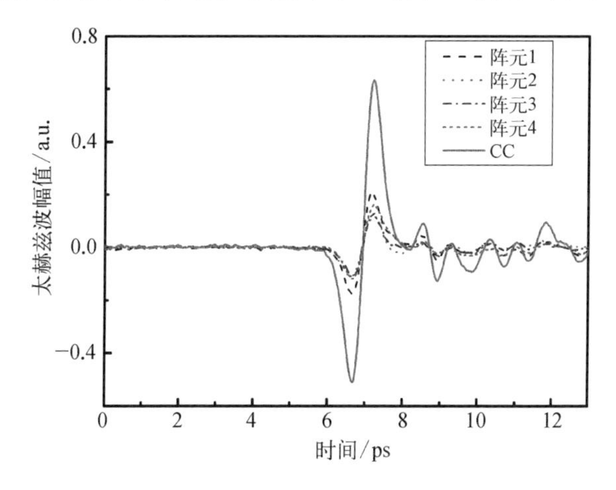

图6-14　2×2光电导天线阵列4个阵元与相干叠加的时域谱

赫兹波时域谱。将 4 个阵元所辐射太赫兹波的振幅求和，与 4 个阵元相干合成时的太赫兹波进行比较，如图 6－15 所示，结果发现相干合成曲线 CC（绿色实线）与求和曲线 Sum（红色虚线）几乎完全重合，满足相干合成时的振幅合成规律 $E_0 = E_{10} + E_{20} + E_{30} + E_{40}$。根据图 6－14 的结果，计算 2×2 光电导天线阵列的振幅合成度结果如表 6－2 所示，振幅合成度达到 100%，从振幅的角度说明，4 个阵元之间产生了相干叠加现象。

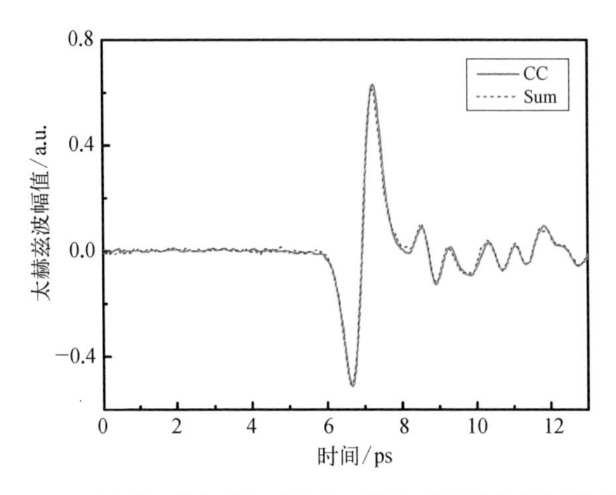

图 6－15　2×2 光电导天线阵列相干叠加与天线阵元辐射太赫兹波求和的时域谱

表 6－2　2×2 光电导天线阵列振幅合成的实验结果

	阵元 1	阵元 2	阵元 3	阵元 4	求和	相干合成	振幅合成度
振幅/($\times 10^{-10}$ a.u.)	3.895	2.285	2.431	2.856	11.467	11.479	100%

考虑到 4 个阵元辐射太赫兹波的振幅不完全相等，根据式（6－8），非相干叠加时太赫兹光强应该为 $I' = E_{10}^2 + E_{20}^2 + E_{30}^2 + E_{40}^2$，此时相干叠加的太赫兹光强为 $I = E_{CC}^2$，相干叠加与非相干叠加时太赫兹光强的结果如图 6－16 所示。其中绿色实线表示相干叠加时的太赫兹光强，红色虚线表示非相干叠加时的太赫兹光强。将式（6－19）推广到 4 个阵元，计算公式为

$$\frac{I}{I'} = \frac{E_{CC}^2}{E_{10}^2 + E_{20}^2 + E_{30}^2 + E_{40}^2} \tag{6-20}$$

根据式（6－20）计算相干叠加和非相干叠加时太赫兹波的光强之比，其比值为 3.99，与式（6－17）计算得到的理论值 4 非常接近，再一次从光强的角度说明，4 个阵元之间产生了相干叠加现象。

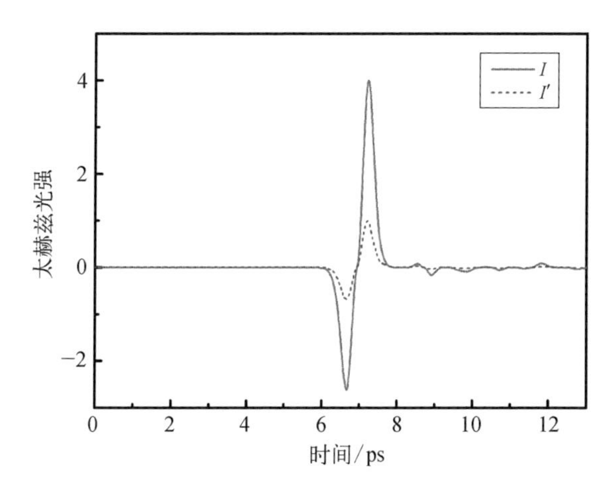

图 6－16　2×2 光电导天线阵列相干叠加与非相干叠加时的太赫兹光强

通过分析上述结果可知，2×2 光电导天线阵列的 4 个阵元辐射太赫兹波之间满足相干叠加的振幅叠加条件，出现了相干叠加现象。

若两列电磁波在空间相遇区域干涉加强，需满足的必要条件为频率相同、振动方向相同，且在相遇区域相位相同。在使用 THz－TDS 系统测试光电导天线阵列辐射太赫兹波时，天线阵列中的每一个阵元辐射的太赫兹电磁脉冲都是 0.1～3 THz 的宽频电磁波，按傅里叶变换可以描述为一系列不同频率电磁波的叠加。由于光电导天线辐射太赫兹波的时域谱具有可重复性，每一次激光激发的太赫兹脉冲经过傅里叶变换得到的太赫兹频谱和相位具有可重复性，而且天线阵列在同一束激光的作用下同时被激发，经过 THz－TDS 系统的光路后具有相同的光程，这样对于每个频率点，各个天线的辐射到达焦点处相位相同；天线阵列中的每一个阵元辐射的线偏振太赫兹波具有相同的振动方向。因此各阵元辐射的相同频率的太赫兹电磁波满足频率相同、振动方向相同，在相遇区域相位相同的相干条件，能形成相干叠加。而各个阵元所辐射不同频率点的太赫兹电磁波也会相互累加。因此，由 4 个阵元构成的天线阵列，在 THz－TDS 系统上测量得到其时域波形的电场强度峰值是单个天线的 4 倍。

6.5　集成光电导天线阵列

6.5.1　太赫兹波功率探测的基本原理

采用高莱功率探测器可测试光电导天线阵列辐射电磁波的功率。高莱功率探测器是利用热膨胀探测辐射原理而制成的辐射功率计，实物如图 6－17(a)所示。高莱管原理如图 6－17(b)所示。它把气体密封在一个柔软的小气室内，由于室壁内的吸收辐射薄膜吸收了红外辐射，使得气室内气体的温度上升引起体积膨胀，导致处于气室外表面的柔镜将会发生变形或弯曲。当从光源发射的光通过光栅汇聚到柔镜上时，柔镜会反射回一个光栅像，最后通过光栅聚焦到光电管上。由于气体压力变化，使得光栅像产生位移，导致光电管上接收到的光通量发生改变，该变化量可以用光电管上输出的信号变化来表示。

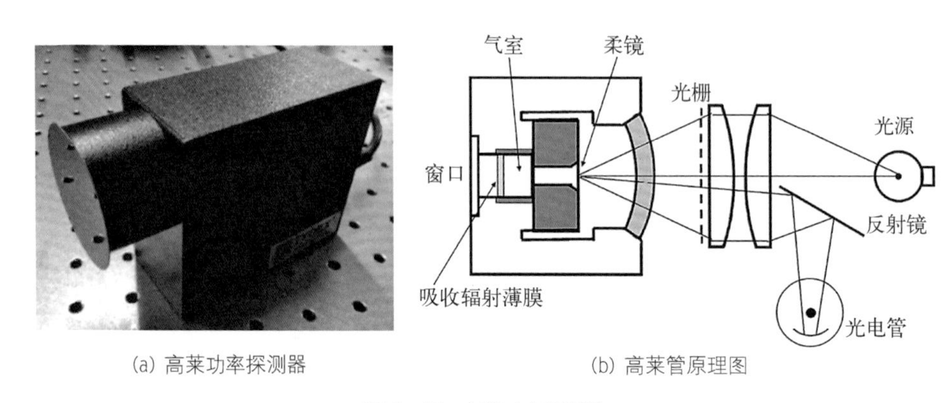

(a) 高莱功率探测器　　(b) 高莱管原理图

图 6－17　高莱功率探测器

6.5.2　集成光电导天线阵列辐射太赫兹波的功率探测

利用图 6－10 所示的透射型 THz－TDS 系统测试集成光电导天线阵列在直流偏置电压 40 V 时 4 个阵元辐射太赫兹波的时域谱，如图 6－18 所示。其中虚线 1～

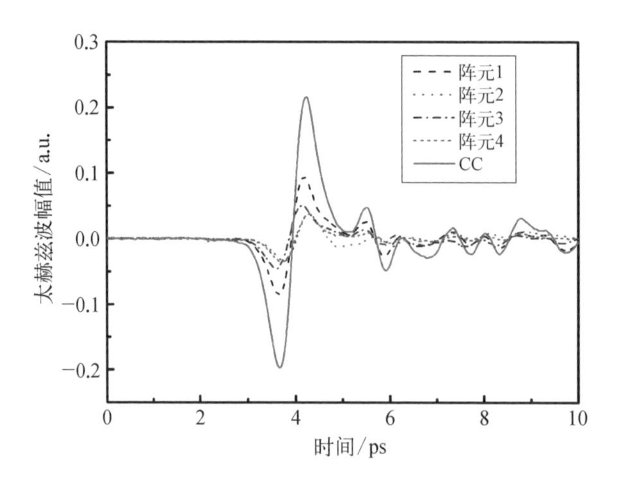

图 6－18　集成光电导天线阵列 4 个阵元及相干合成的时域谱

4 表示 4 个阵元单独工作时辐射太赫兹波的时域谱，绿色实线 CC 表示集成光电导天线阵列相干合成时辐射太赫兹波的时域谱。将 4 个阵元所辐射 THz 波的振幅求和，与集成光电导天线阵列相干合成时的太赫兹波进行比较，如图 6－19 所示，结果发现相干合成曲线 CC（绿色实线）与求和曲线 Sum（红色虚线）几乎完全重合，满足相干合成时的振幅条件 $E_0 = E_{10} + E_{20} + E_{30} + E_{40}$。根据图 6－18 的结果，计算集成光电导天线阵列的振幅合成度，结果如表 6－3 所示，振幅合成度达到 100%，从振幅的角度说明集成光电导天线阵列的 4 个阵元之间产生了相干合成。

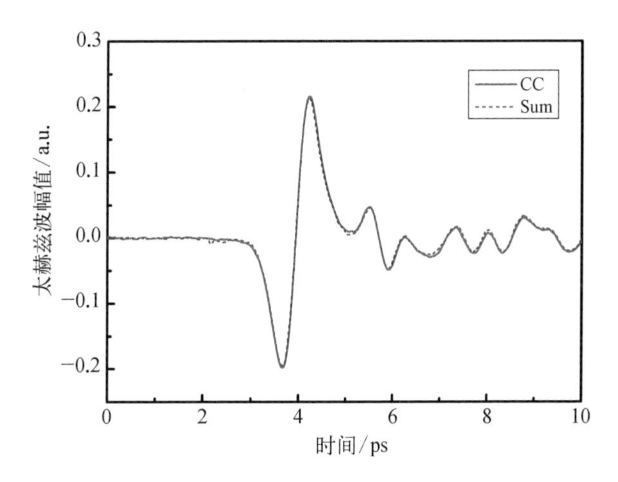

图 6－19　集成光电导天线阵列相干合成与阵元辐射太赫兹波求和的时域谱

表 6－3　光电导天线阵列各阵元及相干合成时的振幅和辐射功率

	阵元 1	阵元 2	阵元 3	阵元 4	求和	相干合成	合成度
振幅/($\times 10^{-5}$ a.u.)	1.81	0.71	0.73	0.96	4.21	4.23	100%
功率/μW	13.04	8.79	4.09	6.67	32.59	31.83	98%

光电导天线阵列辐射的太赫兹波若要实现相干合成，不仅需要满足振幅合成条件，同时还需满足功率合成条件。由高莱功率探测器测量集成光电导天线阵列辐射太赫兹波的功率，功率测试实验示意图如图 6－20 所示，首先测试集成光电导天线阵列的振幅合成度，确定光电导天线阵列满足振幅合成条件后，再将高莱功率探测器放置在离轴抛物面镜 PM2 的焦点处，光电导天线阵列的位置及实验参数保持不变，测量集成光电导天线阵列辐射太赫兹波的功率，功率测试结果如表 6－3 所示。

由表6-3的结果可知，集成光电导天线阵列辐射太赫兹波的功率是31.83 μW，而4个阵元的辐射功率之和为32.59 μW，可见光电导天线阵列的功率合成度是98%，基本满足$P=P_1+P_2+P_3+P_4$。也就是说，4个阵元构成的集成光电导天线阵列辐射太赫兹波的功率是单个阵元辐射功率的4倍，而不是4^2倍，似乎不满足相干合成的关系。

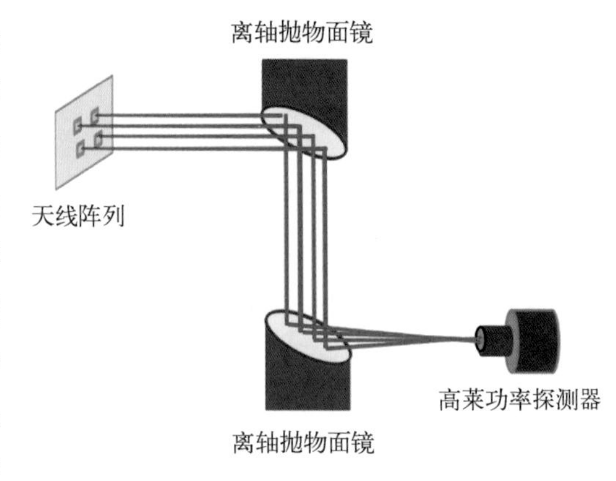

图6-20　功率测试实验示意图

6.5.3　集成光电导天线阵列相干合成功率密度

功率测量所使用的高莱功率探测器的接收光敏面直径为6 mm，每个阵元辐射的太赫兹波经离轴抛物面镜聚焦后，照射到高莱功率探测器接收面上的光斑直径约为3 mm。由4个阵元构成的光电导天线阵列所辐射的4束太赫兹波经离轴抛物面镜聚焦叠加在高莱功率探测器接收面上的同一区域内，每个阵元在单位时间内所辐射太赫兹波能量全部被高莱功率探测器接收，相干加强和相干减弱的区域相重叠，因此高莱功率探测器测到的是能量的平均效果。所以，4个阵元构成的光电导天线阵列的辐射功率是单个阵元的4倍。

在实际应用中，人们更关心的是太赫兹时域光谱系统中探测晶体所接收到的太赫兹波功率密度，即单位面积上的功率。对THz-TDS系统来说，照射到探测晶体上的太赫兹波的功率密度越大(单位面积上太赫兹电场强度的电力线越密集)，探测晶体的线性电光效应就越显著，探测系统的信噪比就越高。

由于太赫兹天线的发散角(2θ)与太赫兹光束的直径(D)满足：

$$2\theta=\frac{2\lambda}{\pi\cdot D} \tag{6-21}$$

由式(6-21)可知，光束直径越大，发散角就越小。由4个阵元构成的光电导天线阵列，4个阵元均匀分布在正方形的四个顶点上，所辐射的太赫兹波经过第一个离轴抛物面镜准直后，形成四束并行的太赫兹波，且相位一致。因此，可合成为一束直径为$2D$的太赫兹光束，发散角压缩至单束太赫兹波的1/2，因此经过第二个离轴抛物面镜汇聚后，在其焦点位置处被高莱功率探测器接收到的太赫兹波的光斑面积，是单束太赫兹波面积的 1/4。4 个天线单元构成的光电导天线阵列所辐射太赫兹波的功率是单个天线的 4 倍，因此 4 个天线单元构成的光电导天线阵列所辐射的四束太赫兹波，在高莱功率探测器上合成后，太赫兹波的功率密度是单束太赫兹波的 16 倍，即 4^2 倍。如果天线阵列有 N 个阵元，相干合成后，总功率变为单束太赫兹波功率的 N 倍，而光斑面积却减少为单束太赫兹波的 $1/N$，因此相干合成后太赫兹波功率密度是单束太赫兹波的 N^2 倍。

参考文献

[1] Awad M, Nagel M, Kurz H, et al. Characterization of low temperature GaAs antenna array terahertz emitters[J]. Applied Physics Letters, 2007, 91(18): 161117.

[2] Berry C W, Hashemi M R, Jarrahi M. Generation of high power pulsed terahertz radiation using a plasmonic photoconductive emitter array with logarithmic spiral antennas[J]. Applied Physics Letters, 2014, 104(8): 081122.

[3] Singh A, Prabhu S S. Microlensless interdigitated photoconductive terahertz emitters [J]. Optics Express, 2015, 23(2): 1529 - 1535.

[4] Hattori T, Egawa K, Ookuma S I, et al. Intense terahertz pulses from large-aperture antenna with interdigitated electrodes[J]. Japanese Journal of Applied Physics, 2006, 45(No. 15): L422 - L424.

[5] Singh A, Awari N, Prabhu S S, et al. THz from photoconductive antennas using circular and cylindrical Microlens arrays [C]//2011 International Conference on Infrared, Millimeter, and Terahertz Waves. Houston, TX, USA. IEEE, 2011: 1 - 2.

[6] Krauß N, Haas M, Winnerl S, et al. Terahertz emission based on large-area photoconductive emitters illuminated via beam interference[J]. Electronics Letters, 2015, 51(17): 1357 - 1359.

[7] 姚启钧.光学教程[M].4 版.北京：高等教育出版社，2008.

[8] Yan Z J, Shi W. Detection of aging in the common explosive RDX using terahertz time-domain spectroscopy[J]. Josa B, 2022, 39(3): A9 - A12.

[9] Wu Q, Zhang X C. Design and characterization of traveling-wave electrooptic terahertz sensors[J]. IEEE Journal of Selected Topics in Quantum Electronics, 1996, 2(3): 693 - 700.

[10] Fan T Y. Laser beam combining for high-power, high-radiance sources[J]. IEEE Journal of Selected Topics in Quantum Electronics, 2005, 11(3): 567 - 577.

[11] 闫志巾，施卫.太赫兹 GaAs 光电导天线阵列辐射特性[J].物理学报，2021，70(24)：344 - 352.

7 非线性光电导天线

GaAs 光电导天线有线性工作模式和非线性工作模式两种工作模式，其中非线性模式又根据 GaAs 光电导天线输出的电脉冲波形有无“锁定”效应分为雪崩倍增模式和高倍增猝灭模式。目前，在太赫兹时域光谱系统中广泛使用的太赫兹 GaAs 光电导天线无一例外都工作于线性模式，由于辐射场屏蔽效应和空间电荷屏蔽效应的影响，使得 GaAs 光电导天线辐射太赫兹波的功率较低。而 GaAs 光电导天线的雪崩倍增模式虽然存在光生载流子的雪崩倍增效应，但是由于其电脉冲波形具有“锁定”效应，使得 GaAs 光电导天线无法满足高重复频率的工作要求，限制了雪崩倍增模式光电导天线的实际应用。为了解决线性模式和雪崩倍增模式 GaAs 光电导天线的不足之处，同时满足 GaAs 光电导天线高功率太赫兹波的需求，利用 GaAs 的能带结构特性和外部触发光能及电场约束条件使得由光激发电荷畴引起的载流子雪崩倍增的延续时间变短，从而使 GaAs 光电导天线既能具有载流子雪崩倍增效应，又能在高重复频率光脉冲触发条件下工作，这种工作模式又称为高倍增猝灭模式。高倍增猝灭模式所输出的超快电脉冲功率容量远大于其线性工作模式，根据电流瞬冲模式可以得到 GaAs 光电导天线的太赫兹辐射电场强度与其电脉冲对时间的一阶导数成正比，因此利用高倍增猝灭模式获得强太赫兹电场强度具有一定的可行性。

7.1 线性工作模式

7.1.1 线性工作模式的特性

当 GaAs 光电导天线的光电条件低于某一阈值时，GaAs 光电导天线将工作于线性工作模式，其主要特点在于：光电导材料每吸收一个光子至多产生一个电子-空穴对，GaAs 光电导天线产生的电脉冲幅值变化与触发光脉冲有相似的波形变化，其本质原因是光生载流子改变的时域电导率和触发光强度成正比，因此将这种工作模式称为线性工作模式。在线性工作模式中，电脉冲的上升沿主要由触发光脉冲的上升时间决定，而电脉冲的下降沿则主要由光电导材料介质弛豫时间和光生载流子寿命以及光生载流子渡跃天线间隙的时间共同决定。

典型的线性电脉冲波形如图 7-1 所示，其实验条件为 GaAs 光电导天线的间隙为 150 μm，触发激光中心波长为 800 nm，偏置电压为 200 V(偏置电场为 13.33 kV/cm)，触发光单脉冲能量为 1.2 μJ。从图中可以看到，GaAs 光电导天线输出的电脉冲波形与触发光脉冲波形相似，其幅值约为 38 V，脉宽约为 758 fs，而且在重复实验测试中，电脉冲具有响应快速、抖动时间小等特点，适合于超快开关器件的使用。但是在线性工作模式中，GaAs 光电导天线的通态电阻相对较大，导致其电压转换效率只有 1.9%。

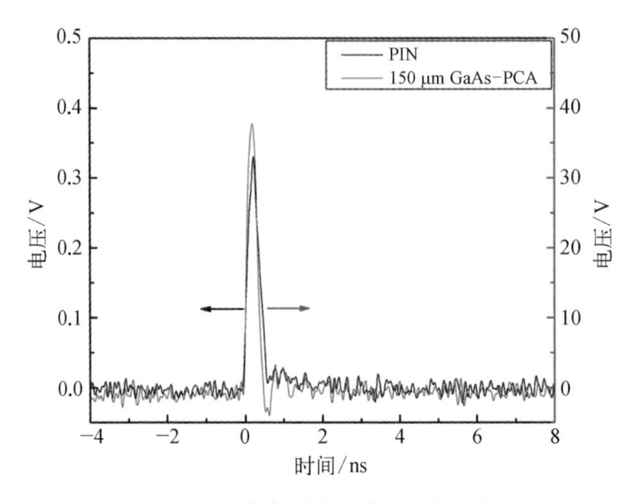

图 7-1　线性工作模式的电脉冲波形

7.1.2　线性工作模式 GaAs 光电导天线的太赫兹辐射特性

由电流瞬冲模型可以得到 GaAs 光电导天线的太赫兹辐射电场强度与其光电流对时间的一阶导数成正比关系，而时变光电流主要由光生载流子的速度变化和浓度变化所导致，因此触发光光能或者偏置电场的改变均能导致 GaAs 光电导天线太赫兹辐射特性发生变化。

通过实验进行测试，实验中采用美国 Spectra-Physics 公司提供的 MaiTai XF-1 钛蓝宝石飞秒振荡激光器作为触发光源，中心波长设置为 800 nm，波长调谐宽度＞200 nm，脉冲宽度＜100 fs，平均功率约为 1 W，重复频率为 80 MHz。实验测试光路和电路如图 7-2 所示。飞秒激光由透反比为 7∶3 的分束镜（CBS）分成光能不同的两束光，其中光能较强的一束光作为泵浦激光，光能较弱的一束光作为探测激光，其平均光能分别为 220 mW 和 30 mW。随后泵浦激光通过可变延迟线和透镜将泵浦光垂直聚焦到 GaAs 光电导天线上从而产生太赫兹辐射脉冲，太赫兹辐射脉冲首先经一组离轴抛物面反射镜（PM1-PM2）进行准直聚焦（焦点处可以作为样品检测平台），然后再经过一组离轴抛物面反射镜（PM3－PM4）准直聚焦，最后通过ITO膜反射与探测激光共线垂直入射到ZnTe探测晶体表面上。由于探测激光的脉冲宽度远远小于太赫兹辐射脉冲的宽度，因此在ZnTe线性电光效应的作用下，探测激光脉冲受到太赫兹时域电场的调制，其偏振状态发生相应的改变，通过检测探测激光的偏振变化，从而反映出太赫兹电场随时间的变化情况。探测激光在ZnTe晶体中受到太赫兹电场调制后，经1/4波片和太赫兹透镜聚焦后被沃拉斯顿棱镜（Wollaston Prism）分成偏振方向相互垂直的两束光，然后利用平衡探测器探测其差分信号，最后通过锁相放大器和计算机进行数据采集，输出太赫兹时域波形。在太赫兹时域信号采集过程中，采用经典的Auston电路对GaAs光电导天线的瞬态光电流进行检测，利用脉冲电源（Zemega Terahertz Crop. HVM－500USB High Voltage Modulator）给光电导天线进行供电，然后将天线导通时产生的超快电脉冲通过50 Ω的同轴传输线连接到带宽为1 GHz的示波器中进行检测。为了保证GaAs光电导天线的电脉冲信号的完整性，整个测试回路均满足50 Ω的阻抗匹配原则（包括GaAs光电导天线的微带传输线设计、同轴传输线连接以及示波器的阻抗设置），最终利用该系统可同时实现GaAs光电导天线的太赫兹时域光谱和瞬态光电流的采集。

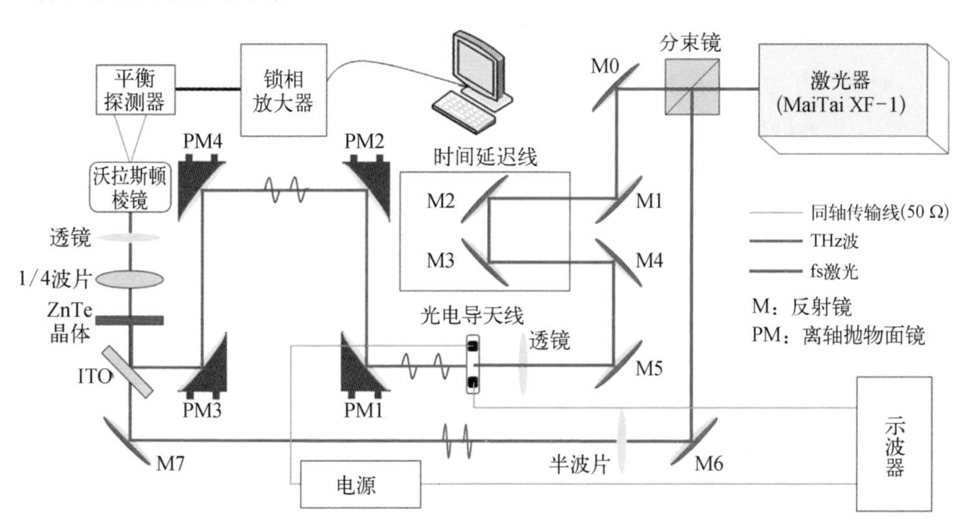

图7－2 太赫兹时域光谱与电脉冲测试光路和电路原理图

本实验所用光电导天线的衬底材料为非故意掺杂SI－GaAs半导体材料，电阻率$\rho \geq 5\times10^{7}$ Ω·cm，载流子浓度$n\approx10^{7}$ cm^{-3}，电子迁移率$\mu\geq 6\,000$ cm^{2}/(V·s)，载流子寿命约为300 ps，相对介电常数为12.9，本征击穿场强可高达250 kV/cm，但是在实际应用中，由于表面闪络、电极的制作工艺以及半导体材料的热击穿等因素导致 GaAs 半导体材料在电场强度远小于 250 kV/cm 时发生击穿损伤，因此本实验在天线表面上制备 900 nm 厚的 Si_3N_4 绝缘层保护层，使天线电极、GaAs 半导体材料表面与空气隔离开，提高光电导天线的击穿场强。同时为了提高光电导天线辐射太赫兹波的功率，将天线衬底材料进行减薄处理，厚度为 0.4 mm。

GaAs 光电导天线的电极是利用电子束蒸发技术将 Au/Ge/Ni 合金沉积在 GaAs 半导体材料上，然后经退火处理与 GaAs 半导体材料形成欧姆接触电极，增加了光电导天线的击穿电场，使天线中的电场分布基本或全部覆盖了整个电极间隙，更为重要的是，减小了库仑屏蔽效应和辐射场屏蔽相应的影响，提高了天线的辐射效率。最后，将光电导天线芯片放置在 FR-4 环氧树脂玻璃纤维层压板制作的微带传输线上，通过同轴接头形成天线的输入输出端，满足 50 Ω 阻抗匹配，天线结构如图 7-3 所示。其中天线间隙为 150 μm，由于触发光斑面积约为 250 μm，且激光焦点位于天线平行电极间隙处，因此激光光斑完全覆盖天线间隙。

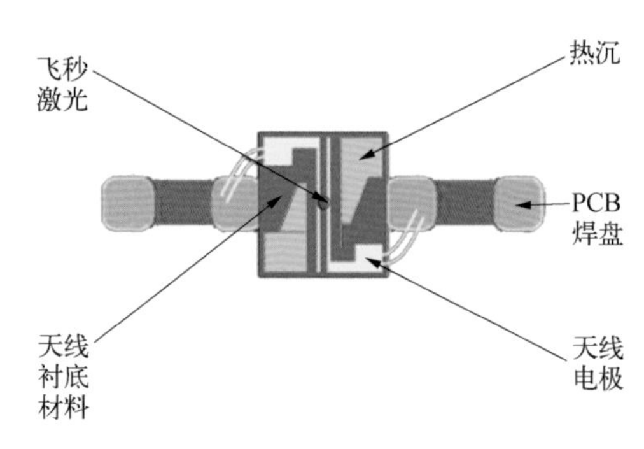

图 7-3　GaAs 光电导天线结构图

(1) 偏置电压的影响

当 GaAs 光电导天线的光能条件和电场条件低于某一阈值时，GaAs 光电导天线将工作在线性模式。线性模式的主要特点是每吸收一个光子至多产生一个电子-空穴对。因此，在线性模式中，衬底材料的电导变化过程与触发激光光子数成正比关系，其变化曲线与激光脉冲形状相似。当光照结束后，GaAs 光电导天线的导通状态将在延续一个光生载流子寿命的时间后断开。为了探究外加偏置电压对 GaAs 光电导天线辐射太赫兹波的影响，实验过程中保证触发激光光能不变，改变 GaAs 光电导天线的外加偏置电压，偏置电压设置范围为 35～110 V，间隔为 5 V，利用太赫兹时域光谱系统检测其电脉冲和太赫兹时域谱。图 7-4 为不同偏置电压下 GaAs 光电导天线的电脉冲变化图，图 7-5 为不同偏置电压下 GaAs 光电导天线的太赫兹时域谱峰峰值变化图。

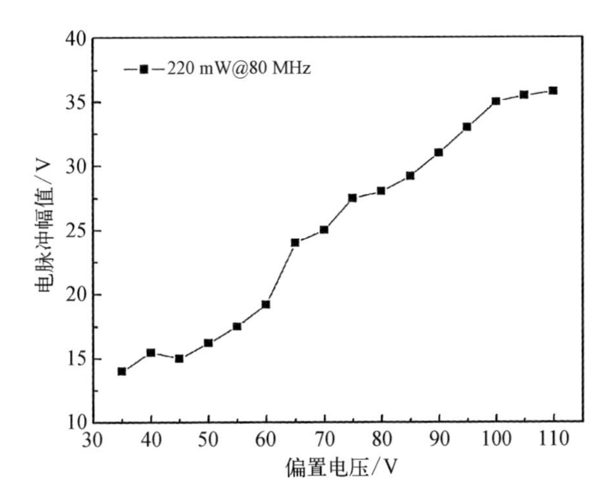

图 7-4　不同偏置电压下 GaAs 光电导天线的电脉冲变化图

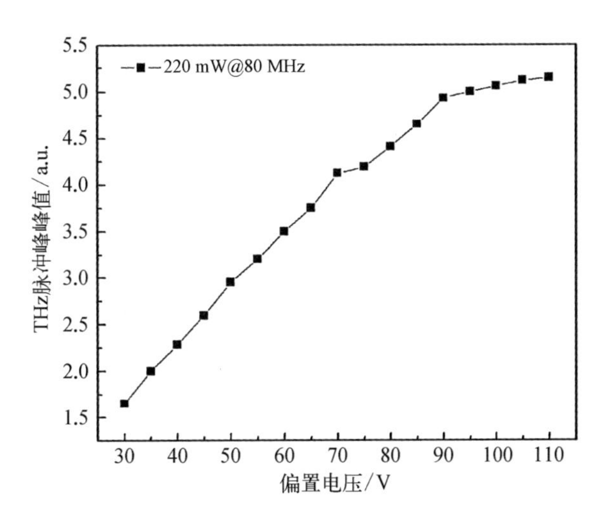

图 7-5　不同偏置电压下 GaAs 光电导天线的太赫兹时域谱峰峰值变化图

(2) 触发光光能的影响

实验结果显示，随着泵浦激光平均功率的增加，天线辐射太赫兹波的时域谱峰峰值随之增加。但是当泵浦激光单位面积内的平均能量密度增加到一定值后，GaAs 光电导天线辐射的太赫兹时域谱峰峰值逐渐趋于饱和，这种饱和现象主要是空间电荷屏蔽效应造成的，当光生电子和空穴在外加偏置电场的作用下分离后分别向着电源正负极的方向做加速定向运动，随着电子-空穴的累积，逐渐在 GaAs 半导体材料中形成了一个与外加偏置电场方向相反的空间电荷电场，空间电荷电场强度逐渐增加直至与外加偏置电场大小相等，最终将外加偏置电场屏蔽，从而出现上述的饱和现象。图 7－6 表示的是在不同触发光功率下 GaAs 光电导天线瞬态电脉冲的变化图，图 7－7 表示的是在不同触发光功率下 GaAs 光电导天线辐射太赫兹时域谱峰峰值变化曲线图。

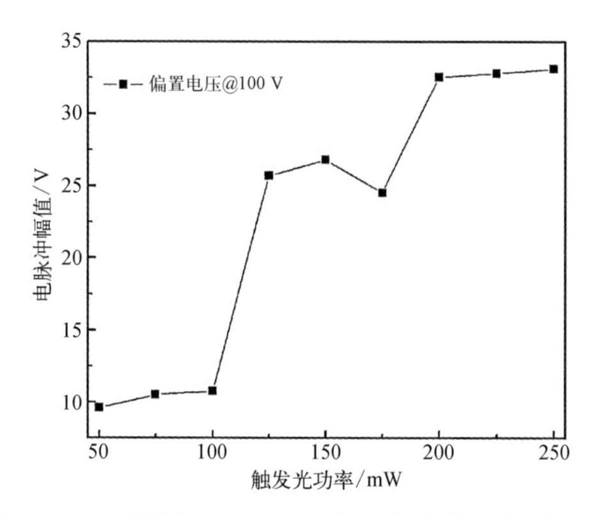

图 7－6　不同触发光功率下 GaAs 光电导天线的瞬态电脉冲变化图

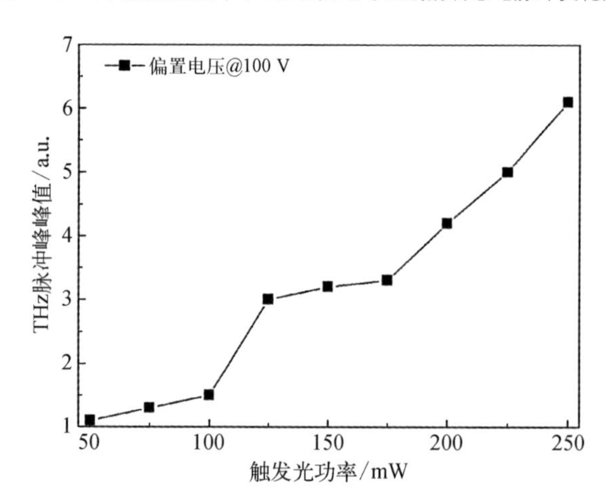

图 7－7　不同触发光功率下 GaAs 光电导天线的太赫兹时域谱峰峰值变化图

7.2　非线性工作模式

当 GaAs 光电导天线的偏置电场与泵浦光能量都高于某一阈值时，光生载流子将发生雪崩倍增效应，这种工作模式称为非线性工作模式，又称雪崩倍增工作模式或者高倍增猝灭模式，主要区别是其电脉冲波形有无“锁定”效应（Lock-on 效应)。相较于线性工作模式,其主要区别有 3 点,分别是:① 非线性工作模式中存在光生载流子的雪崩倍增效应,半导体材料每吸收一个光子将产生 $10^3 \sim 10^5$ 个电子空穴对,使得利用微焦耳甚至是纳焦耳量级的弱光触发 GaAs 光电导天线辐射太赫兹波成为可能;② 存在光激发电荷畴现象,使得光生载流子能够以比强场饱和漂移速度大一个数量级的速度快速穿越 GaAs 光电导天线电极间隙,形成独有的超快特性;③ 非线性工作模式输出的超快电脉冲功率远大于线性工作模式。以上特点,使得非线性工作模式的 GaAs 光电导天线作为高功率的太赫兹辐射源成为可能。

7.2.1 雪崩倍增工作模式的特性

自 1975 年 Auston 等提出 GaAs 光电导开关以来,人们在实验中发现,在满足一定光能和偏置电场的条件下,GaAs 光电导开关内渡跃电极的光生载流子数目远大于泵浦光激发产生的光子数目,研究发现,其本质原因是 GaAs 光电导开关的光生载流子在强偏置电场作用下发生雪崩倍增。同时还发现,触发激光仅仅起到了触发和产生光生载流子种子源的作用,一旦光生载流子发生雪崩倍增效应,即使触发激光湮灭,只要外部电路提供足够的功率,GaAs 光电导开关仍然会一直保持低阻状态,此时 GaAs 光电导开关内部的时变电场将保持在一个恒定值上。当然,不同的 GaAs 半导体材料,其电场恒定值不同,这个恒定电场称为“锁定”电场。

典型的雪崩倍增工作模式电脉冲波形如图 7-8 所示,获得雪崩倍增工作模式电脉冲波形的实验条件为 GaAs 光电导天线的间隙为 0.15 mm,触发激光中心波长为 800 nm,偏置电压为 400 V(偏置电场为 26.67 kV/cm),触发激光单脉冲能量为 2.6 μJ。

从图 7-8 中可以看到,相较于触发光脉冲,雪崩倍增工作模式电脉冲波形具有明显的“锁定”效应。可以将雪崩倍增工作模式电脉冲分为起始、锁定和恢复 3 个阶段,其幅值约为 240 V,脉宽约为 10 ns,更为重要的是,GaAs 光电导天线在雪崩倍增工作模式时输出的超快电脉冲功率容量远远大于线性工作模式。

实验过程中发现,当 GaAs 光电导天线的光生载流子发生雪崩倍增效应时,其外部触发条件(偏置电场和触发光功率)需同时满足相应的电场阈值和光能阈值。而电场阈值和光能阈值仅仅取决于 GaAs 光电导天线材料本身的性质,由于本文中所使用的半导体材料均为半绝缘 GaAs 材料,因此当 GaAs 光电导天线的偏置电场超过耿氏电场阈值(4.2 kV/cm),且光生载流子浓度和 GaAs 光电导天线电极长度的乘积满足电荷畴的形成条件时,才能进一步生成光激发电荷畴,进而促使光生载流子在特定的条件下发生雪崩倍增效应。实验结果显示，GaAs 光电导天线发生载流子雪崩倍增效应的电场阈值和光能阈值成反比，GaAs 光电导天线的外加偏置电场越强，其所需的触发激光光能阈值越小；反之触发激光单脉冲能量越大，GaAs 光电导天线进入雪崩倍增工作模式所需的外加偏置电场强度越小，其电场阈值和光能阈值关系如图 7－9 所示。

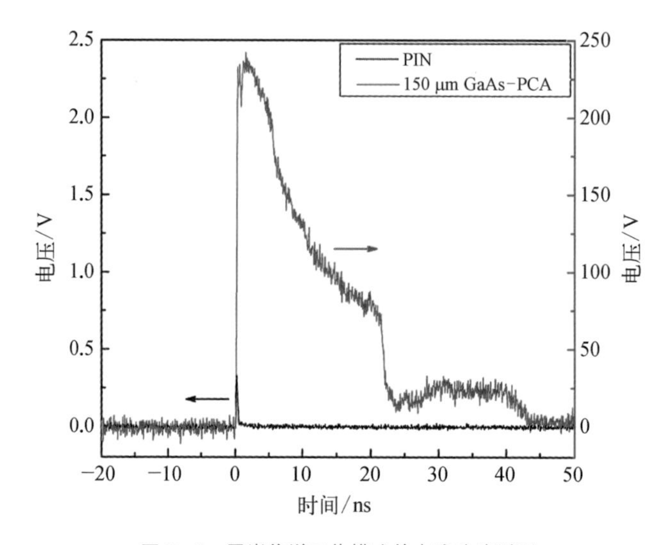

图 7－8　雪崩倍增工作模式的电脉冲波形图

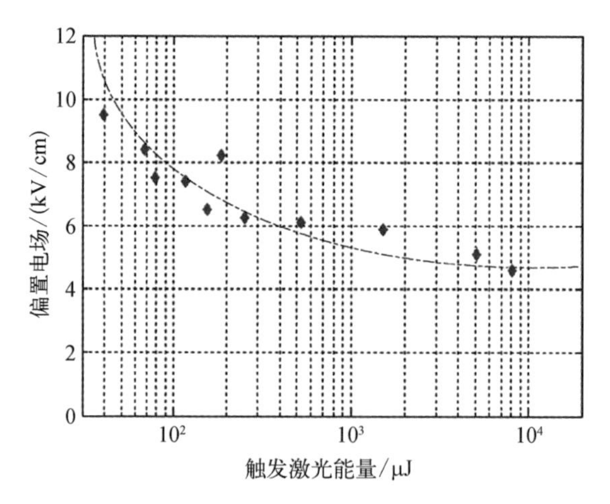

图 7－9　GaAs 光电导天线的电场阈值和光能阈值关系曲线图

7.2.2　雪崩倍增工作模式 GaAs 光电导天线的缺陷

虽然 GaAs 光电导天线在雪崩倍增工作模式时输出的超快电脉冲功率容量远

远大于线性工作模式，但是当 GaAs 光电导天线在雪崩倍增工作模式时，其电流波形存在“锁定”效应，导致其电脉冲脉宽约为几十纳秒甚至是数百纳秒。对于重复频率为 80 MHz 的飞秒激光振荡器，其激光脉冲与下一个激光脉冲的时间间隔是 12.5 ns，因此，若第一个飞秒激光脉冲触发 GaAs 光电导天线的光生载流子发生雪崩倍增效应而进入雪崩倍增工作模式，则 GaAs 光电导天线的输出电流脉冲在尚未完结时，第二个、第三个飞秒激光脉冲就会到来，在这种情况下，GaAs 光电导天线不仅不会输出脉冲串，而且会导致 GaAs 光电导天线被击穿。所以，在雪崩倍增工作模式的 GaAs 光电导天线是不能适应在 80 MHz 重复频率状态工作的。

7.2.3 高倍增猝灭工作模式

雪崩倍增模式中电流波形中“锁定”效应的存在，使得 GaAs 光电导天线无法满足高重频的工作要求，为了实现利用光生载流子雪崩倍增效应产生强场太赫兹辐射，就必须使 GaAs 光电导天线同时具备线性工作模式和雪崩倍增工作模式的优点，使其电脉冲波形在起始阶段实现雪崩倍增工作模式中光生载流子的雪崩倍增效应，而在锁定和恢复阶段需要具备线性模式中的快速关断特性。因此，在 GaAs 光电导天线满足一定的光能阈值和电场阈值条件下，光激发电荷畴的产生及猝灭，这是 GaAs 半导体材料中特有的载流子输运方式。通过调整 GaAs 光电导天线芯片缺陷能级的电特性、金属电极间外加偏置电场的分布和输入输出微带传输线的配接方式，利用光激发电荷畴猝灭模式的规律实现控制以及调节光致碰撞电离的程度，其核心是利用 GaAs 的能带结构特性和外部触发光能及电场约束条件，使得由光激发电荷畴引起的载流子雪崩倍增的延续时间变短，从而使 GaAs 光电导天线既能具有载流子雪崩倍增效应，又能在高重复频率光脉冲触发条件下工作，因此又称这种工作模式为高倍增猝灭工作模式。

7.2.4 高倍增猝灭工作模式的特性

高倍增猝灭工作模式不仅具有线性工作模式快速关断的优点，而且具备雪崩倍增工作模式中载流子雪崩倍增的特点。其典型特征和物理表现是：① 存在光生载流子的雪崩倍增效应，相当于每吸收一个光子将产生 $10^3 \sim 10^5$ 个电子-空穴对，使得利用弱光触发 GaAs 光电导天线辐射高功率太赫兹波成为可能；② 存在光激发电荷畴效应，使得 GaAs 光电导天线内部的电场畸变，导致光生载流子以 10^8 cm/s的速度穿越天线电极间隙，形成独特的超快特性；③ 存在快速猝灭特性，如图 7-14，破坏维持光生载流子雪崩倍增所需的外部条件，使 GaAs 光电导天线退出雪崩倍增工作模式而进入线性模式，避免“锁定”效应的产生而是按照图中红色的曲线出现立项的猝灭过程，从而使 GaAs 光电导天线满足高重频工作的需求。

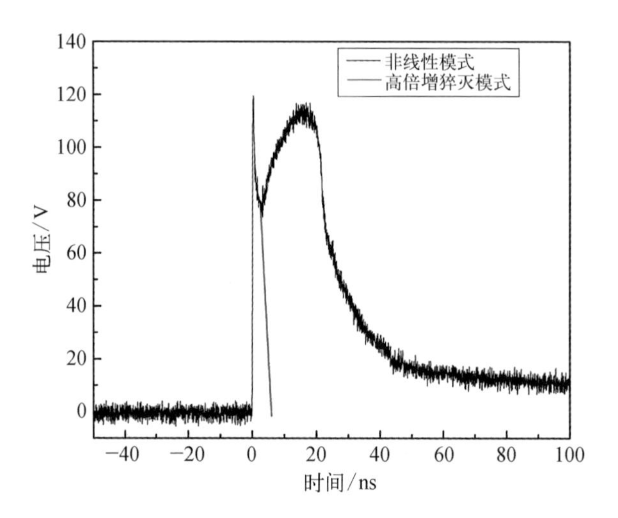

图 7-10　高倍增猝灭工作模式的电脉冲波形(黑色—雪崩倍增工作模式的电脉冲波形;红色—理想的猝灭过程曲线)

7.2.5　高倍增猝灭工作模式 GaAs 光电导天线的实现

上文提到，在一定的触发光能阈值和偏置电场阈值条件下，GaAs 光电导天线呈现出光激发电荷畴的产生及猝灭，这是 GaAs 中特有的载流子输运方式。通过调整 GaAs 光电导天线芯片缺陷能级的电特性、GaAs 光电导天线芯片偏置电场的瞬态分布以及输入输出微带结构连接的配接方式，利用光激发电荷畴猝灭模式的规律达到控制、调节光致碰撞电离的程度，其核心是利用 GaAs 的能带结构特性和外部触发光能及电场约束条件，使得由光激发电荷畴引起的载流子雪崩倍增效应的延续时间变短。本实验主要通过控制外加偏置电场的条件来约束载流子雪崩倍增的持续时间。

实验中采用电极间隙为 0.55 mm 的 SI-GaAs 光电导天线，外加偏置电压首先设置为 4.2 kV(偏置电场为 76 kV/cm)，触发光能设置为 8 nJ，储能电容初始为 10 pF，使开关进入高倍增模式。在保证光电条件不变的基础上，逐渐减小储能电容，选择的储能电容分别为 10 pF、5 pF、1.25 pF、0.83 pF、0.63 pF 和 0.5 pF，利用 Auston 测试电路检测不同储能电容的输出电脉冲波形，如图 7-11 所示。

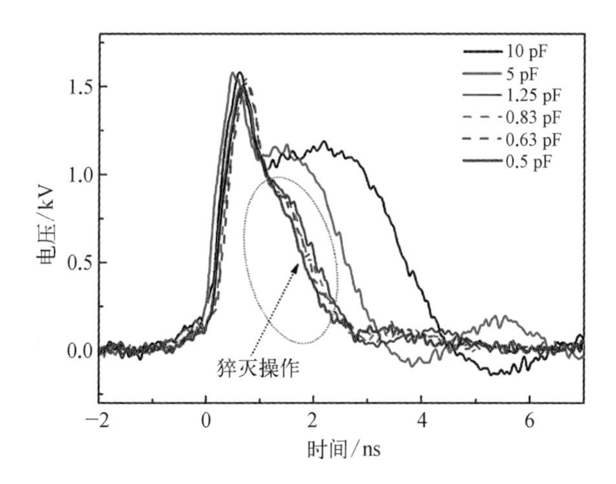

图 7-11　偏置电压为 4.2 kV、触发光能为 8 nJ 时，输出电脉冲波形与储能电容的关系

从图 7-11 中可知，当 GaAs 光电导天线处在高倍增工作模式下，电脉冲波形的延迟时间随着储能电容值的减小而减小。不同的储能电容，在 GaAs 光电导天线导通前的光电条件相同，可以使光生载流子发生雪崩倍增。唯一不同的是，随着 GaAs 光电导天线的导通，电容电荷量迅速被释放，越小的电容器内残压越小，破坏了维持载流子雪崩倍增所需的外部条件，使之迅速退出雪崩倍增工作模式而进入线性模式。最终，GaAs 光电导天线在极短的时间内因载流子的复合被消失殆尽，不再出现明显的锁定波形。

7.2.6　高倍增猝灭工作模式 GaAs 光电导天线的弱光触发

GaAs 光电导天线在不同的偏置电场和触发光能下将处于不同的工作模式。当满足高倍增猝灭工作模式所需的光电阈值条件时，GaAs 光电导天线将进入高倍增猝灭模式，因此本节选用电极间隙为 0.6 mm 的 SI-GaAs 光电导天线作为研究对象，激光光斑直径为 0.92 mm，激光完全覆盖电极间隙。

如图 7-12(a)所示，当偏置电压为 1 000 V(偏置电场为 16.67 kV/cm)，触发光能分别为 10.3 μJ、1.06 μJ 及 9.97 nJ 时，天线均处于线性模式，输出电压分别为 124.8 V、47.2 V 及 20.5 V；如图 7-12(b)所示，当偏置电压为 2 000 V(偏置电场为 33.33 kV/cm)，触发光能为 10.3 μJ 时，GaAs 光电导天线率先进入高倍增猝灭模式，输出电压为 465.6 V，而光能为 1.06 μJ 和 9.97 nJ 时，天线依然处于线性模式，输出电压分别为 94.5 V 和 41.1 V；如图 7-12(c)所示，当偏置电压为 3 200 V(偏置电场为 53.33 kV/cm)，触发光能为 10.3 μJ 和 1.06 μJ 时，GaAs 光电导天线进入高倍增猝灭模式，输出电压为 949.4 V 和 654.2 V，而光能为 9.97 nJ 时仍处于线性模式，输出电压为 71.2 V；如图 7-12(d)所示，当偏置电压为 5 000 V(偏置电场为 83.33 kV/cm)，触发光能为 10.3 μJ、1.06 μJ 和 9.97 nJ 时，GaAs 光电导天线都进入高倍增猝灭模式，输出电压为 1 492.6 V、1 504.8 V 和 1 621.7 V，触发光能越小，输出电压反而有微弱增加，其原因可能是触发光能越大，导致 GaAs 材料中光生载流子密度越大；而随着载流子密度的增大，空间电荷屏蔽场效应就越严重，导致输出电脉冲幅值随着触发光能的增加有微小减弱。

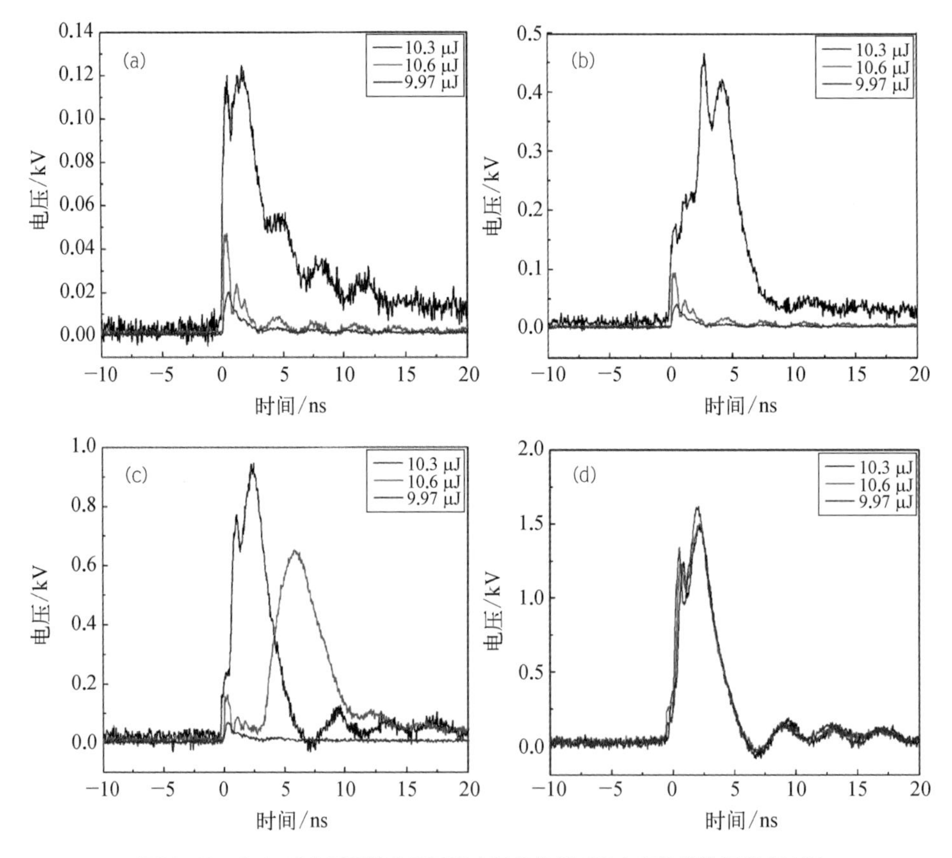

图 7-12　GaAs 光电导天线在不同光电阈值条件下进入高倍增猝灭模式过程

这个实验现象使得用弱光触发 GaAs 光电导天线使其进入高倍增猝灭模式辐射太赫兹波成为可能，当偏置电场足够高时，GaAs 材料吸收光子所产生的光生载流子只是作为雪崩倍增起源的“种子光”，进而发生光激发电荷畴的产生和猝灭，其本质只与 GaAs 材料缺陷能级的电特性、偏置电场的分布以及输入输出微带传输电路有关，而与触发激光无关。

实验室中使用的飞秒激光器，主要参数如下：中心波长为 800 nm，重复频率为 80 MHz，最高出射平均功率为 1 W，因此其单脉冲能量仅为 12.5 nJ。为了利用飞秒激光器触发 GaAs 光电导天线，使其进入高倍增猝灭工作模式辐射出高功率的太赫兹波，因此需要使其最小触发光能阈值低于飞秒激光器的最大单脉冲能量。

因此我们先从理论上估算 GaAs 光电导天线进入雪崩倍增模式的最小光能阈值，若要使 GaAs 光电导天线在高倍增猝灭工作模式，则需要满足 GaAs 半导体材料内部形成光激发电荷畴的条件，即载流子浓度和 GaAs 光电导天线电极长度的乘积必须满足式(7-1)，此关系式表明光激发电荷畴的形成不仅与光电导天线的衬底材料有关，还与光电导天线的电极结构有关。

$$n \times L \geqslant 1 \times 10^{12}\ \text{cm}^{-2} \tag{7-1}$$

而在光激发电荷畴的形成的过程中，本征载流子浓度 n_0 和光生载流子浓度 n_g 可以发挥相同的效果，因此两者之和被视为天线材料内部总的载流子浓度，代入式(7-1)中得

$$(n_0 + n_g) \times L \geqslant 1 \times 10^{12}\ \text{cm}^{-2} \tag{7-2}$$

由于飞秒激光的中心波长为 800 nm，而 GaAs 半导体材料对波长为 800 nm 的激光具有强烈的吸收，其吸收深度 d 约为 10 μm，远小于其衬底材料厚度 600 μm，因此可以认为 GaAs 材料对激光能量完全吸收。同时由于 GaAs 的本征吸收截止波长为 876 nm，当利用中心波长为 800 nm 的飞秒激光触发 GaAs 光电导天线时，其光生载流子几乎都是由本征吸收所产生的。对于触发光能量为 E 的入射光，对应的光子载流子的数目 N_g 可由式(7-3)来计算：

$$N_g = \frac{E\lambda}{hc} \tag{7-3}$$

式中，E 为触发激光的单脉冲能量，h 为普朗克常数，c 为光速，λ 为触发激光中心波长。假设飞秒激光的触发光斑直径约为 R，则光生载流子的浓度可以表示为

$$n_g = \frac{N_g}{V} = \frac{N_g}{Sd} = \frac{N_g}{\pi\left[\frac{R}{2}\right]^2 \times d} \tag{7-4}$$

通过式(7-2)～式(7-4)可计算，其中 $n_0 = 1.5 \times 10^7\ \text{cm}^{-3}$，$\lambda = 800\ \text{nm}$，$h = 6.626 \times 10^{-34}\ \text{J} \cdot \text{s}$，$c = 3.0 \times 10^8\ \text{m/s}$，$R = 0.92\ \text{mm}$，$d = 10\ \mu\text{m}$，$L = 0.6\ \text{mm}$，当

GaAs 光电导天线的外加偏置电场满足电场阈值时，其发生载流子雪崩倍增进入非线性模式所需的物理极限光能为 0.576 nJ。由于使得 GaAs 光电导天线进入非线性模式的物理极限光能阈值与触发光斑直径的平方和衬底材料对触发光的吸收深度成正比，而与 GaAs 光电导天线电极长度成反比，因此对于不同的 GaAs 光电导天线，其衬底材料、触发光斑大小以及天线电极长度都有不同的物理极限光能阈值。

根据上述理论计算的结果可知，目前普遍使用的飞秒激光振荡器的激光单脉冲能量约为 12.5 nJ，而使 GaAs 光电导天线发生载流子雪崩倍增进入非线性工作模式的物理极限光能阈值远小于飞秒激光单脉冲能量，这一结论为实现纳焦量级弱光触发 GaAs 光电导天线辐射高功率太赫兹波的实验提供了重要的理论依据。

本节探究了 GaAs 光电导天线在不同触发光能条件下的高倍增猝灭现象，当 GaAs 光电导天线外加偏置电压恒定为 5 000 V(偏置电场为 83.33 kV/cm)时，触发光能分别设置为 10.3 μJ、1.06 μJ、9.97 nJ、2.48 nJ、1.05 nJ 及 0.567 nJ，首先利用飞秒激光放大器单次触发 GaAs 光电导天线，然后利用示波器进行记录，获得相同偏置电压条件下不同触发光能的瞬态电脉冲波形，如图 7－13 所示。由图 7－13 可知，当 GaAs 光电导天线的触发光能和偏置电场同时满足一定阈值条件而进入高倍增猝灭工作模式时，其输出瞬态电脉冲波形基本保持不变，这意味着只要 GaAs 光电导天线外加偏置电压足够高，较小的触发激光光能也可以在 GaAs 半导体材料中形成光激发电荷畴，从而激励 GaAs 光电导天线进入高倍增猝灭工作模式。

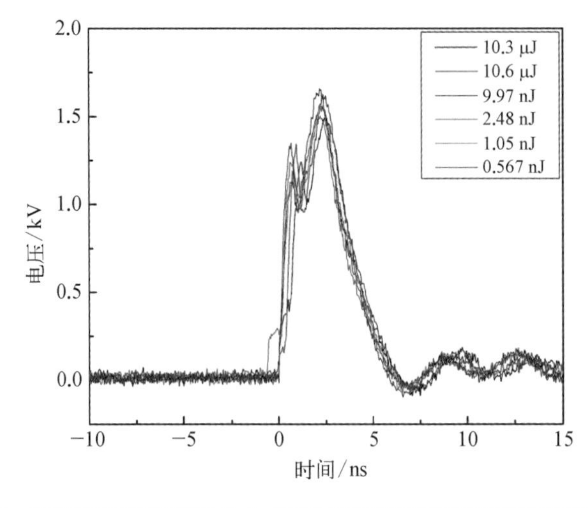

图 7－13　高倍增猝灭工作模式 GaAs 光电导天线在不同触发光能下的电脉冲波形

当偏置电压为 5 000 V(偏置电场为 83.33 kV/cm)时,使 GaAs 光电导天线进入高倍增猝灭模式所需触发光能最小为 0.567 nJ。实验结果显示,其输出电脉冲幅值为 1 652.5 V,脉宽约为 3 ns,电压转换效率为 33.05%,如图 7-14 所示。

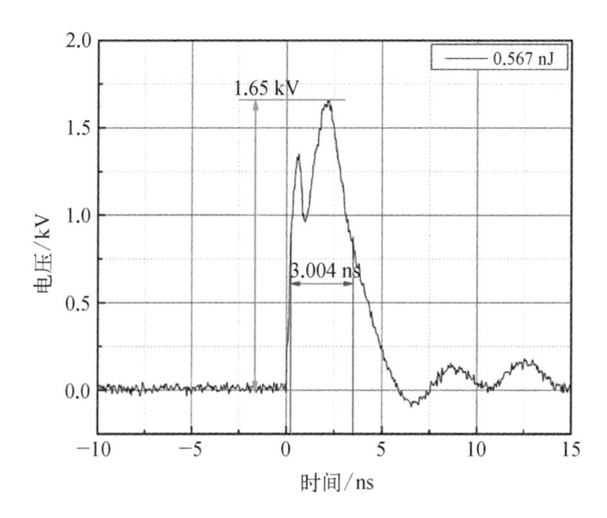

图 7-14　GaAs 光电导天线在偏置电压 5 000 V(83.33 kV/cm)条件下,触发光能为 0.567 nJ 的电脉冲波形

基于线性和非线性工作模式的特点及实验中所用的 Auston 电路的原理,我们提出利用倍增率的概念来表征 GaAs 光电导天线进入高倍增工作模式的程度,如式(7-5)所示:

$$M=\frac{N_Q}{N_g} \tag{7-5}$$

式中,M 表示倍增率;N_Q 为 GaAs 光电导天线衬底材料内部光激发产生、成功渡越了天线电极间隙,并在 Auston 电路回路中形成电流的光生载流子的数目;N_g 为入射激光所对应的光子数。其中 N_Q 表示如下:

$$N_Q=\frac{\int I\,\mathrm{d}t}{e}=\frac{S}{R_g e} \tag{7-6}$$

式中,S 为示波器检测到的经过衰减后电路回路中电脉冲的面积;R_g 为示波器内阻 50 Ω;e 为电子电荷数,首先根据电路原理可知电流对时间的积分即为电路中产生的总电荷量,然后计算出电路中的电子数也就是渡越天线间隙的载流子数。

在计算倍增率的过程中,我们发现当 GaAs 光电导天线处在线性工作模式中时，其倍增率是小于等于1的，原因有两点：① 触发激光不能完全被吸收，光生载流子形成的致密层会将部分触发激光反射，进而减少了激光的有效利用率；② 在GaAs材料中，光生载流子在形成后会弛豫到基态，由于受到量子限制，因此光生载流子难以逃离缺陷束缚形成有效的光电流。

按照倍增率的定义通过计算后，得到GaAs光电导天线在偏置电压为5 000 V (83.33 kV/cm)，触发光能为0.567 nJ时的倍增率为998.6，实现了用弱光触发深度倍增的GaAs光电导天线，为将来实现深度倍增的高倍增猝灭GaAs光电导天线打下扎实的基础。

7.2.7 高倍增猝灭工作模式GaAs光电导天线的重频特性

由于GaAs光电导天线工作在非线性工作模式时，其瞬态电脉冲波形存在明显的“锁定”效应，使得电脉冲的持续时间保持在数十微秒甚至更长。对于重复频率为80 MHz的飞秒激光振荡器，连续的光脉冲的时间间隔为12.5 ns，因此在利用非线性工作模式的GaAs光电导天线作为太赫兹源辐射太赫兹波时，当第一个飞秒激光脉冲触发GaAs光电导天线进入雪崩倍增工作模式，且GaAs光电导天线的输出电脉冲波形尚未结束的情况下，第二个甚至是第三个飞秒激光脉冲就会到来，此时GaAs光电导天线不仅不会输出脉冲串，而且会因为热积累导致GaAs光电导天线被击穿损坏。研究发现，通过调整GaAs光电导天线芯片缺陷能级的电特性、金属电极间外加偏置电场的分布和输入输出微带传输线的配接方式，利用光激发电荷畴猝灭模式的规律实现控制以及调节光致碰撞电离的程度，使得由光激发电荷畴引起的载流子雪崩倍增的延续时间变短至几纳秒，从而使GaAs光电导天线既能具有载流子雪崩倍增效应，又能在高重复频率光脉冲触发条件下工作。本节中，主要通过调整GaAs光电导天线的外加偏置电场对雪崩倍增效应进行调制，而外加偏置电场主要由外部储能电容控制。

实验中使用电极间隙为0.55 mm的SI-GaAs光电导天线，触发飞秒激光中心波长为800 nm，脉宽为100 fs，通过衰减片进行调节，然后通过光能量计(J-10Si-HE，200 pJ～400 nJ)检测10次后求其平均值，使飞秒激光单脉冲能量为8 nJ，重频特性测试电路采用经典的Auston结构电路，如图7-15所示。当没有激光照射时，GaAs光电导天线呈高阻状态，利用直流高压电压源，经过15 MΩ的玻璃釉限流电阻给0.25 pF的电容进行充电。当激光照射在GaAs光电导天线上时，大量的光生载流子产生，导致GaAs光电导天线瞬间导通，电容快速放电，形成瞬态电脉冲信号，电脉冲信号经衰减倍数为 60 dB 的衰减器衰减后通过示波器(LeCroy HDO4104，4×40GS/s)测量并记录。为了保证瞬态电脉冲信号的完整性，整个测试回路均采用 50 Ω 的同轴传输线进行连接，保证整个测试电路的阻抗匹配性。

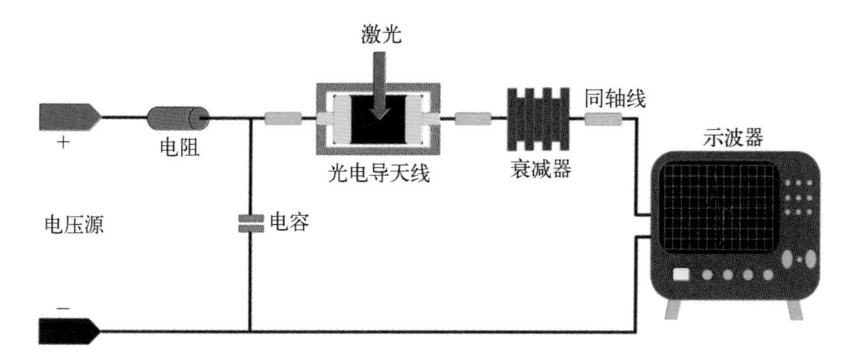

图 7-15　GaAs 光电导天线的重频特性测试电路图

电极间隙为 0.55 mm 的 SI-GaAs 光电导天线在触发光能为 8 nJ，偏置电压分别为 3.0 kV(偏置电场为 54.54 kV/cm)和 3.05 kV(偏置电场为 55.45 kV/cm)的电脉冲波形对比结果如图 7-16 所示。

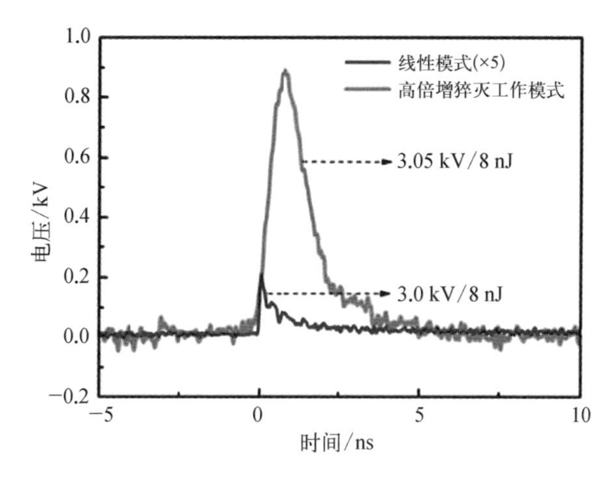

图 7-16　线性模式和高倍增猝灭工作模式的电脉冲波形对比图

从图中可知，保持触发激光光能不变，当偏置电压为 3.0 kV(偏置电场为 54.54 kV/cm)时，GaAs 光电导天线在线性模式下工作；而当偏置电压增加到 3.05 kV(偏置电场为 55.45 kV/cm)时，GaAs 光电导天线满足光电阈值，光生载流子发生雪崩倍增效应使 GaAs 光电导天线进入高倍增猝灭工作模式，因此其电脉冲幅值远大于偏置电压为 3.0 kV(偏置电场为 54.54 kV/cm)的电脉冲波形。随着储能电容电荷量的减小，电容残压迅速下降，迫使 GaAs 光电导天线的载流子雪崩倍增过程结束，从而实现 GaAs 光电导天线的电脉冲快速猝灭。为了便于观察，因此将偏置电压为 3.0 kV(偏置电场为 54.54 kV/cm)的电脉冲波形扩大 5 倍，然后进行对比。

在雪崩倍增工作模式中，由于其电脉冲波形具有明显的“锁定”效应，因此可以根据电脉冲波形的不同分辨出 GaAs 光电导天线所处的工作状态。但是由于高倍增猝灭工作模式的 GaAs 光电导天线为了满足高重频工作环境的需求，利用小电容储能的方式破坏维持载流子雪崩倍增的外部条件，使 GaAs 光电导天线迅速退出雪崩倍增工作模式而进入线性模式，因此高倍增猝灭工作模式的电脉冲波形不再具备明显的“锁定”效应。因此，我们提出了高倍增猝灭倍增率 M_Q 来表征其倍增深度。

$$M_Q = \frac{N_Q}{N_L} = \frac{\int I_Q \mathrm{d}t}{\int I_L \mathrm{d}t} = \frac{\frac{S_Q}{50}}{\frac{S_L}{50}} \tag{7-7}$$

式中，N_Q 为高倍增猝灭工作模式中总电子数；N_L 为线性模式准备向高倍增猝灭工作模式转变时，最大线性模式的总电子数；I_Q 为高倍增猝灭工作模式的电流；I_L 为线性模式的电流；S_Q 为高倍增猝灭工作模式的电脉冲面积；S_L 为线性模式的电脉冲面积；50 Ω 为示波器内阻。

由于不同工作模式中产生的总电子数与示波器记录的电脉冲波形面积成正比关系，因此可以通过示波器记录的电脉冲波形面积判断 GaAs 光电导天线是否发生雪崩倍增以及推算其倍增深度。利用式(7-7)，对图 7-16 的结果进行计算可知，在触发激光单脉冲光能保持 8 nJ 不变的条件下，当偏置电压为 3.0 kV(偏置电场为 54.54 kV/cm)时，GaAs 光电导天线在线性工作模式下，其电脉冲幅值约为 43 V，脉宽约为 0.285 ns；当偏置电压为 3.05 kV(偏置电场为 55.45 kV/cm)时，电脉冲幅值约 896 V，脉宽约为 1.38 ns。通过比较两者的电脉冲面积，得到其倍增率为 50.43，这个结果表明，采用小储能电容的方式，不仅使光生载流子保持一定程度的雪崩倍增特性，同时避免了其电脉冲“锁定”效应的产生，大大减小了电脉冲脉宽至几纳秒，满足了 GaAs 光电导天线在 80 MHz 高重复频率激光触发工作的需求。

本节主要探究 GaAs 光电导天线在低光能高电场条件下的高重频工作特性，

从而保证 GaAs 光电导天线能够在高电场偏置条件下快速恢复，以满足飞秒激光的高重频触发。同时 GaAs 光电导天线在高重频工作的时候会因为热积累而导致其稳定性变差，使得 GaAs 光电导天线性能更差或者直接损坏，因此有必要在不同的重复频率下进行高倍增猝灭工作模式的检测，以保证 GaAs 光电导天线的重复性和稳定性。为了保证 GaAs 光电导天线正常运行而不损坏，初始的偏置电压设置为 3.05 kV(偏置电场为 55.45 kV/cm)，触发光能为 8 nJ，限流电阻为 15 MΩ，储能电容为 0.25 pF，同时调整触发激光的重复频率分别为 0.1 kHz、0.25 kHz 和 0.5 kHz，检测结果如图 7 - 17 所示。其中图 7 - 17(a)是激光重复频率为 0.1 kHz 的测试结果，其上升沿为 503.4 ps，脉宽为 1.38 ns。图 7 - 17(b)和图 7 - 17(c)分别是激光重复频率为 0.25 kHz 和 0.5 kHz 的测试结果，结果显示随着激光重复频率的增加，电脉冲的上升沿和脉宽没有改变，载流子雪崩倍增的倍增率保持在 63，电压转换效率均为 31%。

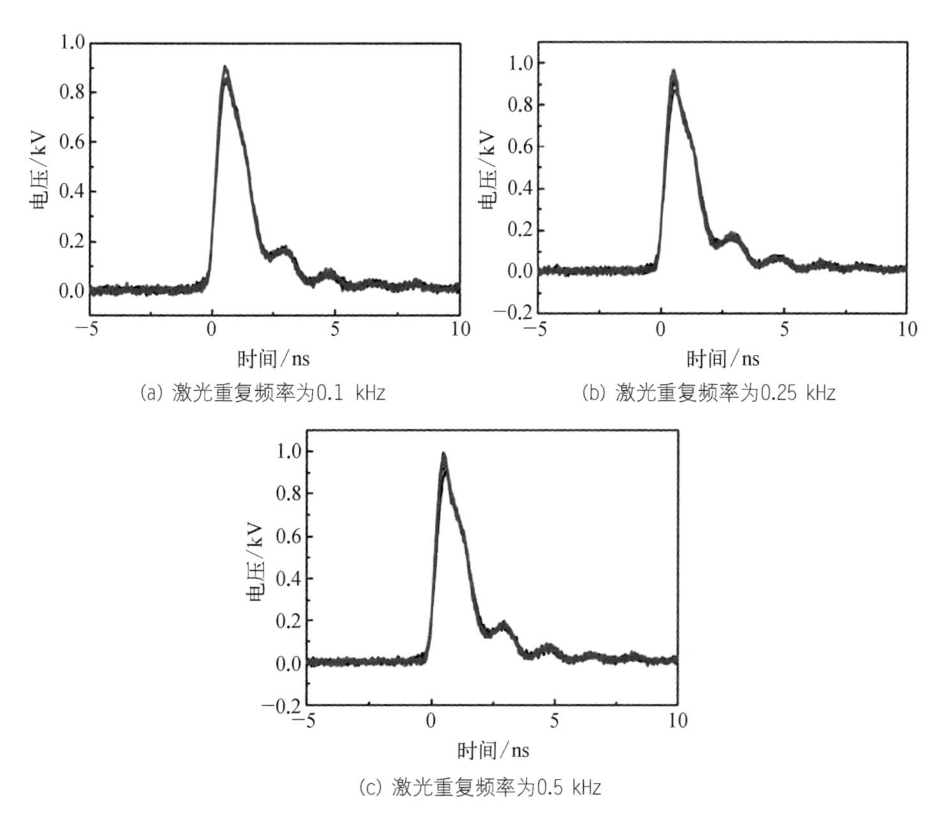

(a) 激光重复频率为0.1 kHz

(b) 激光重复频率为0.25 kHz

(c) 激光重复频率为0.5 kHz

图 7 - 17　在偏置电压为 3.05 kV，触发光能为 8 nJ 时，不同重复频率的高倍增猝灭工作模式电脉冲波形

在储能电容和触发光能保持不变的前提下，增加偏置电压和重复频率，偏置电压设置为 3.4 kV(偏置电场为 61.8 kV/cm)，激光重复频率分别设置为 0.5 kHz 和 1 kHz，其高倍增猝灭工作模式的电脉冲波形如图 7－18 所示。

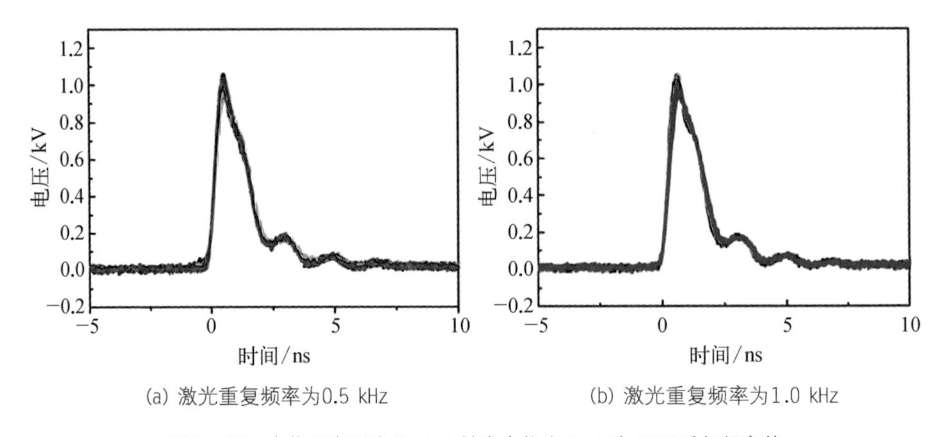

图 7－18　在偏置电压为 3.4 kV，触发光能为 8 nJ 时，不同重复频率的高倍增猝灭工作模式电脉冲波形

相较于偏置电压为 3.05 kV(偏置电场为 55.45 kV/cm)不同重复频率的电脉冲波形，发现其上升沿、脉宽以及倍增率基本保持不变，由此表明在高倍增猝灭模式下工作的 GaAs 光电导天线不仅具有较高的载流子倍增率，而且在高重复频率的输出下具有较高的稳定性。相较于目前普遍使用的线性模式 GaAs 光电导天线，高倍增猝灭模式具有更大的优势。

7.2.8　高倍增猝灭工作模式 GaAs 光电导天线的太赫兹辐射特性

实验中采用 Spectra-Physics 提供的 MaiTai XF－1 钛蓝宝石飞秒振荡激光器作为种子光源，波长调谐宽度＞200 nm，脉冲宽度约 100 fs，平均功率约为 1 W，重复频率为 80 MHz。经激光放大器放大后，中心波长为 800 nm，重复频率为 1 kHz，脉冲宽度约 100 fs，平均功率约为 5 W，飞秒激光经分束镜分为泵浦光和探测光，其单脉冲能量分别设定为 1 μJ 和 1 μJ，利用光能量计进行测量(J－10MB－LE，300～600 μJ)。实验中选用电极间隙为 0.927 mm 的 SI－GaAs 光电导天线作为研究对象，泵浦激光触发点位于天线平行电极中间，由于触发光斑直径约为 1.34 mm，因此完全覆盖天线间隙。

实验测试光电路如图 7－19 所示，可同时进行天线太赫兹时域光谱和光电流的采集。10 kV 高压直流电源(HB－Z103－2AC)经过 1 MΩ 的玻璃釉保护电阻给

10 pF 的电容充电，给 GaAs 光电导天线提供足够的能量进入雪崩倍增，同时快速实现对 GaAs 光电导天线的高倍增猝灭工作模式。通过高速同轴传输线传输，经 60 dB的衰减器后将天线的电脉冲信号利用示波器(LeCroy HDO4104，4×40GS/s)进行记录，同时利用 THz-TDS 系统采集天线辐射太赫兹波，由于泵浦光重复频率为 1 000 Hz，因此将斩波器频率设置为 169 Hz，然后获得其时域谱图。为了研究 GaAs 光电导天线在不同工作模式下的太赫兹波辐射特性，因此在保证触发泵浦光能量不变的基础上，通过改变其偏置电场，完成 GaAs 光电导天线在不同工作模式下辐射太赫兹波的实验。

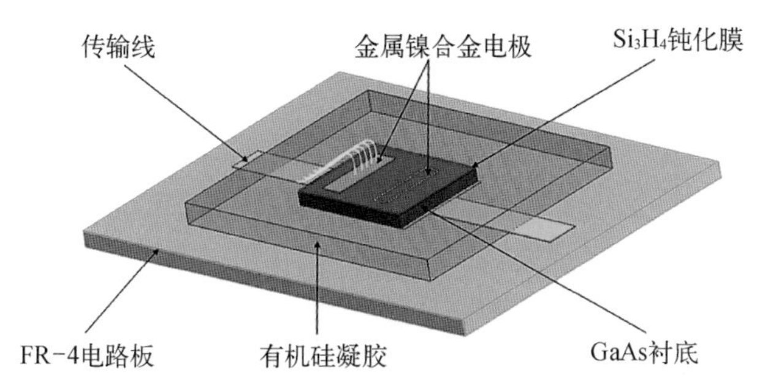

(a) GaAs光电导天线结构示意图

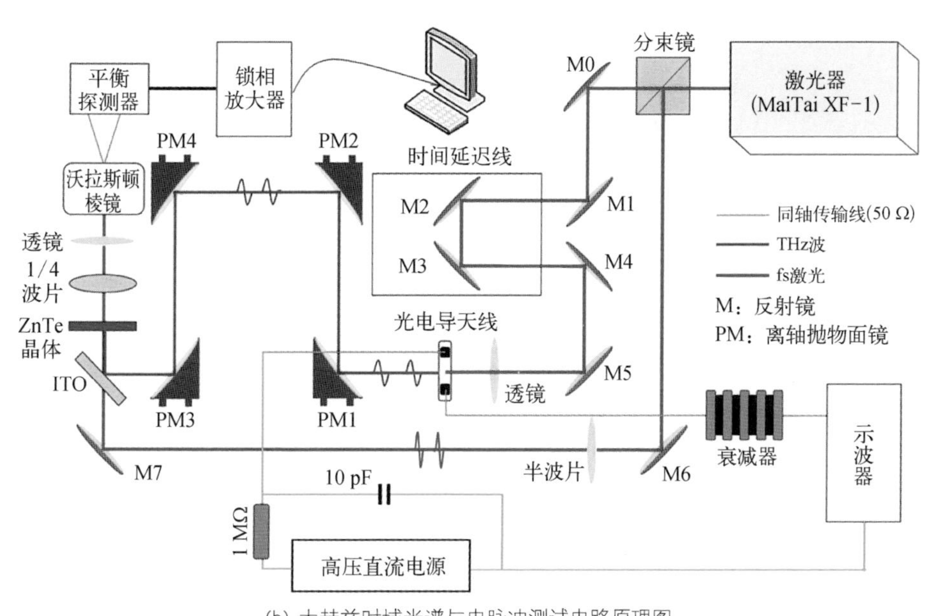

(b) 太赫兹时域光谱与电脉冲测试电路原理图

图 7-19 GaAs 光电导天线

（1）线性工作模式

触发激光光能保持不变，在较低的偏置电场条件下，GaAs 光电导天线在线性工作模式中，其特点主要是天线每吸收一个光子最多激发产生一个电子-空穴对，因此材料的电导率与照射在天线上的光子通量呈线性关系，而且天线的电导率随触发激光脉冲形状而变化。在保证触发激光不变的条件下，通过调节 GaAs 光电导天线的偏置电场使其处在不同的工作模式中，因此设置偏置电压分别为 500 V、1 000 V、1 500 V、2 000 V、2 500 V 与 3 000 V（相应的偏置电场分别为 5.39 kV/cm、10.79 kV/cm、16.18 kV/cm、21.57 kV/cm、26.97 kV/cm 与 32.36 kV/cm），触发激光光能保持为 1 μJ，单次触发获得其相应的电脉冲波形，如图 7－20 所示。

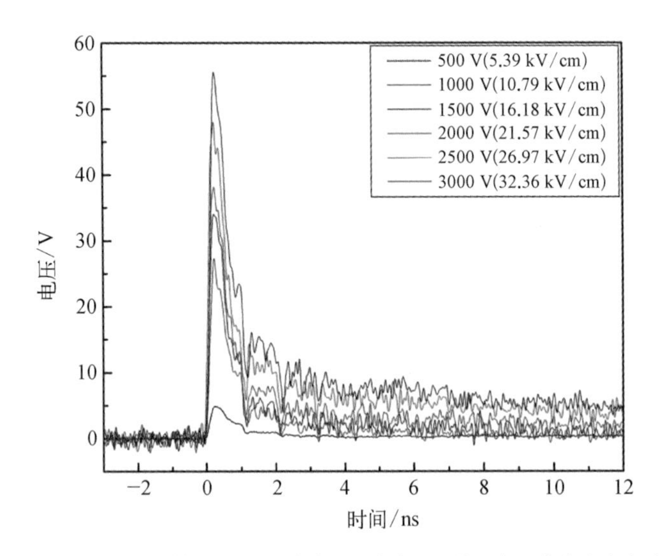

图 7－20　线性工作模式下 GaAs 光电导天线在不同偏置电场的电脉冲波形图

由图 7－20 可知，在保证触发激光光能不变的条件下，偏置电场增加，其瞬态过程中的电脉冲波形也随之增加，最高输出电压为 55.7 V，脉宽约为 835 ps。因为 GaAs 光电导天线处于线性工作模式，其瞬时通态电阻较大，导致其电压转换效率较小，最高为 1.86％。

然后利用太赫兹时域光谱系统对 GaAs 光电导天线的性能进行检测，结果如图 7－21 所示。结果表明当 GaAs 光电导天线的触发激光单脉冲能量保持不变时，外加偏置电场增加，太赫兹波时域电场强度也随之增加，整体变化过程呈线性增长趋势。同时当偏置电压为 3 000 V（偏置电场为 32.36 kV/cm）时，GaAs 光电导天线在线性工作模式下的辐射太赫兹波时域电场达到最大值。随后将不同偏置电场下的太赫兹时域谱图进行快速傅里叶变换(Fast Fourier Transform, FFT)得到相应的频谱图,如图 7 - 22 所示。结果显示,GaAs 光电导天线随着外加偏置电场的增加,其频谱峰值随之增加,有效频谱宽度为 0.1～2.5 THz,中心频率约为 0.82 THz。

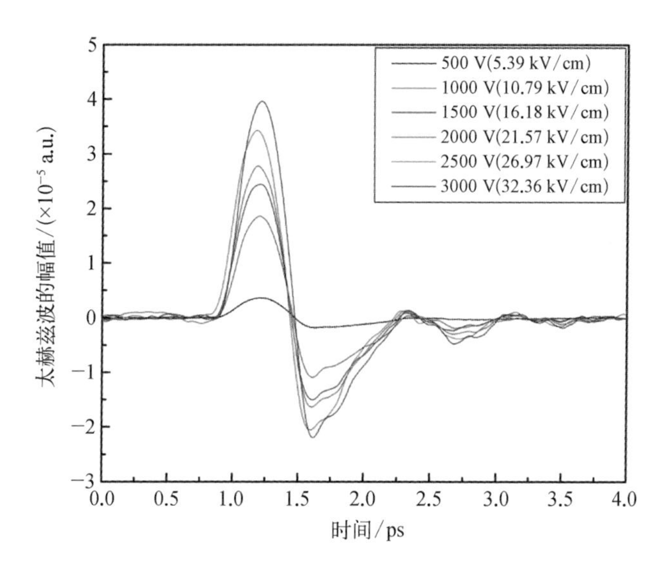

图 7 - 21　线性工作模式下 GaAs 光电导天线在不同偏置电场的太赫兹时域谱图

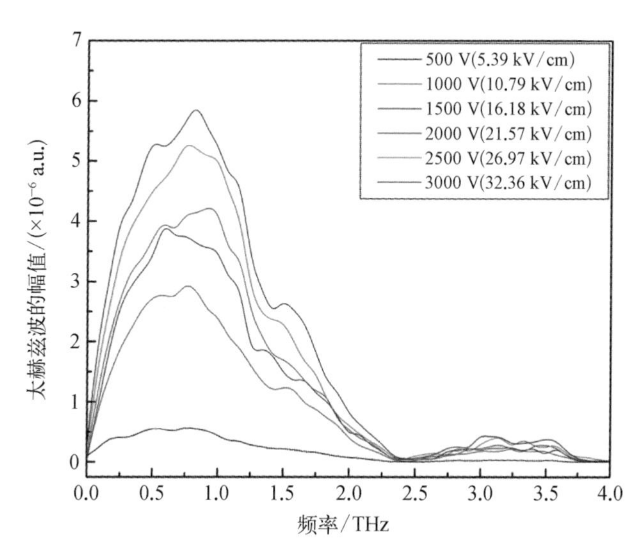

图 7 - 22　线性工作模式下 GaAs 光电导天线在不同偏置电场的太赫兹频谱图

(2) 高倍增猝灭工作模式

当 GaAs 光电导天线的偏置电场与触发光能量 GaAs 光电导天线都高于某一阈值时,将在非线性模式工作,主要特点是存在光生载流子的雪崩倍增效应,相当于 GaAs 光电导天线每吸收一个光子将产生 $10^3 \sim 10^5$ 个电子空穴对,这种现象使得利用微焦耳甚至是纳焦耳量级的弱光触发高功率成为可能。实验中发现当触发光能保持 1 μJ 不变,偏置电压为 3 000 V(偏置电场为 32.36 kV/cm)时,示波器上观察到的 GaAs 光电导天线输出的电脉冲波形,不仅可以得到线性模式的波形,而且会出现载流子雪崩倍增进入高倍增猝灭工作模式的波形。只是因为示波器的数据采集设置依然保持在线性模式的状态下,所以当 GaAs 光电导天线突然进入高倍增猝灭工作模式时,得不到完整的瞬态电脉冲波形,如图 7-23 所示。因此我们有理由认定 3 000 V 的偏置电压是电极间隙为 0.927 mm 的 GaAs 光电导天线在 10 pF 的储能电容下发生雪崩倍增的临界电压值。

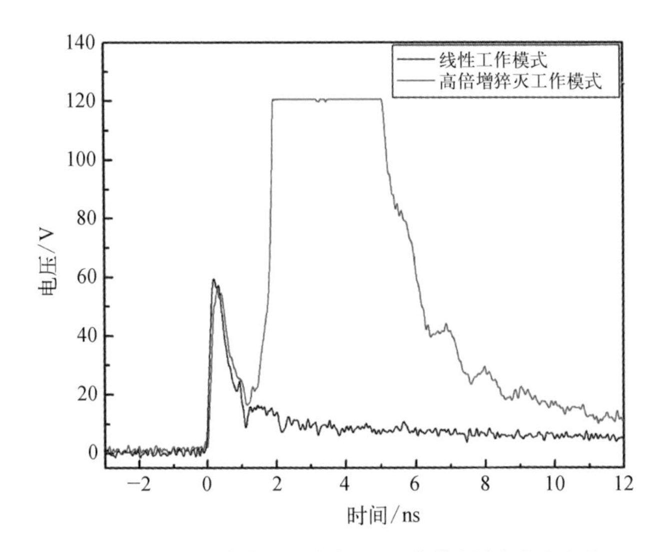

图 7-23 GaAs 光电导天线在不同工作模式的电脉冲波形

随着偏置电场的增加,当其超过 32.36 kV/cm 时,瞬态电脉冲波形开始出现雪崩倍增现象,输出的超快电脉冲幅值和功率容量逐渐脱离线性增加。当偏置电场为 33.44 kV/cm 时,输出电脉冲幅值为 157 V,脉宽约为 3.69 ns;当偏置电场为 34.52 kV/cm 时,输出电脉冲幅值为 518 V,脉宽约为 2.84 ns。由于偏置电场为 32.36 kV/cm 是线性模式向高倍增猝灭工作模式转变的临界点,因此利用式(7-7)分别计算出:偏置电场为 33.44 kV/cm 时,倍增率为 7.15;偏置电场为 34.52 kV/cm

时，倍增率为 16.92。

随后通过太赫兹时域光谱系统进行太赫兹波检测，如图 7－24 所示，触发激光能量保持不变，当偏置电场超过电场阈值时，GaAs 光电导天线进入高倍增猝灭工作模式，分别测得线性和高倍增猝灭工作模式下的太赫兹波，偏置电压为 3 000 V（偏置电场为 32.36 kV/cm）辐射的太赫兹电场峰峰值（THz Peak-to-peak，THz_{pp}）约为 6.15×10^{-5}(a.u)，偏置电压为 3 200 V（偏置电场为34.52 kV/cm）辐射的太赫兹电场峰峰值约为 2.58×10^{-4}(a.u.)，因此高倍增猝灭模式比极限线性模式的太赫兹波电场强度增加了 4.19 倍，最终结果如表 7－1 所示。

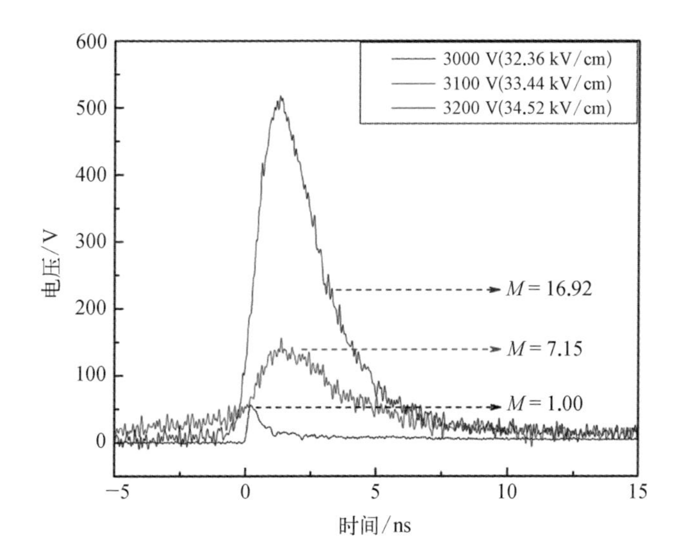

图 7－24　GaAs 光电导天线在不同工作模式的电脉冲波形

表 7－1　不同工作模式的倍增率计算

偏置电压/V [偏置电场/(kV/cm)]	3 000 (32.36)	3 100 (33.44)	3 200 (34.52)
倍增率 M	1	7.15	16.92
THz_{pp}/a.u.	6.16×10^{-5}	6.02×10^{-5}	2.58×10^{-4}
THz_{pp}归一化处理/a.u.	1	0.98	4.19

随后将不同偏置电场下的太赫兹时域谱图进行快速傅里叶变换得到相应的时域谱图和频谱图，如图 7－25 所示。当偏置电压为 3 000 V（偏置电场为 32.36 kV/cm）时，

GaAs 光电导天线在线性模式工作，其频谱幅值约为 0.48 a.u.，有效频谱宽度为 0.1～2.5 THz，中心频率约为 0.82 THz；随着天线偏置电场超过电场阈值进入高倍增猝灭模式，频谱峰值呈倍数增加，增长倍数约为 11.16。但是因为高倍增猝灭模式中电脉冲下降沿随时间变化缓慢，导致高倍增猝灭模式有效频谱宽度仅为 0.1～1.5 THz，中心频率约为 0.29 THz。因此为了便于比较高倍增猝灭模式和线性模式产生太赫兹波的区别，在图中采用对数坐标表示不同工作模式的太赫兹频谱图。

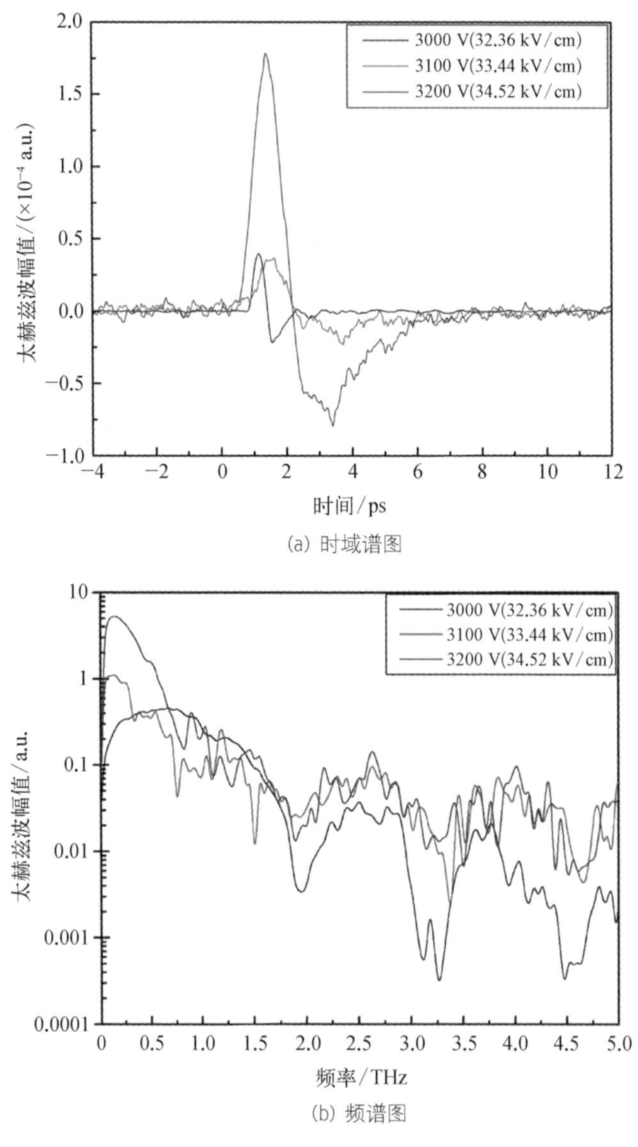

图 7－25 GaAs 光电导天线在不同工作模式的太赫兹时域谱图和频谱图

参考文献

[1] Yun-ShikLee,李允植,崔万照.太赫兹科学与技术原理[M].北京：国防工业出版社，2012.

[2] Duvillaret L，Garet F，Coutaz J L. A reliable method for extraction of material parameters in terahertz time-domain spectroscopy[J]. IEEE Journal of Selected Topics in Quantum Electronics，1996，2(3)：739－746.

[3] Jacobsen R H，Keiding S R. Generation and detection of terahertz pulses from biased semiconductor antennas[J]. Journal of the Optical Society of America B，1996，13(11)：2424－2436.

[4] 肖健,高爱华.光电导天线产生太赫兹波的研究[J].应用光学,2010,31(3)：395－399.

[5] 刘恩科,朱秉升,罗晋生.半导体物理学[M].北京：国防工业出版社,2010.

[6] Wang W，Deng J J，Xia L S，et al. Conduction characteristics of photoconductive semiconductor switches based on high power laser diodes[J]. High Power Laser and Particle Beams，2014，26(4)：45102.

[7] Gui H M，Shi W，Ma C，et al. The jitter time of GaAs photoconductive switch triggered by 532- and 1 064-nm laser pulse[J]. IEEE Photonics Technology Letters，2015，27(19)：2001－2003.

[8] 施卫,贾婉丽.用 1 553 nm 激光脉冲触发 GaAs 光电导开关的研究(英文)[J].半导体学报(英文版),2003,24(10)：1016－1020.

[9] 施卫,贾婉丽,纪卫莉.基于 GaAs 光电导开关的超宽带微波源[J].半导体学报,2005,26(1)：11－15.

[10] Auston D H，Cheung K P，Valdmanis J A，et al. Cherenkov radiation from femtosecond optical pulses in electro-optic media[J]. Physical Review Letters，1984，53(16)：1555－1558.

光电导天线对太赫兹波的全信息探测技术

8.1 脉冲太赫兹波偏振检测概述

随着对太赫兹波与物质相互作用的深入研究，研究者对 THz - TDS 系统的测量技术要求也越来越高。THz - TDS 系统的核心部件包括一个脉冲太赫兹波辐射源和一个脉冲太赫兹波探测器，而偶极子光电导天线是常用的脉冲太赫兹波辐射源和脉冲太赫兹波探测器。典型的偶极子光电导天线辐射源辐射线偏振脉冲太赫兹波，通过改变脉冲太赫兹光电导发射天线的电极形状和坐标朝向，可获得任意偏振态和偏振方向的太赫兹电场，而偶极子光电导探测天线的特征是仅测量脉冲太赫兹电场在其电极间隙方向上的一个投影分量，这个投影分量穿过材料后的幅值下降，通常被解释为是由材料吸收和散射引起的，其相位变化仅能分析材料在这一个投影分量方向上的折射率、电导率和吸收率等与偏振无关的参数。然而，在研究手性特征等样品材料与太赫兹波的相互作用中，不同偏振方向和偏振态的脉冲太赫兹不仅在材料内部的折射率和吸收系数不同，对各向异性材料的入射面和材料的旋转角度的变化也将导致测量结果的不同。因此，在对这类材料的研究中，需要获取与材料作用前后脉冲太赫兹波在幅值、相位、偏振态和偏振方向的全部变化信息，即脉冲太赫兹波全信息探测器，仅靠测量脉冲太赫兹波在某一方向的投影分量不足以理解材料在太赫兹波段的所有光学特性。例如在利用传统偶极子光电导探测天线对脉冲太赫兹波和手性材料相互作用的研究中，与左旋和右旋特性材料作用后的太赫兹信号的幅值和相位信息是相同的，导致两者吸收光谱、折射率谱是没有任何区分的。然而，各向异性、手性物质对不同偏振态的脉冲太赫兹波都是非常敏感的，要通过太赫兹光谱来反映这些各向异性、手性物质的构型、构象等信息，就必须探测脉冲太赫兹波作用样品前后的幅值、相位和偏振态。因此，利用偏振太赫兹探测技术对这类材料的光学特性研究是必需且有意义的。

在脉冲太赫兹波偏振测量技术中，传统的脉冲太赫兹波探测器（如电光晶体、偶极子光电导天线等）需多次旋转探测器或太赫兹偏振片，但探测过程耗时较长、程序烦琐。而光电导天线阵列探测器则可一次性测量多通道信号，具有使用方便、用时较少以及系统元件简单等优点，可应用于脉冲太赫兹波偏振探测的研究。

目前已有多种利用光电导天线阵列探测器对脉冲太赫兹波进行偏振检测的实例，其基本原理均为将被测脉冲太赫兹波分解为两个方向的偏振分量，根据两个偏振分量之间的角度对被测脉冲太赫兹波的椭圆偏振态、偏振方向进行检测，被分解的两个分量之间夹角通常为90°，这是最有效和最简便的方法。基于THz-TDS系统的脉冲太赫兹波偏振检测系统，通过检测穿过被测物质样品前后的太赫兹波偏振态的变化，进而能够计算样品所引起的偏振旋转角(Polarization Rotation Angle, PRA)、椭圆率角(Ellipticity Angle)、线二色性(Terahertz Linear Dichroism, TLD)和圆二色性(Terahertz Circular Dichroism, TCD)等光学参量。

8.2 Fe^+注入InP的偏振敏感探测器

E. Castro-Camus等设计了一种三触点电极光电导探测器，其中一个触点接地(GND)，另两个触点被独立放大以获得两个正交分量，如图8-1所示，三触点电极光电天线探测器的结构由两个16 μm间隙的正交电极沿正交方向形成，以测量太赫兹电场的水平和垂直分量，单位向量$\boldsymbol{u}_1$和$\boldsymbol{u}_2$分别表示接地触点与触点1和触点2之间的方向。三触点电极光电导探测器在制备中，利用2.0 MeV和0.8 MeV的Fe离子分别以1.0×10^{13} cm^{-2}和2.5×10^{12} cm^{-2}的剂量注入半绝缘InP(100)衬底中，这些植入物在衬底内1 μm的深度处提供了近似均匀的空位密度，使得自由载流子寿命约为130 fs，随后在500℃、pH=3的气体环境下再加热30 min。最后，使用标准光刻工艺在其上制备厚度为20/250 nm的Cr/Au电极。

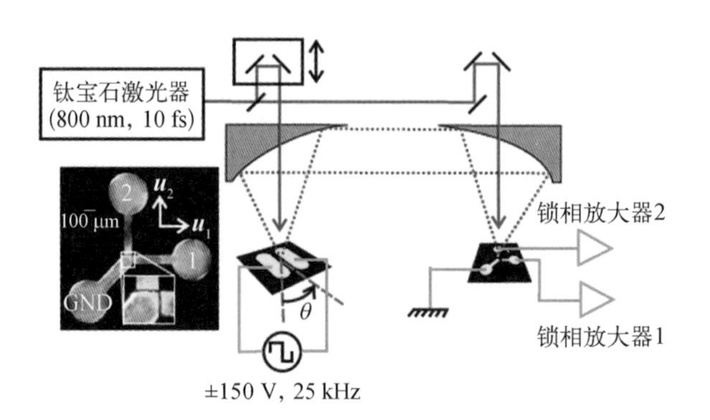

图8-1　用于同时检测太赫兹瞬态电场的水平和垂直分量的实验设备图

该设备通过激发400 μm间隙的SI-GaAs光电导天线发射器，以25 kHz的调制频率施加偏置±150 V的方波，产生了瞬态线性极化太赫兹波。发射的瞬态太赫兹波被离轴抛物面镜聚焦到三触点电极接触的探测器上。具有75 MHz重复频率的钛宝石激光振荡器提供4 nJ和800 nm中心波长的10 fs脉冲，用于激发太赫兹波发射器。通过旋转发射器角度 θ,测量 θ 为 0°、45°和 90°时太赫兹波的偏振态。

如图 8-2 所示,通过三触点电极探测器的偏振探测并测量交叉极化消光比来评估探测器的极化选择性。水平(垂直)方向的发射器的比率为 108∶1(128∶1)。应当注意,到达探测器的辐射的偏振可能不完全是线性的,因为光导发射器不会产生纯偶极辐射。因此,探测器的真实消光比可能更高。

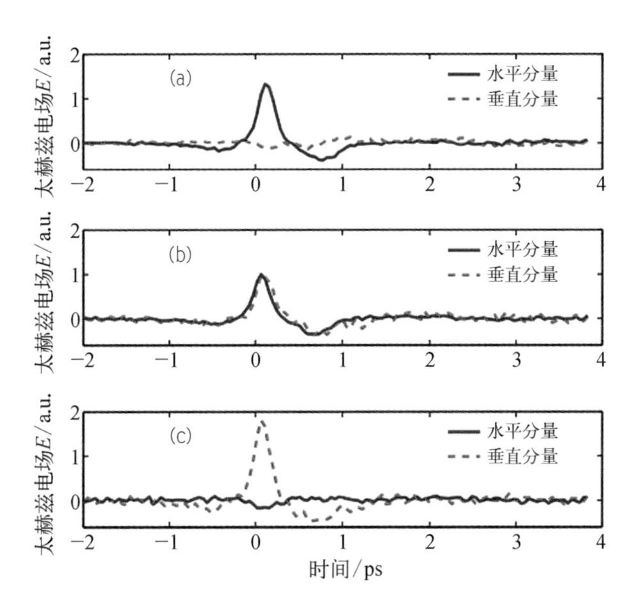

图 8-2 发射器角度 θ 分别为(a) 0°、(b) 45°和(c) 90°时,太赫兹电场的水平(实线)和垂直(虚线)分量

图 8-3 为图 8-2 所示数据的参数图。对于理想的线性极化源,0°、45°和 90°三组数据应在 $E_H - E_V$ 平面中形成直线,然而,测量的偏振角为 -5.5°、39°和 98°,并且极化看起来稍微呈椭圆形(尤其是在 θ 为 45°时)。这些差异产生的原因如下:① 光电导天线发射器产生一个小的四极场,导致交叉极化电场分量;② 低 f 数收集系统(如实验中使用的 $f/1.5$ 系统)不可避免地导致线性极化辐射略微变为椭圆形。

在实验中,三触点探测器的信噪比(SNR)测量为 175∶1。此外,在一块与之相同的基底材料上制造了一个传统的双触点"蝴蝶结"探测器,获得了类似的比率。这表明该器件的信噪比性能受到衬底材料而非探测器设计的限制。因此,通过使用优化的离子注入 InP 或 GaAs 衬底,可以大大提高器件的灵敏度。事实上,经优化的低温 MBE 生长 GaAs 已被证明具有优异的信噪比性能,可在该材料上制造的三触点器件中复制。

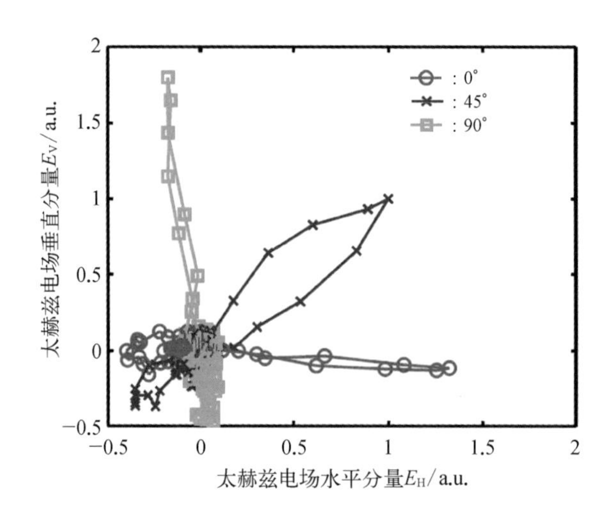

图 8-3　三个发射器方向的太赫兹电场水平和垂直分量的参数，太赫兹波矢量指向纸面外

总之，这种能够测量任意极化太赫兹波瞬态的两个分量的新型集成检测器的设计，以及这种集成的三触点探测器将对时域圆二色光谱的进一步研究非常有用，该技术在基础研究和工业中具有广阔的应用前景。

8.3　偏振敏感的四接触电极探测器

D. S. Bulgarevich 等设计了一种用于偏振探测的四触点 PCAs 探测器，如图 8-4 所示，微加工四触点探测器（4-CD）是在低温生长的砷化镓（LT-GaAs）表面通过液体光刻、衬底金属化以及 Ti（5 nm）和 Au（150 nm）层的连续真空电子束沉积进行微制造的。双面抛光 GaAs（BATOP GmbH）晶片的厚度为 625 μm，一侧有 3 μm 厚的 LT-GaAs 顶层，GaAs 衬底和 LT-GaAs 之间有 132 nm 厚的缓冲层，LT-GaAs 的标称载流子寿命为 250 fs。测试方案使用 80 fs 锁模钛宝石激光器（Tsunami，Spectra Physics）、偶极子发射天线（Dipole Emitter）和两个线栅偏振器测量 4-CD 特性。DE 上的偏置电压以 20 kHz 调制，峰间电压为 40 V。

4-CD 响应的时域有限差分（FDTD）模拟通过 Lumerical FDTD Solutions 8.6.0 Solver 进行。根据其标称光掩模几何结构和微加工厚度，将探测器电极建模为理想电导体（Perfect Electric Conductor，PEC）。PEC 近似值是有效的，因为在太赫兹范围内 Au 的电导率很高。PEC 电极放置在空气中 200 μm 电介质半空间的顶部，LT - GaAs 折射率为 3.6，空气折射率为 1。高斯源宽带为 0.01～5 THz，腰部半径为 500 μm，它具有太赫兹波向 PEC 表面传播的方向，模拟中采用了完全匹配层(PML)边界和非均匀网格。

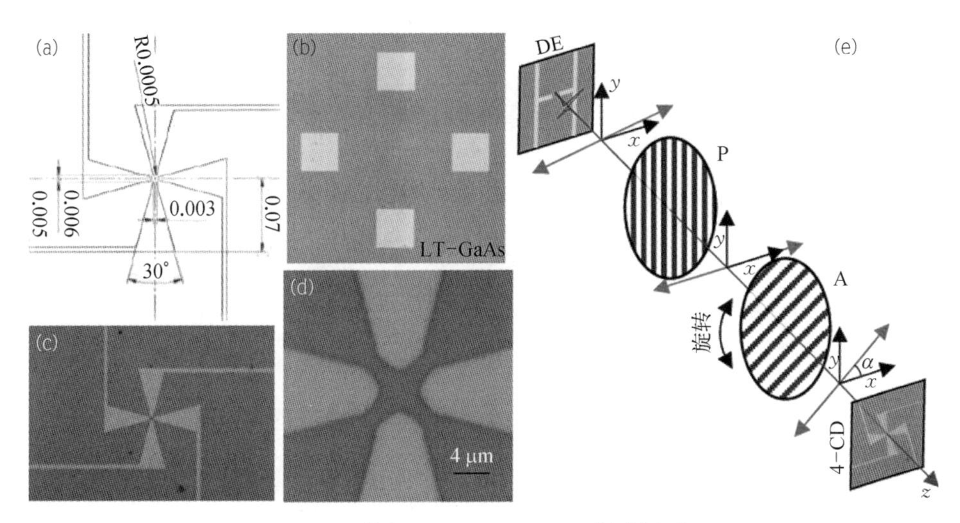

图 8-4 微加工 4-CD(a)～(d)及其测试方案

(a) 光掩模几何形状；(b) 带有蝴蝶结电极、引线和1 mm×1 mm接触盘的微加工探测器芯片（6 mm×6 mm）的总视图；(c) 约70 μm蝴蝶结火炬和引线的放大图；(d) 放大的探测器中心；(e) 具有线栅偏振器的光学装置示意图

为了解 4 - CD 对入射太赫兹偏振和各种光学对准的光谱和角度响应，实验进行了三维 FDTD 模拟。图 8 - 5 显示了在 0.72 THz 下，LT - GaAs/PEC 界面上电场强度相对于辐射源强度 $|E_0|^2$ 的增强，该图可以描述为 $|E_{xy}|^2=(|E_x|^2+|E_y|^2)/|E_0|^2$，图 8 - 5 还显示了 4 - CD 中心的相应矢量 $\overrightarrow{E_{xy}}$ 图，并描绘了这些正交极化分量的 E_x 和 E_y 信号输出通道。图中 xyz 坐标系的原点位于 LT - GaAs/空气界面上，4 - CD 的中心。

FDTD 模拟表明，激光探针束应紧密聚焦在探测器中心，以避免相邻电极之间的任何寄生电流。激光探针束的实验光斑尺寸应足够小，仅在相对电极尖端之间具有 $\overrightarrow{E_{xy}}$ 分量的光电流，安全使用的激光光斑直径在 1～2 μm 范围内是可以实现的。在间隙内，计算所得的电场强度值 $|E_{xy}|^2$ 比周围高两个数量级，表明探测器具有较高的灵敏度。即便如此，当前的设计中，电极周围的电场线并不是与 $\overrightarrow{E_0}$ 矢量方向平行，可以产生 E_y 分量(入射太赫兹波偏振角 $\alpha=0°$，其中 α 是从水平 x 轴测量的)。

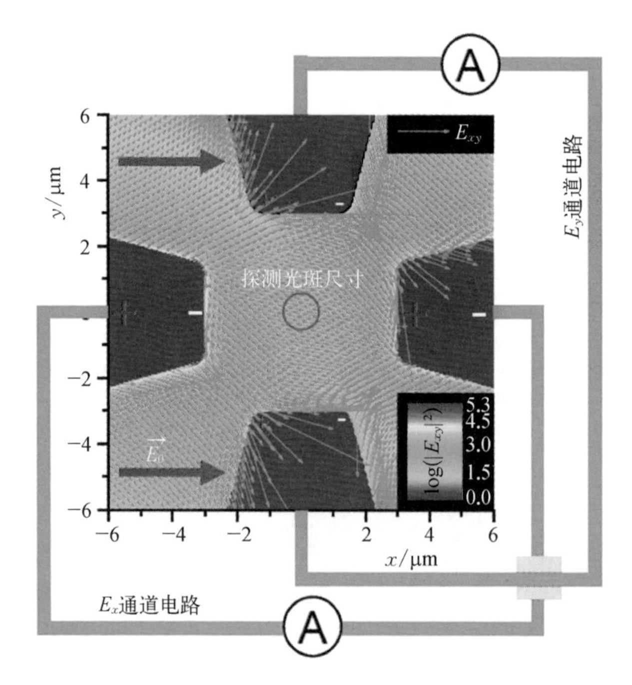

图 8-5　4-CD 中太赫兹电场强度分布的 FDTD 模拟结果

图 8-6(a)显示了放大倍数较小时 α 为 0°和 45°时的 $|E_{xy}|^2$ 图。在这种情况下,可以清楚地观察到平行于 $\overrightarrow{E_0}$ 并导致正交蝴蝶结耀斑的引线处的极化率。然而,在探测器中心测量的 $|E_x|^2$ 和 $|E_y|^2$ 分量的光谱响应非常不同,如图 8-6(b)所示。此外,发现蝴蝶结耀斑光谱响应在探测器中心几乎与 α 无关。在其他空间位置预测了大的光谱和强度变化,见图 8-6(c),对于相邻电极尖端之间的激光光斑位置,预期在 $|E_x|^2$ 和 $|E_y|^2$ 分量之间存在串扰。这些结果证明了在 4-CD 的中心对准探测激光点的必要性。

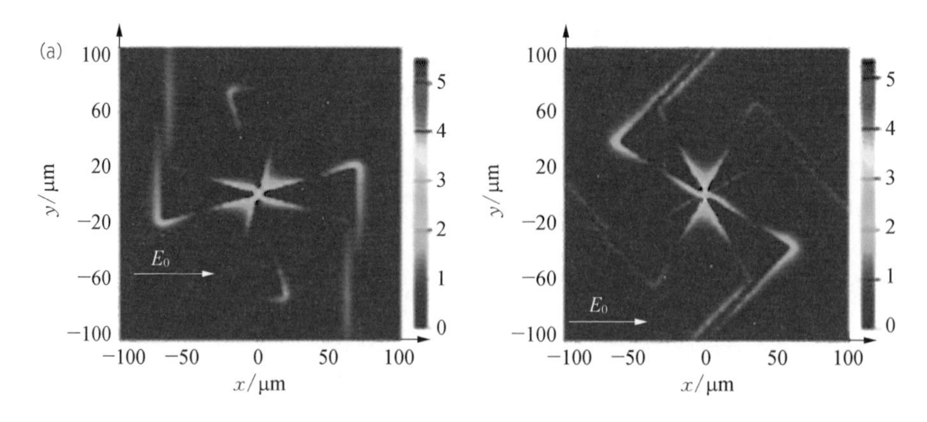

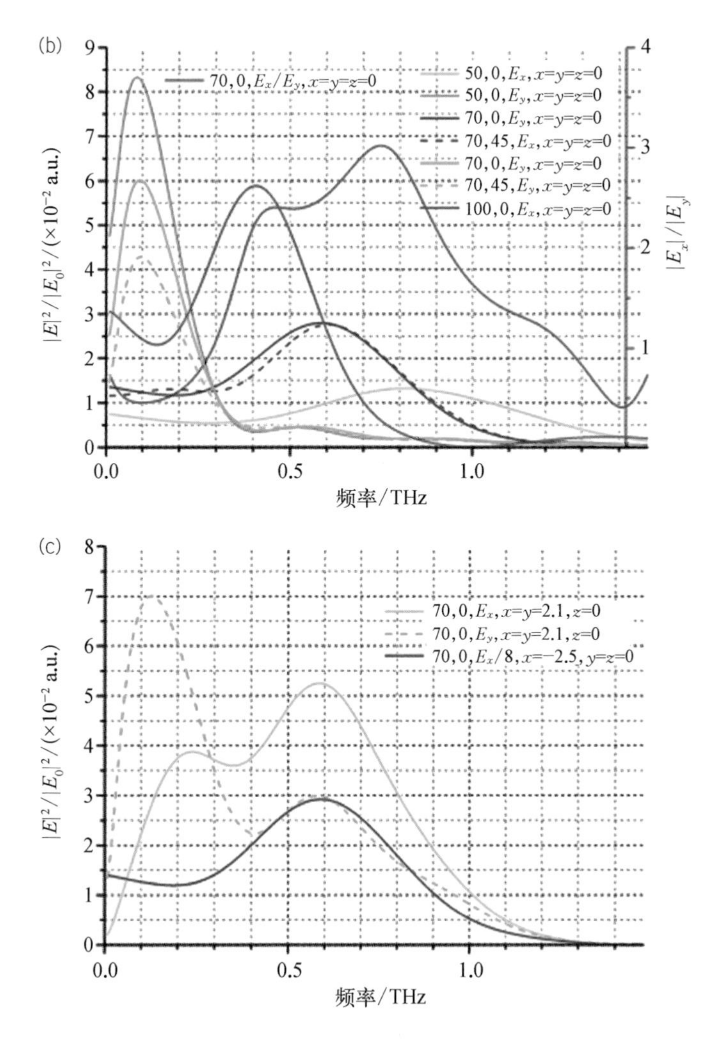

图 8－6　4－CD 的强度和光谱响应的 FDTD 模拟结果，在不同入射太赫兹辐射角度、天线几何形状和天线电极之间的位置下观察到：(a) α 为 0°和 45°时的 $\lg(|E_{xy}|^2)$；(b)和(c)上的图例对应于(a)和(a)中右图观察点的 l、α、E 分量和 x、y、z 坐标

设置对应于 DD 表面上 $\overrightarrow{E_0}$ 的 $\alpha=0°$，然后用 4－CD 代替 DD，通过旋转偏振片 A 改变 α 进行测量。图 8－7 显示了在 $\alpha=-10°$时，重建的总太赫兹波形的三维图，由于安装/定位偏移，角 $\alpha=-10°$实际上对应于沿着 4－CD 的 x 轴紧密对齐 $\overrightarrow{E_0}$。如图 8－7，在时域数据中观察到两个正交但几乎相同强度的 E_x 和 E_y 分量。然而，它们的频谱特征不同。$|E_x|^2$ 分量在约 0.4 THz 和约 0.7 THz 处有两个主峰，但 $|E_y|^2$ 在 0.1 THz 处表现出强烈的峰值，在 0.2 THz 以上的频率处表现出微

弱的凸起。注意，DE/4－CD光谱是单个DE和4－CD光谱响应的卷积。图8－7(b)为使用DE/DD装置测量DE光谱特征，图8－6(b)为采用FDTD建模的4－CD光谱响应。相比之下，可推断出0.1 THz、0.4 THz和0.7 THz峰值分别对应于4－CD引线、DE和4－CD蝴蝶结的谐振。DE/4－CD装置中约0.7 THz处的峰值对α值变化也最敏感。这些结果与FDTD模拟得出的$|E_x|^2/|E_y|^2$最大值的频率特性非常吻合。

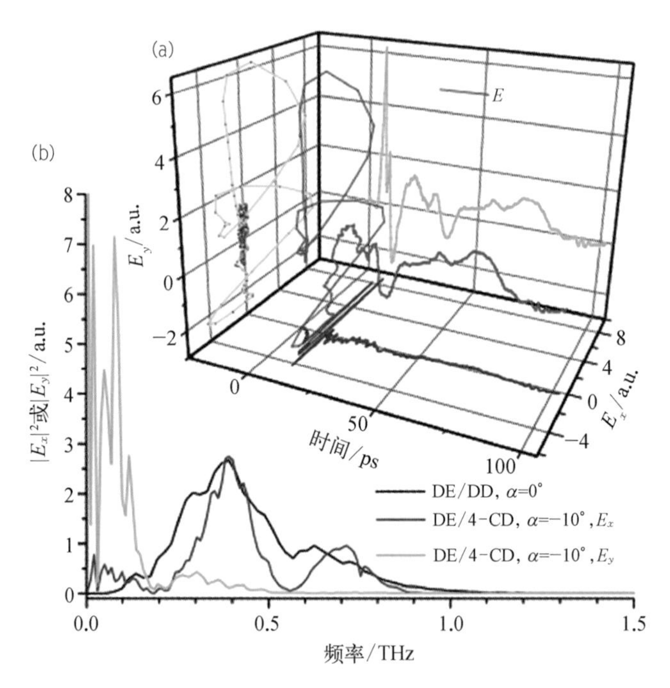

图8－7　DE辐射的4－CD的(a)时域和(b)频域响应；
DE/DD对的光谱特征也显示在(b)中进行比较

图8－8(a)中的曲线显示了实验确定的约0.7 THz下的$|E_x|/|E_y|$作为α的函数。实验数据的非线性曲线拟合采用Levenberg－Marquardt算法$\frac{|E_x|}{|E_y|}=\tan(C+B|\alpha-\phi|)$，两曲线可以很好地拟合，这表明4－CD的角响应接近线性变化。在拟合函数中，B和C常数分别为斜率和截距，其中$\phi=0°$，$C=90°$。对于理想检测器，$B=1$；对于实际探测器，由于$|E_x|/|E_y|$比值是有限的，$C\neq 90°$，$B\neq 1$描述了激光探测光束相对于检测器中心未对准的情况，$\phi\neq 0°$是由于实验中DD和4－CD安装和定位之间的偏移。当前实验数据的非线性曲线拟合精度为$\pm 0.7°$(约1 mrad)，可以通过改进实验器件提高精度。

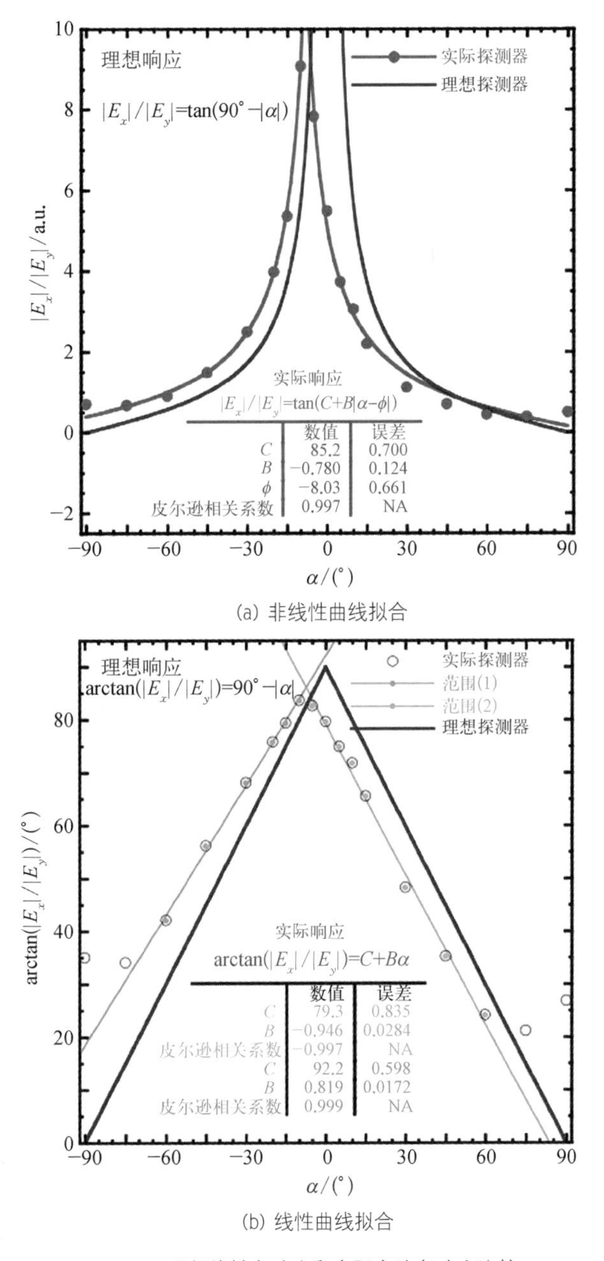

(a) 非线性曲线拟合

(b) 线性曲线拟合

图 8-8　理想线性角响应和实际实验角响应比较

在图 8-8(b)中可以更详细地观察到线性响应的效果，其中 $\tan\frac{|E_x|}{|E_y|}$ 与 α 的关系是用最小二乘线性拟合绘制的。线性曲线在 $-60°\leqslant\alpha\leqslant-10°$ 和 $5°\leqslant\alpha\leqslant60°$ 范围内获得了良好的拟合效果，其中忽略了信噪比低的数据点，这些范围内的 C 值和

B 值的差异表明负斜率和正斜率存在一定程度的不对称性，这可能归因于激光探头光束的对准轻微偏离中心。随着对准失调的增大，由于串扰，角度检测器响应中的不对称性将变得更大。图 8 - 6(c)所示的 FDTD 模拟预测了这种串扰，实验波形中较低的信噪比将导致数据点更分散。在 0.6～0.8 THz 之间观察到与图 8 - 8(b)相似的最佳拟合线性响应，该频率范围对应于领结谐振和引线谐振之间的最小频谱重叠。

8.4　多接触光电导天线的结构性评估

G. Niehues 等通过应用响应矩阵分析方法(类似于 3 触点光电导天线)对天线性能进行了深入研究。响应矩阵分析可以用于表征多触点光电导天线的极化响应，并可实现快速和精确的校准，该实验模拟了改变偏振角和强度，演示了用偏振器检测太赫兹脉冲的全偏振状态。该实验通过研究天线对称性对响应矩阵的影响，展示了由电极引线引起的寄生效应是如何影响天线的极化响应的。这种与理想行为的偏差可以被识别并通过响应矩阵分析被校正，因此不影响偏振状态的检测。

实验装置的示意图如图 8 - 9 所示，该装置基于标准 THz - TDS 方案：锁模钛宝石激光器以 82 MHz 的重复频率提供飞秒光脉冲(800 nm，80 fs 脉宽)。用 20 kHz的正弦波形电压(AC，40 V 间隙电压)偏置的偶极子 PCA 作发射器，并提供线性极化。为了进一步提高来自发射器 PCA 的线性偏振的质量，安装了第一线栅偏振器(WGP1)。偏振器与水平偏振的太赫兹波垂直对齐(相对于光学台)。然后，使用第二个线栅偏振器(WGP2)来修改入射太赫兹辐射的强度和偏振角。在该偏振器的不同角度进行了测量，相对蝴蝶结电极之间的中心间隙尺寸为 4 μm。探测光束聚焦在 4 触点光电导天线的中心，光斑大小为几微米，覆盖光电导间隙的区域。

尽管文中使用 4 触点光电导天线作为示例进行解释，但推导的陈述对于任何具有两个信号输出的多触点光电导天线(2 通道光电导天线)都是有效的。为了进行响应矩阵分析，指定如下参考系统：z 轴由太赫兹光束的传播方向定义，而 x 轴和 y 轴位于垂直平面中。为了固定坐标系，我们设置了与水平方向平行的 x 轴，但不失一般性。极化角定义为太赫兹电场与 x - y 平面中的 x 轴之间的夹角。

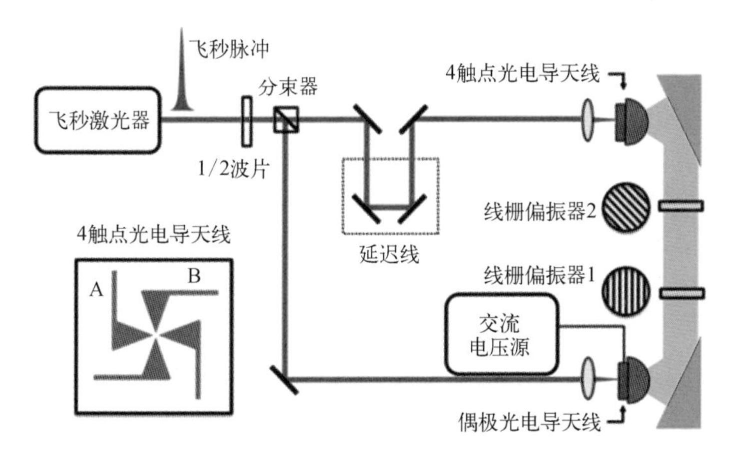

图 8-9　实验装置示意图。PBS 表示偏振分束器，左下插图为 4 触点光电导天线中心的示意图。用锁相放大器分析触点 A 和 B 的光电导信号，相对的触点接地

假设 2 通道 PCA 对任意入射电场线性响应，该响应可由以下方程描述：

$$\begin{pmatrix} S_A(\omega) \\ S_B(\omega) \end{pmatrix} = \boldsymbol{D}(\omega) \begin{pmatrix} E_x(\omega) \\ E_y(\omega) \end{pmatrix} \tag{8-1}$$

式中，$E_x(\omega)$和 $E_y(\omega)$分别表示与 x 和 y 方向上的入射电场相对应的复谱振幅；$S_A(\omega)$ 与 $S_B(\omega)$ 则分别表示与 x 和 y 方向上的入射电场相对应的复频谱幅振幅。

在以下陈述中，所有进一步的计算都在频域中完成，因此，省略各参数对频率 ω 的依赖性。复矩阵 $\boldsymbol{D}$ 指定 PCA 对入射场的响应，$\boldsymbol{D}$ 是一个内在的实验参数，基本上取决于光电导天线的设计和灵敏度。响应矩阵的一般形式如下：

$$\boldsymbol{D} = \begin{pmatrix} d_{11} & d_{12} \\ d_{21} & d_{22} \end{pmatrix} \tag{8-2}$$

为了指定 E_x 和 E_y，需要模拟偏振器对偶极子光电导天线发射的电场的影响。定义线栅偏振器的角度与透射太赫兹波偏振的角度一致。具有任意角度 γ 的偏振器的效果可以通过琼斯公式中的三个操作来描述，即系统在正交系统上旋转到偏振器方向 γ，然后传输相应的分量并随后反向旋转坐标系，从而导致：

$$\boldsymbol{M}_{\text{pol}}(\gamma) = \boldsymbol{M}_{\text{pol}}(-\gamma)\boldsymbol{M}_{\text{trans},\,x}\boldsymbol{M}_{\text{rot}}(\gamma) \tag{8-3}$$

$M_{\text{rot}}(\gamma)$ 和 $M_{\text{trans},\,x}$ 描述了顺时针旋转角度 γ 和 x 分量的传递：

$$\boldsymbol{M}_{\text{rot}}(\gamma)=\begin{pmatrix}\cos(\gamma) & \sin(\gamma)\\ -\sin(\gamma) & \cos(\gamma)\end{pmatrix} \tag{8-4}$$

$$\boldsymbol{M}_{\text{trans},\,x}=\begin{pmatrix}1 & 0\\ 0 & 0\end{pmatrix} \tag{8-5}$$

$M_{\text{pol}}(\gamma)$ 可以描述为

$$\boldsymbol{M}_{\text{pol}}(\gamma)=\begin{pmatrix}\cos^2(\gamma) & \cos(\gamma)\sin(\gamma)\\ \cos(\gamma)\sin(\gamma) & \sin^2(\gamma)\end{pmatrix} \tag{8-6}$$

实验中使用了两个线栅偏振器：第一个偏振器(WGP1)传输水平偏振，第二个偏振(WGP2)旋转角度 α，并准备不同强度的电场。因此，式(8－1)可以写为

$$\begin{pmatrix}S_{\text{A},\,\alpha}\\ S_{\text{B},\,\alpha}\end{pmatrix}=\boldsymbol{D}\boldsymbol{M}_{\text{pol}}(\alpha)\boldsymbol{M}_{\text{pol}}(0)\begin{pmatrix}E_{0,\,x}\\ E_{0,\,y}\end{pmatrix} \tag{8-7}$$

式中，$E_{0,\,x}$ 和 $E_{0,\,y}$ 是初始电场分量(在用偏振器准备之前)。

$$\begin{pmatrix}S_{\text{A},\,\alpha}\\ S_{\text{B},\,\alpha}\end{pmatrix}=\begin{pmatrix}d_{11} & d_{12}\\ d_{21} & d_{22}\end{pmatrix}\begin{pmatrix}\cos^2(\gamma) & \cos(\gamma)\sin(\gamma)\\ \cos(\gamma)\sin(\gamma) & \sin^2(\gamma)\end{pmatrix}\begin{pmatrix}1 & 0\\ 0 & 0\end{pmatrix}\begin{pmatrix}E_{0,\,x}\\ E_{0,\,y}\end{pmatrix} \tag{8-8}$$

为了确定响应矩阵，我们使用 WGP2 和两个测量值($\alpha=+45°$，$\alpha=-45°$)。在这些情况下，式(8－8)简化为

$$\begin{pmatrix}S_{\text{A},\,+45}\\ S_{\text{B},\,+45}\end{pmatrix}=\frac{E_{0,\,x}}{2}\begin{pmatrix}d_{11}+d_{12}\\ d_{21}+d_{22}\end{pmatrix} \tag{8-9}$$

$$\begin{pmatrix}S_{\text{A},\,-45}\\ S_{\text{B},\,-45}\end{pmatrix}=\frac{E_{0,\,x}}{2}\begin{pmatrix}d_{11}-d_{12}\\ d_{21}-d_{22}\end{pmatrix} \tag{8-10}$$

因此，两个测量值可与检测器响应矩阵相关，如下所示：

$$\boldsymbol{D}=\frac{1}{E_{0,\,x}}\begin{pmatrix}S_{\text{A},\,+45}+S_{\text{A},\,-45} & S_{\text{A},\,+45}-S_{\text{A},\,-45}\\ S_{\text{B},\,+45}+S_{\text{B},\,-45} & S_{\text{B},\,+45}-S_{\text{B},\,-45}\end{pmatrix} \tag{8-11}$$

现在，已知 $\boldsymbol{D}$ 和式(8－1)，对于一对测量的 S_{A} 和 S_{B} 值，电场由下式给出：

$$\begin{pmatrix} E_x \\ E_y \end{pmatrix} = \boldsymbol{D}^{-1} \begin{pmatrix} S_A \\ S_B \end{pmatrix} \tag{8-12}$$

除了常数因子 $1/E_{0,x}$ 外，电场可通过以下公式计算：

$$\frac{1}{E_{0,x}} \begin{pmatrix} E_x \\ E_y \end{pmatrix} = \bar{\boldsymbol{D}}^{-1} \begin{pmatrix} S_A \\ S_B \end{pmatrix} \tag{8-13}$$

式中，$\bar{\boldsymbol{D}}^{-1} = \boldsymbol{D} \times E_{0,x}$，$\bar{\boldsymbol{D}}$ 仅取决于仪表测量值。

将二维电场分解为一维测量，可以观察偏振角和强度。根据式(8－13)，可以计算偏振角：

$$\tan(\alpha) = \frac{E_y}{E_x} = \frac{\dfrac{E_y}{E_{0,x}}}{\dfrac{E_x}{E_{0,x}}} \tag{8-14}$$

此外，电场强度由以下关系式给出：

$$I \propto E_x E_x^* + E_y E_y^* \tag{8-15}$$

式中，E_x^* 和 E_y^* 为 E_x 和 E_y 的共轭复数，进而可以计算相对强度 I_{rel}：

$$I_{rel} = \frac{E_x E_x^* + E_y E_y^*}{E_{0,x} E_{0,x}^*} \tag{8-16}$$

综上所述，式(8－14)和式(8－16)相结合，式(8－11)和式(8－13)相结合，能够分别计算偏振角和相对电场强度。

在使用响应矩阵分析推导偏振态之前，需要分析对称性的影响。本实验讨论了时域中检测到的太赫兹脉冲与天线对称性之间的关系，并在频域中检查对称性对矩阵元素的影响。

由旋转 90°的两对蝴蝶结天线组成的天线的基本布局(不考虑引线)是 D_4 对称。图 8－10(a)说明了＋45°和－45°处的电场具有相同的强度。这里，假设天线的方向与实验相同，其中穿过电极 A 的对称轴沿着 x 轴定向。

根据这种对称性，通道 A 对 E_{+45} 和 E_{-45} 的响应应该相同。因此，$S_{A,+45} = S_{A,-45}$。此外，我们可以从等效对称性论证得出结论，通道 A 对 E_{+45} 的响应也应与通道 B 对相同电场的响应一致，即 $S_{A,+45} = S_{B,+45}$，如果将 E_{+45} 旋转 180°，则 $S_{B,+45}$

将与 $S_{B,-45}$ 相等，这等于电场振幅乘－1。因此，根据响应的线性度，可以推断出 $-S_{B,-45}=S_{B,+45}$，即 $S_{A,+45}=S_{A,-45}=S_{B,+45}=-S_{B,-45}$。

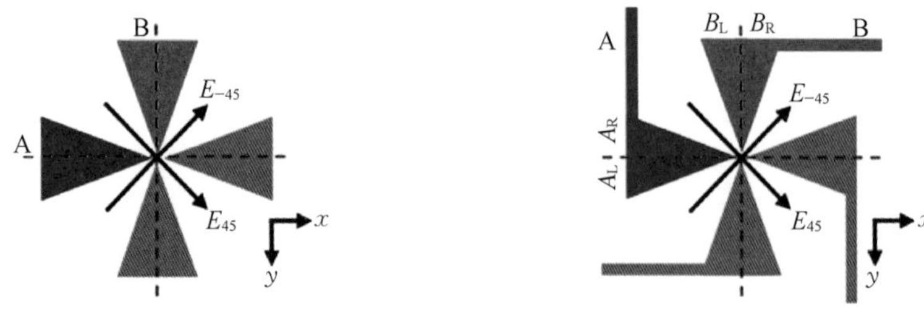

(a) 理想情况：具有D_4对称性的基本天线布局　　(b) 实验制备天线：具有C_4对称性的基础天线布局

图 8－10　4 触点 PCA 与＋45°和－45°处电场矢量的图解

图 8－11(a)和 8－11(b)显示了在＋45°和－45°时，在两个信道上测量的时域太赫兹脉冲电场方向(根据 WGP2 角度的调整)。图 8－11(a)显示了 WGP2 在＋45°时用通道 B 测量的脉冲，与 WGP2 的信道 A 在－45°时相吻合，即 $S_{A,-45}=S_{B,+45}$。此外，图 8－11(b)展示了 WGP2 在－45°时用通道 B 测量的脉冲，和在＋45°时用通道 A 测量的脉冲乘－1，这里再次可以观察到脉冲形状的密切相似性($S_{B,-45}=-S_{A,+45}$)。然而，图 8－11(a)中显示的测量值与图 8－11(b)中的测量值有很大不同。因此，$S_{A,+45}$ 和 $S_{A,-45}$ 不相等，这与我们先前的 D_4 对称假设相反。

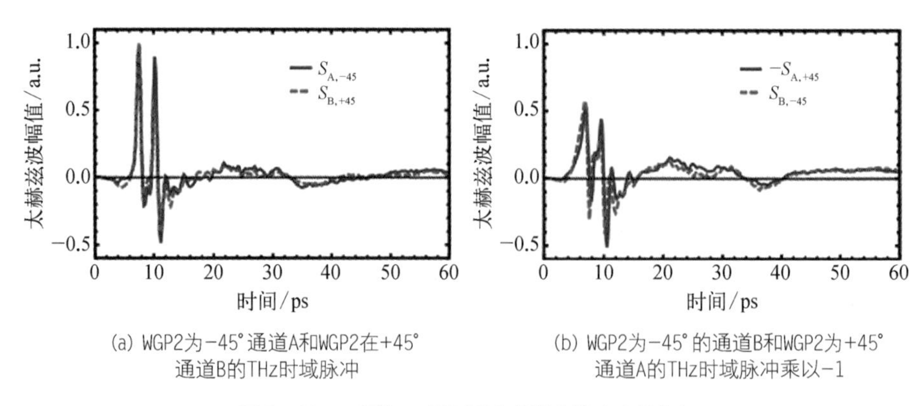

(a) WGP2为−45°通道A和WGP2在+45°通道B的THz时域脉冲　　(b) WGP2为−45°的通道B和WGP2为+45°通道A的THz时域脉冲乘以−1

图 8－11　＋45°和－45°时两个信道上脉冲电场方向

在 8.3 节中，使用时域有限差分模拟，发现引线处的电场影响光电导天线的响应，从而影响太赫兹波脉冲形状。考虑到这一影响，天线基本布局的 D_4 对称性被打破，并降低为 C_4 对称性(围绕中心旋转 360°/4，无反射轴)。因此，触点的两侧、引线的右侧(A_R 和 B_R)和没有引线的左侧(A_L 和 B_L)必须加以区分。因此，$S_{A,-45}$

和 $S_{B,+45}$ 不一定重合，$S_{A,+45}$ 和 $-S_{B,-45}$ 也是如此。$S_{A,+45}$ 和 $S_{A,-45}$ 不一定重合。$S_{B,+45}$ 和 $S_{B,-45}$ 也是如此。因此，其结果只能表明，$S_{A,-45}=S_{B,+45}$ 和 $S_{A,+45}=-S_{B,-45}$，这与实验结果一致。

对于理想的相应矩阵：

$$\boldsymbol{D}_{D_4}=\begin{pmatrix} k & 0 \\ 0 & k \end{pmatrix} \tag{8-17}$$

式中，k 为常数、复数。考虑到实验中的 C_4 对称性结果，其相应矩阵为

$$\boldsymbol{D}_{C_4}=\begin{pmatrix} m & l \\ l & m \end{pmatrix} \tag{8-18}$$

式中，l 与 k 相等，均为常数、复数。

正如预期的那样，对称性的降低减少了对响应矩阵的约束。因此，式(8-17)是式(8-18)的特殊情况，其中 $m=k$，$l=0$。

此时，根据两个通道上时域测量值，并根据式(8-11)计算矩阵元素。图 8-12 显示了所有矩阵元素 $d_{i,j}$ 的实部和虚部。图 8-11(a)和图 8-12(c)显示了在宽频率范围内的相同形状，从而验证了矩阵的对角元素重合。图 8-12(b)和图 8-12(d)具有相似的形状和相反的符号。

尽管对角元素[图 8-12(a)和图 8-12(c)]在频率高达 0.8 THz 的范围内大致在 2 和 -2 之间变化，但同时观察到非对角元素[图 8-12(b)和图 8-12(c)]的最大值和最小值随着频率的增加而减小。消失的对角元素可以解释为向 D_4 对称的过渡。

虽然对角元素的实部和虚部的振幅略有不同，但非对角元素显示出更强的偏差。例如，在较高频率下，$d_{2,1}$ 元素的实部和虚部的振幅比 $d_{1,2}$ 元素的振幅减小得更快。

对于与理想矩阵形式的偏差，有几种可能的解释。首先，频谱信噪比的统计误差会影响矩阵计算的准确性。图 8-13 中，仪表测量的记录功率谱显示了 0.25～0.8 THz之间的合理信噪比，在大约 0.55 THz 处的频谱出现下降。这种下降可能是由于太赫兹脉冲的反射导致光谱中产生条纹图案。当噪声水平在较低频率增加时，信号在较高频率下降。这两种效应都会降低观测光谱范围边缘的信噪比。其次，较高频率下的系统偏差可以通过以下理由来解释：在较低频率下，由于较长波长下的低分辨率，与理想天线几何结构的小偏差被消除。相反，在较高的频率下，

波长更短,天线结构的轻微失配将更加明显。最后,4 触点天线定向相对于由偏振器定向定义的参考系统的失准所引起的影响。虽然偏振器的对准是通过精确的旋转安装来实现的,从而实现调整后的线栅角度的高精度,但安装的天线的定向可能会主导系统误差。

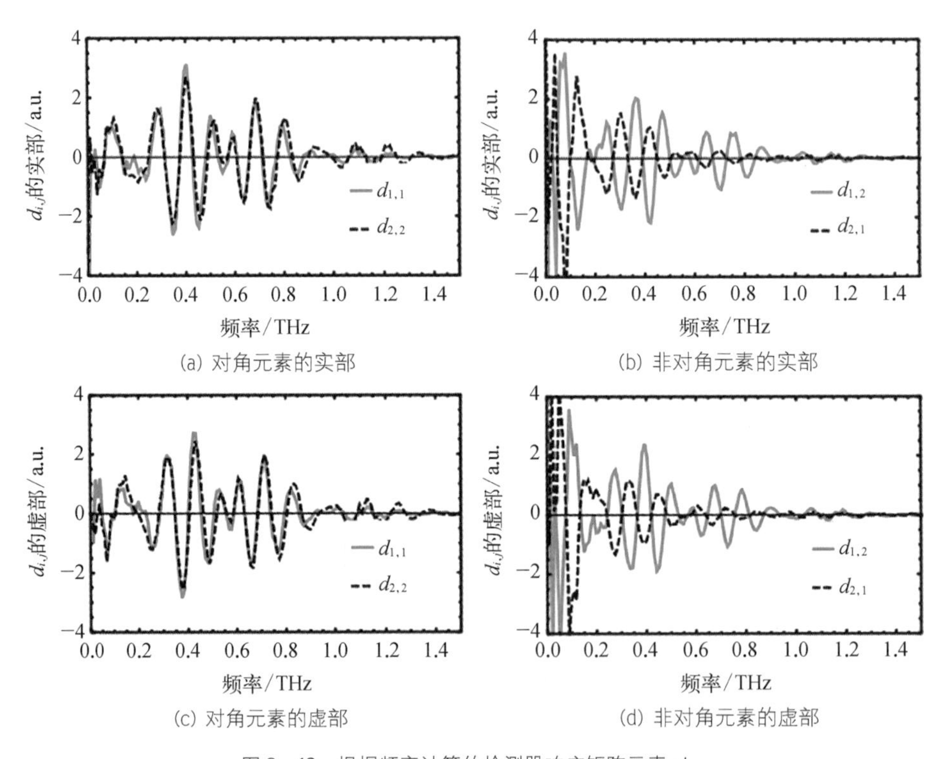

(a) 对角元素的实部　(b) 非对角元素的实部

(c) 对角元素的虚部　(d) 非对角元素的虚部

图 8-12　根据频率计算的检测器响应矩阵元素 $d_{i,j}$

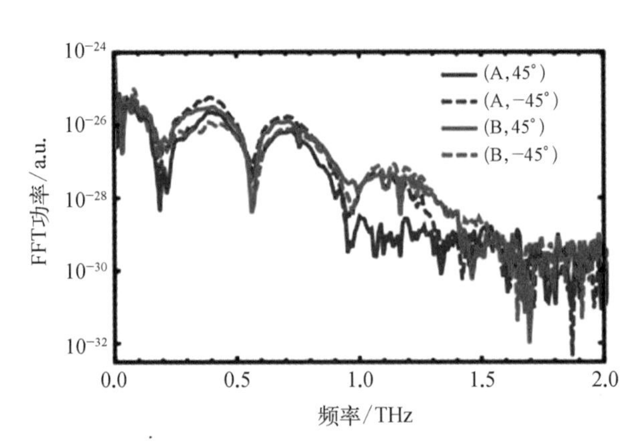

图 8-13　通道 A 和 B 的 FFT 功率谱,WGP2 的角度为 +45°和 −45°

假设天线具有 D_4 对称性，且天线方向相对于原始参考系统的偏差为 $\Delta\gamma$，式(8-7)变为

$$\begin{pmatrix} S_{A,\alpha} \\ S_{B,\alpha} \end{pmatrix} = \boldsymbol{D}_{D_4}\boldsymbol{M}_{Rot}(-\Delta\gamma)\boldsymbol{M}_{pol}(\alpha)\boldsymbol{M}_{pol}(0)\begin{pmatrix} E_{0,x} \\ E_{0,y} \end{pmatrix} \tag{8-19}$$

式中，$M_{Rot}(-\Delta\gamma)$ 描述了探测器天线参考系中电场的旋转。因此，对于未对准的情况，响应矩阵可以通过 D_{D_4} 与 M_{Rot} 的乘积来计算 $(-\Delta\gamma)$ 产生绝对值为 $k\cdot\sin(\Delta\gamma)$ 的非对角项。

在描述和表征天线之后进行演示极化检测。使用第二偏振器（WGP2），可以控制透射太赫兹辐射的偏振角和强度。因此，通过在不同偏振器角度下测量，可以结合响应矩阵分析来评估 4 接触天线的性能。

使用量规测量，通过在每个频率下应用式(8-14)来确定 WPG2 的所有角度的偏振角。图 8-14(a)显示了七种不同测量结果的角度（蓝色）以及 WGP2 的调整角度（灰色）。因此，将图 8-14(a)限制在 0.25～0.8 THz 的频率范围内，测量仪测量值提供了合理的信噪比。一般来说，计算的角度与调整后的角度一致。0.54～0.58 THz与理想行为之间的偏差可归因于先前讨论的功率谱的下降。图 8-14(b)比较了所有考虑频率（不包括 0.54～0.58 THz）的计算角度的平均值与 14 个不同测量的 WGP2 的调整角度。分析值再现了 WGP2 的角度及 WGP2 与 WGP1 处于交叉位置。因此，在该位置或接近该位置时，信号太小，无法进行准确估计。

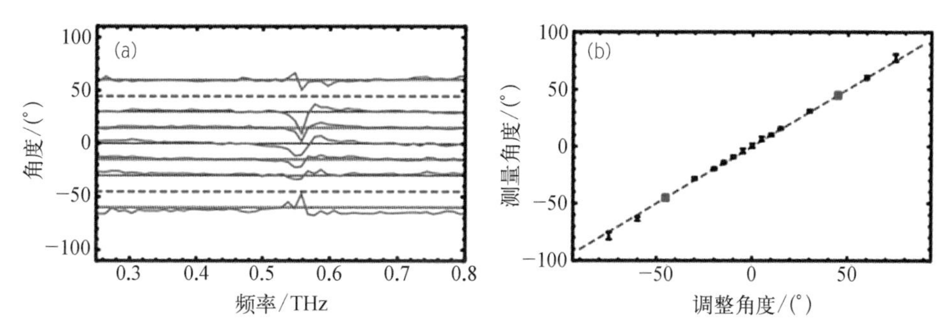

图 8-14　(a) 绘制了 WGP2 频率相关(0.25～0.8 THz)的测量(蓝色)和调整(灰色)角度。红线显示 WGP2 为 −45°和 45°时的仪表测量值；(b) 测量角度与调整角度的关系。推导的角度在所考虑的频率范围(0.25～0.8 THz，不包括 0.54～0.58 THz)上取平均值，误差条显示标准偏差，红色方块显示仪表测量值

为了完整描述电场矢量还需要计算电场的振幅。在图 8-15(a)中，显示了五个不同偏振角的频率相关相对强度。灰色线表示根据 Malus 定律[$I=I_0\cos^2(\alpha)$]

检测到的角度的预期相对强度。虽然相对强度在原理上与理论相似，但在高传输速率下，标准差与45°以下的角度相比要高得多。这种趋势是由较高相对强度的噪声的系统性增加引起的。

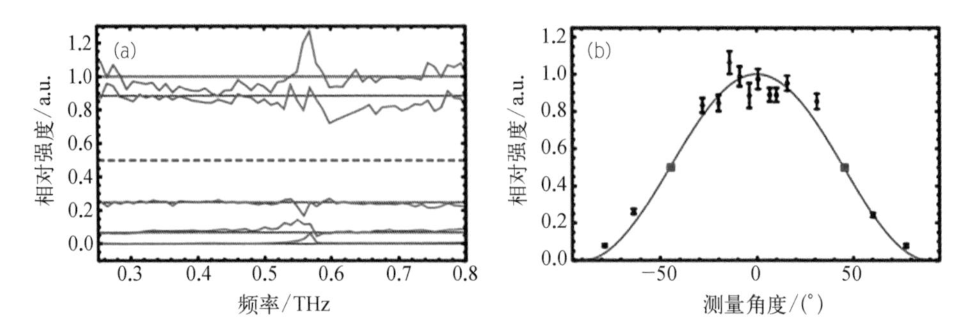

图 8－15 (a) 显示了取决于五个不同偏振角的频率相关相对强度(入射角分别为 0°、20°、60°、75°和 90°)。红线显示分配给仪表测量的相对强度；(b) 不同测量偏振角的平均相对强度(0.25～0.8 THz，不包括 0.54～0.58 THz)

8.5 脉冲太赫兹全信息探测天线阵列

基于PCAs阵列设计的脉冲太赫兹波探测器(Pulsed Terahertz Holographic Detector, PTHD)由两个相互垂直的光电导天线阵元组成，可以通过一次扫描检测出脉冲太赫兹电场在某一方向的正交偏振分量，从而可同时获取脉冲太赫兹波作用样品前后的幅值、相位、偏振方位角和偏振态变化的全部参数信息，其特点为相邻天线阵元之间无干扰电流的影响。利用实验分析脉冲太赫兹波探测器对太赫兹波偏振方位角的响应，并测试其对太赫兹波偏振方位角度的灵敏度，同时，利用响应矩阵分析该探测器在0.1～1.5 THz光谱范围内的结构对称性，理论和实验均验证了该探测器测量脉冲太赫兹波偏振态的可靠性和优越性。

2×1 PTHD结构的设计如图 8－16(a)所示。光电导天线的基底材料是采用分子束外延系统在(100)方向的半绝缘砷化镓(Semi-Insulating Gallium Arsenide, SI－GaAs)上生长的低温砷化镓(Low Temperaturegallium Arsenide, LT－GaAs)，通过电子束蒸发工艺将Ni/Au-Ge/Au混合物沉淀在LT－GaAs上，并通过快速热退火(Rapid Thermal Annealing, RTA)将其金属化，通过精确控制RTA的时间和温度，AuGeNi合金电极与LT－GaAs衬底形成欧姆接触。偶极天线长度 $l=990\ \mu m$，电极长度 $h=990\ \mu m$，偶极间隙 $g=50\ \mu m$，天线阵元有源区域 0.03 mm×0.05 mm，PTHD包含两个相互垂直的光电导天线阵元，分别以天线A、B区分，用以分别探测正交分量的脉冲太赫兹波。图 8 - 16(a)中红点表示 PTHD 旋转轴位置,并利用黑色曲线表示电极引线,引线连接至同轴电缆并输出到锁相放大器。实验中需设置 PTHD 几何中心、激光光斑中心和太赫兹光斑中心重合,具体方法为通过旋转 PTHD 角度为 45°,调节所有天线阵元通态电阻相等且接收正交分量的太赫兹信号强度相同。所用脉冲太赫兹辐射天线为基于 LT - GaAs 的光电导天线,其间隙为 150 μm,图中引线处标识分别代表对辐射天线施加外置偏置电压的阳极和阴极,辐射太赫兹电场沿 y 轴方向偏振,其局部放大图如图 8 - 16(b)所示。

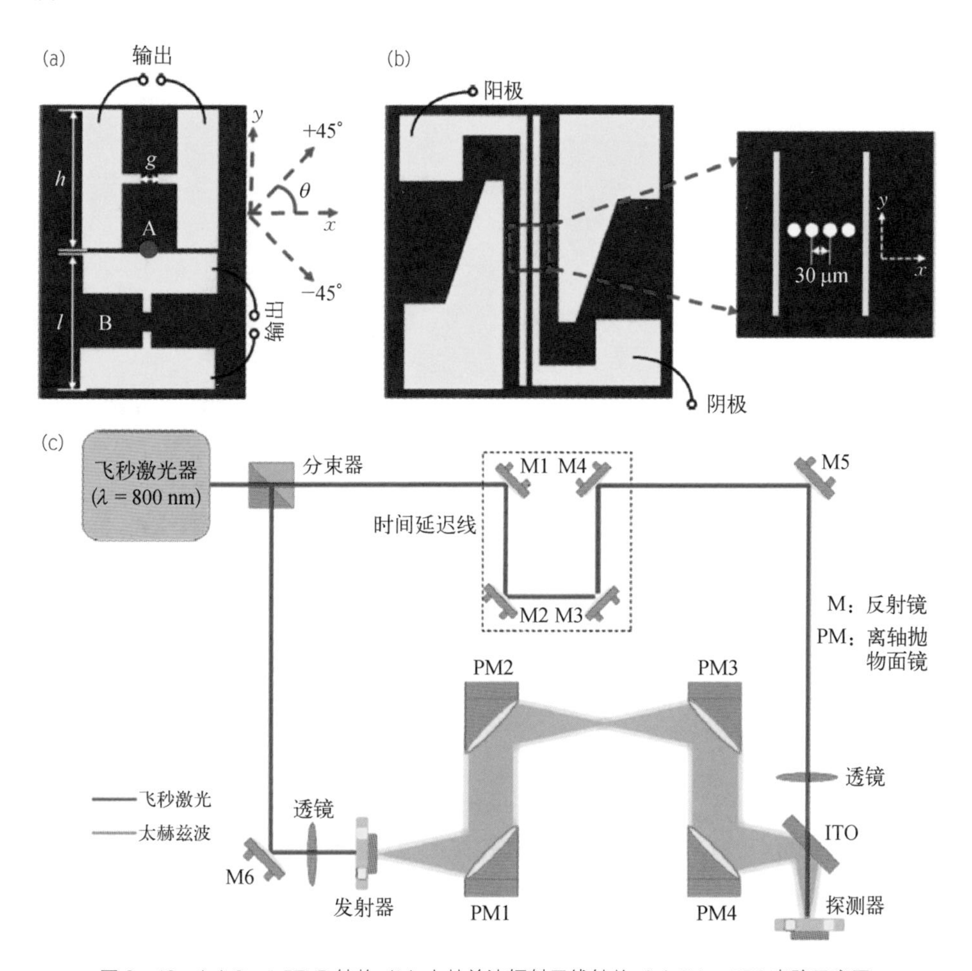

图 8 - 16 (a) 2×1 PTHD 结构;(b) 太赫兹波辐射天线结构;(c) THz - TDS 光路示意图

如图 8 - 16(c)所示,THz - TDS 所用激光器的波长为 800 nm、脉宽为 70 fs、重频为 80 MHz 的钛蓝宝石激光器(Spectra-Physics, MaiTai XF - 1),经过分束镜的

飞秒激光分为两束，其中一束用于对发射天线进行激励，泵浦功率为 200 mW，发射天线偏置电压为 300 V。所产生的脉冲太赫兹波经过两对离轴抛物面镜被聚焦到 PTHD，第三个离轴抛物面镜后太赫兹波聚焦光斑直径约为 3 mm。另一束飞秒激光经过延迟线和聚焦透镜后被聚焦在 PTHD 上，激光光斑直径为 3 mm，探测光功率为 105 mW。

为了表征太赫兹电场的线偏振程度，使用偏振度 DOP 来描述，DOP 与频率相关，可描述为

$$DOP(f)=\frac{I_{/\!/}(f)-I_{\perp}(f)}{I_{/\!/}(f)+I_{\perp}(f)} \tag{8-20}$$

其中，

$$\begin{aligned} I_{/\!/}(f)&=|S_{\mathrm{A},0}(\omega)|^2 \\ I_{\perp}(f)&=|S_{\mathrm{B},0}(\omega)|^2 \end{aligned} \tag{8-21}$$

式中，$I_{/\!/}(f)$ 和 $I_{\perp}(f)$ 分别为 $\theta=0°$时天线 A、B 对太赫兹电场长轴分量和短轴分量响应的光谱强度。

同时，可以使用斯托克斯参数表征太赫兹电场的偏振方位角 φ：

$$\boldsymbol{S}=\begin{pmatrix} S_1 \\ S_2 \\ S_3 \\ S_4 \end{pmatrix}=\begin{pmatrix} S_{\mathrm{A},0}^2+S_{\mathrm{B},0}^2 \\ S_{\mathrm{A},0}^2-S_{\mathrm{B},0}^2 \\ 2S_{\mathrm{A},0}S_{\mathrm{B},0}\cos\delta \\ 2S_{\mathrm{A},0}S_{\mathrm{B},0}\sin\delta \end{pmatrix} \tag{8-22}$$

式中，δ 为 x 方向和 y 方向偏振太赫兹波之间的相位差。

实验测试了探测器在 $-90°<\theta<90°$范围内，天线 A、B 对太赫兹电场的响应，如图 8-17(a)和图 8-17(b)所示，角度变化步长为 15°，为便于展示，将天线在不同角度下的时域信号依次偏移 8 ps，由于辐射天线的偏置电场是固定的，探测器在旋转过程中太赫兹电场在天线 A、B 上的投影分量的变化是显而易见的，当 $\theta<0°$时，天线 B 所接收信号的电极发生对调，所接收信号峰峰值为负。通过将天线 A、B 所接收到太赫兹电场振幅的峰值进行拟合（所有信号峰峰值取值均为正），其峰值变化符合马吕斯定律，这表明了该探测器应用于偏振探测时的可靠性。如图 8-17(c)所示，根据计算探测器所响应的太赫兹电场在不同角度下的幅值变化，拟合结

果显示，在180°范围内，幅度变化小于7%，这表明该探测器在所有角度都保持相当一致的稳定性。图8-17(d)显示了天线A在0°<θ<90°时探测天线的频谱，频谱宽度2.2 THz，动态范围约55 dB。

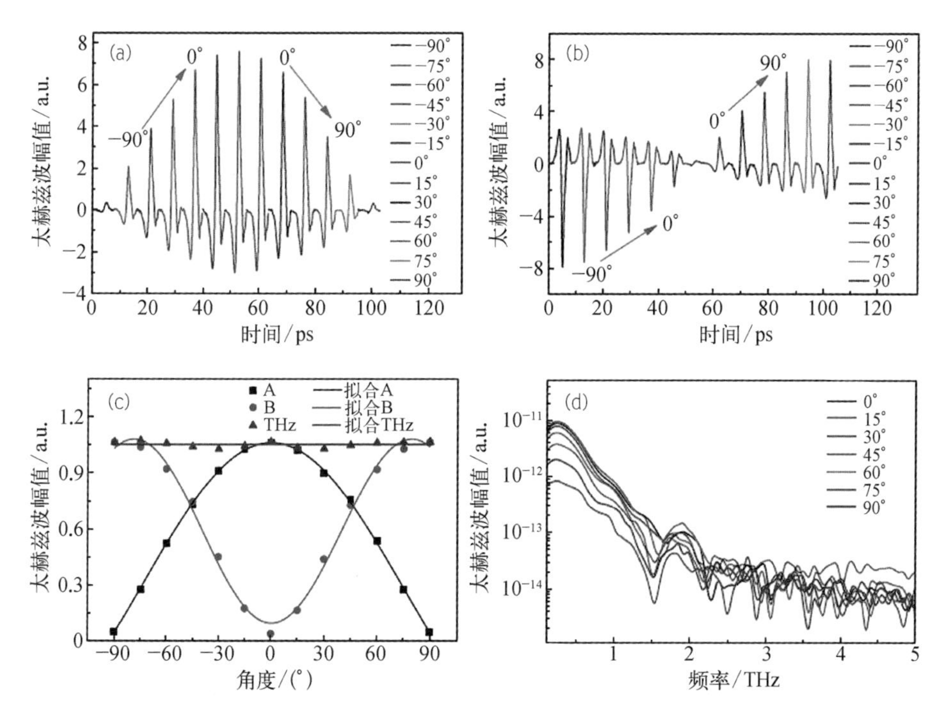

图8-17 (a)在不同角度下天线A对太赫兹电场的时域响应；(b)在不同角度下天线B对太赫兹电场的时域响应；(c)信号峰峰值及太赫兹信号幅值变化；(d) 0°～90°天线A的频谱变化

为分析太赫兹电场的椭圆偏振态，图8-18(a)展示了天线阵元A、B分别探测到的水平和竖直偏振分量的信号对比。为便于观察，将天线阵元B的信号放大5倍，绿色圆圈标记的为太赫兹脉冲前沿，可以观察到明显的相位延迟，此部分的脉冲太赫兹电场的空间轨迹如图8-18(b)所示，E_H，E_V分别表示水平和竖直偏振分量的幅值，太赫兹电场表现为椭圆偏振态。根据式(8-20)和式(8-21)计算出与频率相关的偏振态$DOP(f)$和太赫兹电场方位角，如图8-18(c)和图8-18(d)所示，在0.1～1.5 THz范围内，太赫兹电场的偏振度均大于98%，在0.1～1.5 THz范围内，太赫兹电场的偏振度均大于99.7%。由式(8-22)提取复频谱信号中的相位和振幅，通过计算与频率相关的斯托克斯参量(S_1，S_2，S_3)，在0.1～1.5 THz范围内可获取太赫兹电场方位角y在−1.29°～15.67°随频率变化，在1.39 THz处，太赫兹电场的方位角达到最大为15°。

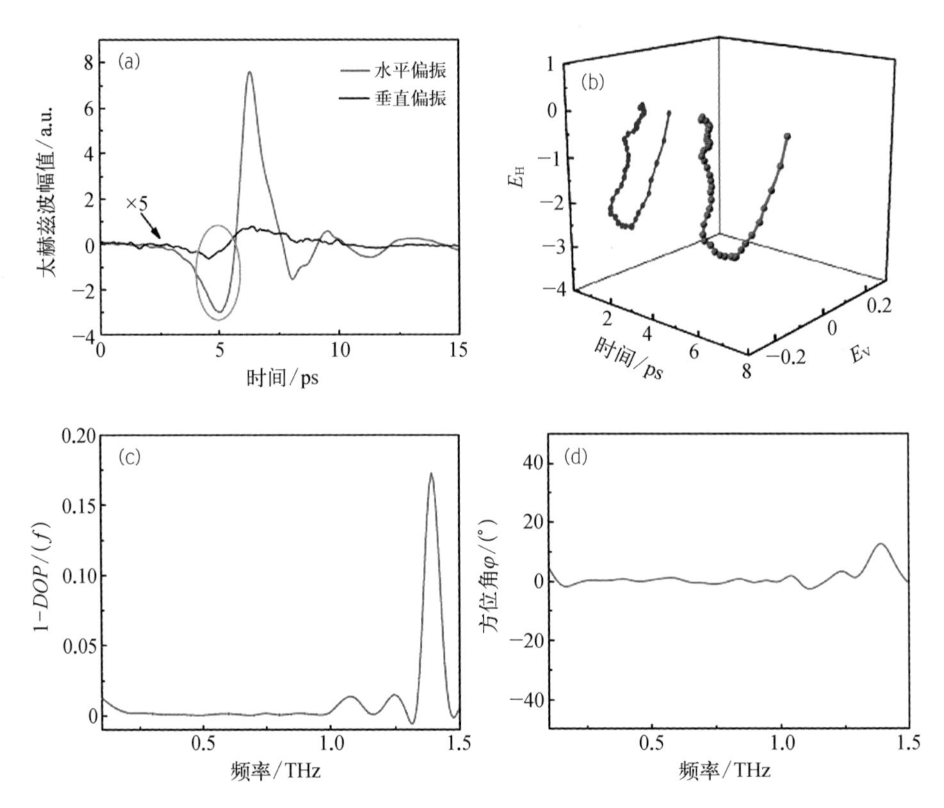

图 8-18 (a) 水平和竖直偏振的太赫兹时域信号;(b) 图(a)绿色圆圈部分的太赫兹脉冲的空间轨迹;(c) 与频率相关的 *DOP*;(d) 与频率相关的太赫兹电场方位角

实验测试了 $\theta=\pm45°$下天线 A、B 的探测情况,通过傅里叶变换得到复频谱信号,我们可以根据复频谱的实部和虚部计算出响应矩阵因子 m_1 和 m_2,如图 8-19(a)和图 8-19(b)所示,m_1 和 m_2 在 0.1~0.22 THz 的实部和 0.1~0.28 THz 的虚部不相等,m_1 和 m_2 之间的偏差可以从以下几个方面解释: ① THz-TDS 系统信噪比会影响矩阵因子计算的准确性;② m_1 和 m_2 的实部和虚部之间的振幅差异随频率的增加而减小,高频部分 $m_1=m_2$,这是由于导线的影响在电极表面,在较高频率时,引线对天线电极表面的影响较弱;③ 探测器的几何中心与转轴之间的不对准,导致转轴转动时轴向偏移产生系统误差。因此,响应矩阵可简化为

$$\boldsymbol{M}=\begin{pmatrix} l & 0 \\ 0 & k \end{pmatrix} \tag{8-23}$$

式中,l 和 k 都是常数且为复值,在高频部分 $l=k$,探测器结构达到理想的对称性,这对太赫兹波偏振探测具有重要意义。

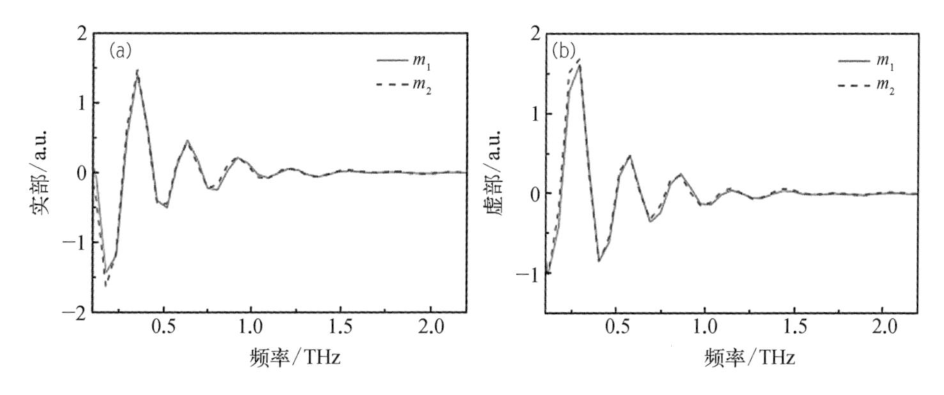

图 8-19　响应矩阵因子 m_1 和 m_2 的实部(a)和虚部(b)与频率的关系

同时，PTHD 可应用于脉冲太赫兹波的偏振度检测。为保证偏振度检测的精确性，进行了多组探测，将发射天线沿 x 轴方向对 150 μm 的间隙划分为 4 个飞秒激光触发点，触发点间隔为 30 μm，如图 8-16(b)的扩大图所示，同时将 PTHD 置于 $\theta=0°$。如图 8-20(a)所示，不同的激光触发点所激发的太赫兹波时域信号强度存在差异，距离阳极越近，辐射太赫兹波强度越强，其中天线阵元 A、B 分别表示探测到的水平和垂直偏振电场分量，根据天线阵元 A、B 所接收信号的幅值及相位偏移可初步判断太赫兹电场的椭圆偏振特性。如图 8-20(b)所示，与频率相关的 $DOP(f)$ 可做如下分析：① 四组 $DOP(f)$ 的曲线差异是辐射天线辐射强度差异造成的；② 不同频率下，太赫兹脉冲电场的偏振度不同，在 0.1～1.5 THz 范围内，DOP 均达到 90%以上，在 0.9 THz 处，DOP 均达到 99.9%，处于线偏振状态，在 0.9 THz 以上，太赫兹电场的椭圆偏振程度逐渐变大，尤其在 1.5 THz 以上 DOP 迅

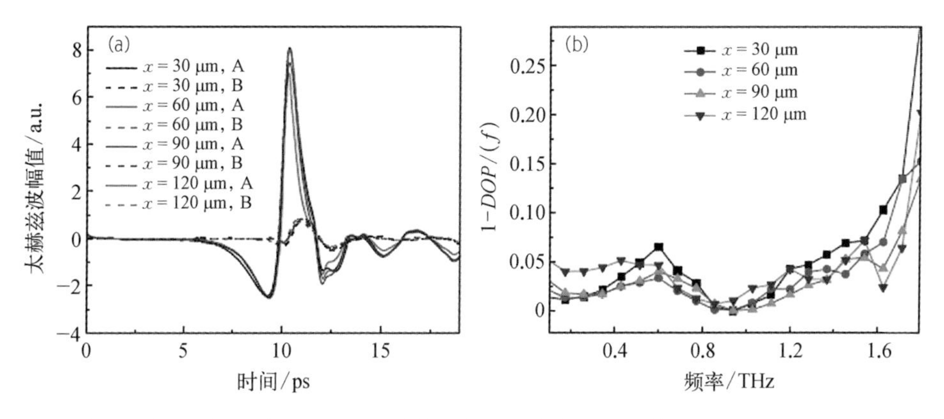

图 8-20　辐射天线间隙内不同位置激发的(a)太赫兹时域信号以及(b)相应的 $DOP(f)$

速降低；③ 四组 $DOP(f)$的幅值和变化趋势几乎是一致的，这表明 PTHD 用于脉冲太赫兹波偏振检测的可靠性。

此外，除 2×1 阵列探测器，2×2 探测器的性能也得到了相应的测试，2×2 光电导天线阵列探测器的结构如图 8-21 所示，每个阵元都被标记并用红点标注了探测器旋转轴位置，旋转轴的位置处于各光电导天线阵元之间的中心对称位置，以保证探测器在旋转时各光电导天线阵元所接收的太赫兹波和激光的能量不发生变化。由于该探测器属于多阵元光电导天线阵列探测器，因此在进行太赫兹波偏振测量之前，仍然需要测量相邻天线元之间是否存在反向电流，因为干扰电流会降低偏振检测的信噪比和测量精度。

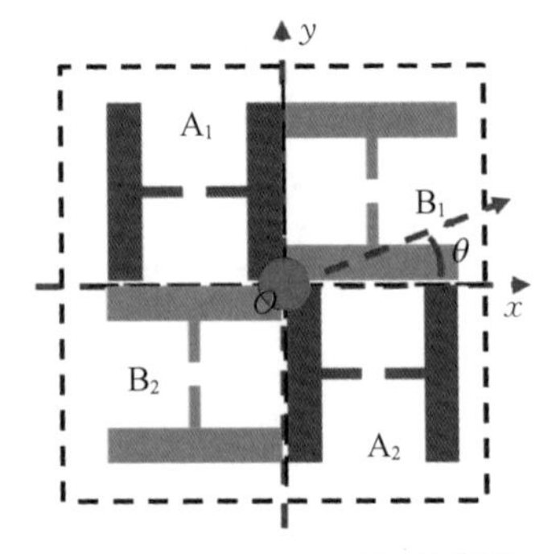

图 8-21　2×2 PCA 阵列探测器结构示意图

根据光电导天线阵列探测器的布局特点，实验在 $\theta=45°$时对探测器进行测试，并测得阵列 A_1A_2 和 B_1B_2 的合成效率，如图 8-22 所示。以阵列 A_1A_2 为例，将它们探测到的太赫兹时域信号沿时间叠加，以叠加时域信号的幅值作为参考值，根据阵列 A_1A_2 和 B_1B_2 的实际输出信号幅值计算合成效率。实验结果表明，阵列 A_1A_2 的合成效率为 99.2%，B_1B_2 的合成效率为 99.9%。此外，光电导天线阵元 A_1 和 B_2 之间出现最大的信号幅度差异仅为 2.98%，这表明每个天线元间隙接收到的太赫兹波和激光能量可以认为是相同的。2×2 光电导天线阵元和阵列的信号幅值数据如表 8-1 所示。

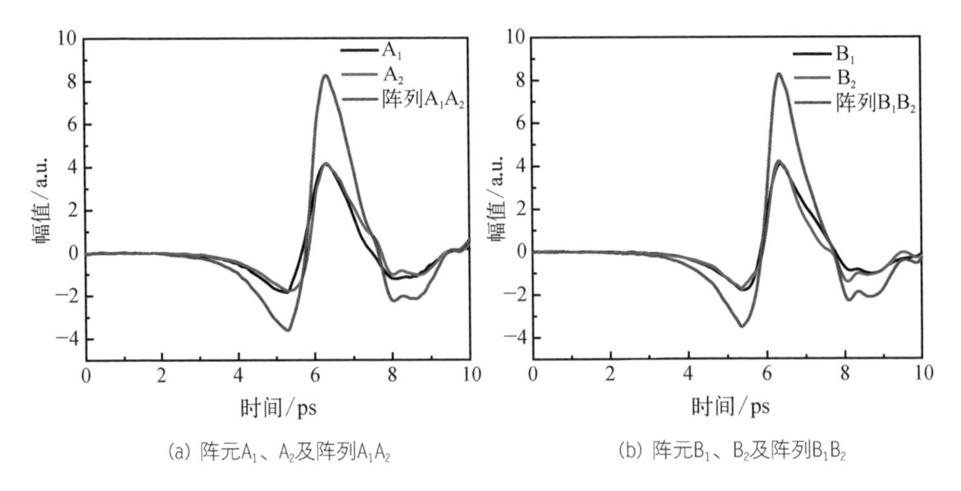

(a) 阵元A_1、A_2及阵列A_1A_2　　(b) 阵元B_1、B_2及阵列B_1B_2

图 8-22　2×2 PCA 阵列探测器在 $\theta=45°$时 PCA 阵元和阵列的信号幅值合成效率

表 8-1　2×2 光电导天线阵元和阵列的信号幅值

	阵元 A_1	阵元 A_2	阵元 B_1	阵元 B_2	阵列 A_1A_2	阵列 B_1B_2
信号幅值/a.u.	1.20×10^{-11}	1.19×10^{-11}	1.23×10^{-11}	1.24×10^{-11}	2.37×10^{-11}	2.47×10^{-11}

为了初步验证该探测器的预期运行情况，实验对正交偏振的太赫兹电场进行了三种情况的测试。首先，当 $\theta=0°$时，光电导天线阵元 A_1、A_2 探测太赫兹波的水平偏振电场，B_1、B_2 检测垂直偏振太赫兹电场。其次，当 $\theta=45°$时，光电导天线阵元 A_1、A_2 和 B_1、B_2 分别探测到太赫兹电场在其电极间隙方向相同幅度的投影分量。最后，当 $\theta=90°$时，光电导天线阵元 B_1、B_2 探测水平偏振太赫兹电场，PCA 阵元 A_1、A_2 探测垂直偏振太赫兹电场。根据两通道输出的信号的合成，空间中具有偏振特性的太赫兹波时域轨迹如图 8-23(a)～(c)所示。通过旋转探测器的角度，

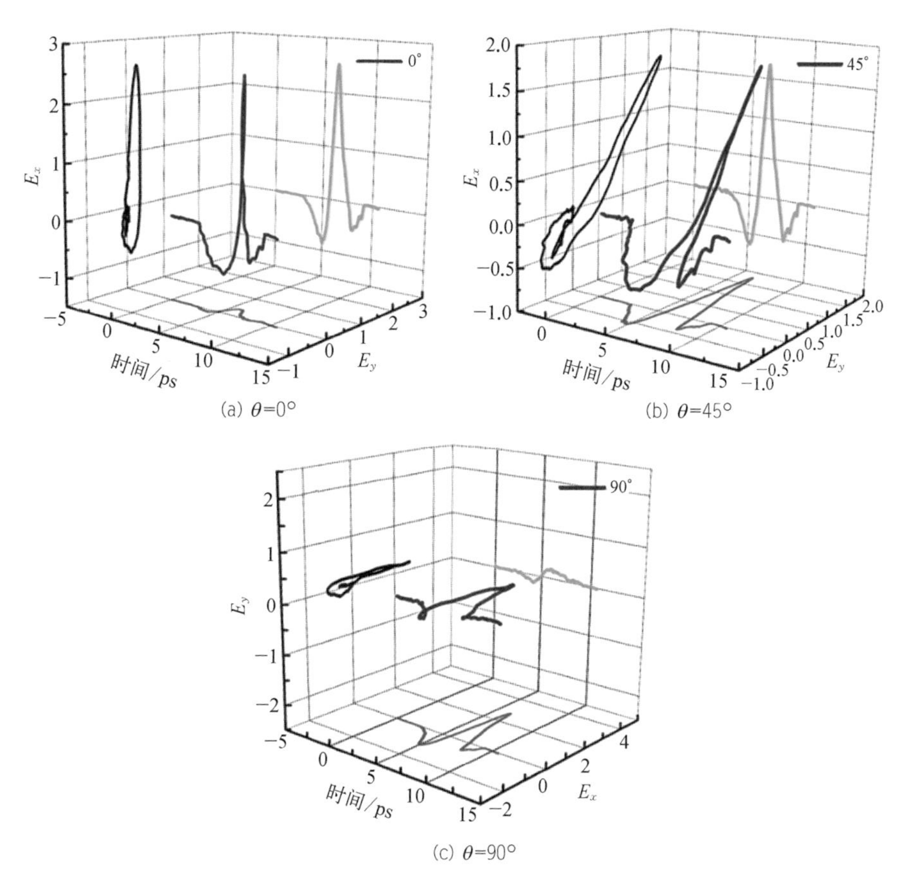

图 8-23　在不同角度下的太赫兹偏振轨迹

光电导天线阵元均按预期探测到光电导天线电场在探测器上的投影分量。把在各种角度下探测到的太赫兹脉冲空间轨迹在 yOz 平面进行投影，均显示出被探测太赫兹脉冲具有椭圆特性，且椭圆的长轴方向分别表现出与 x 轴平行、夹角 45°和垂直的特性，即探测器探测出的太赫兹电场表现出一定程度的椭圆偏振。同时对椭圆长轴方位角进行初步判断，太赫兹脉冲波形也表现出一定的椭圆特性，产生这种现象的原因如下：首先，偶极光电导天线发射器会产生一个小的四极化场；其次，低 f 采集系统使线偏振光一定程度地椭圆化；最后，偶极子辐射场存在频率相关的交叉偏振。

太赫兹脉冲的偏振状态在 2×2 光电导天线阵列探测器旋转期间是恒定的。通过在 360°范围内旋转 2×2 PCA 阵列探测器，PCA 阵元 A_1、A_2 和 B_1、B_2 分布在极坐标中的时域信号峰峰值如图 8-24(a)和图 8-24(b)所示。红色曲线为对时域信号峰峰值散点数据拟合的正弦曲线，散点分布规律与拟合曲线一致，各角度信号峰峰值随探测器角度变化符合马吕斯定律。PCA 阵列 A_1A_2 组和 B_1B_2 组的太赫兹信号幅值分别在 0°、180°和 90°、270°处达到极小值且不为 0，分别在 90°、270°和 0°、180°处达到极大值，说明太赫兹脉冲确实具有一定程度的椭圆偏振，探测器检测到太赫兹波脉冲的长轴和短轴。由于辐射的太赫兹脉冲的总能量是恒定的，太赫兹电场的幅值可以表示为 $E=\sqrt{E_A^2+E_B^2}$，因此可以计算出太赫兹电场的幅值，如图 8-24(c)所示，其中散点数据来自图 8-24(a)和图 8-24(b)的数据计算，红色曲线为对散点数据的拟合曲线，可以观察到数据点与拟合曲线之间的匹配关系。此外，图 8-24(d)显示了在 0.3 THz 下，实验测量的太赫兹脉冲长轴的方向角与目标角之间的误差关系，测量角度接近测量范围内的目标角度，蓝色虚线是测量角度与目标角度的理想关系，这一结果再次证明了光电导天线阵列探测器测量太赫兹脉冲偏振角的可靠性。

同时，根据 2×2 光电导天线阵列探测器在不同旋转角度下的测量结果，可进行该探测器对偏振太赫兹波探测的灵敏度测试，在 $\theta=45°$ 的条件下，太赫兹电场分量在探测器表面正交方向的投影分量相同，在 $0°<\theta<90°$ 范围内，光电导天线阵列 A_1A_2 组所响应信号幅值逐渐减小，光电导天线阵列 B_1B_2 组所响应信号幅值逐渐增大，因此当探测器角度 $\theta>45°$ 时，光电导天线阵列 A_1A_2 组和 B_1B_2 组所相应的信号幅值变化相反，如图 8-25 所示，图中对太赫兹时域信号峰值进行了放大，θ 在 45°和 45.2°时的太赫兹时域信号曲线可以区分，即该 2×2 光电导天线阵列探测器的最小可分辨角度为 0.2°。

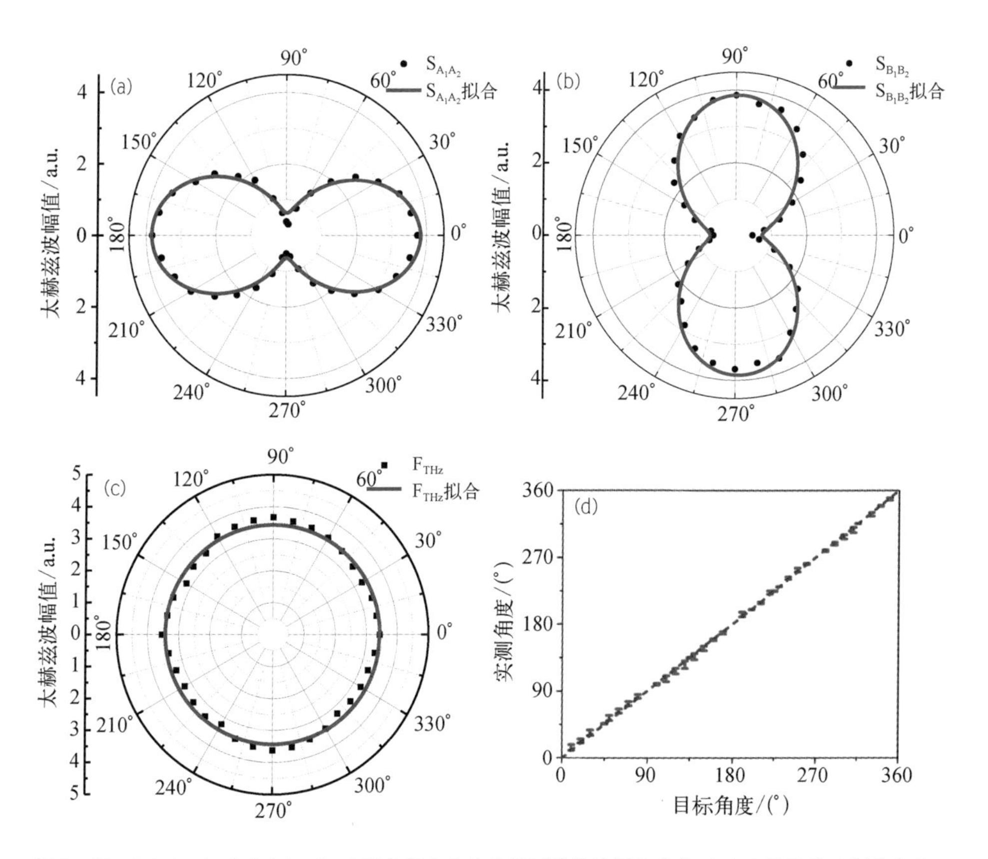

图 8-24 (a) A_1、A_2 和(b) B_1、B_2 在极坐标中的太赫兹时域信号幅值分布;(c) 太赫兹脉冲幅值变化;(d) 实测 0.3 太赫兹脉冲方位角和目标角度之间的误差关系

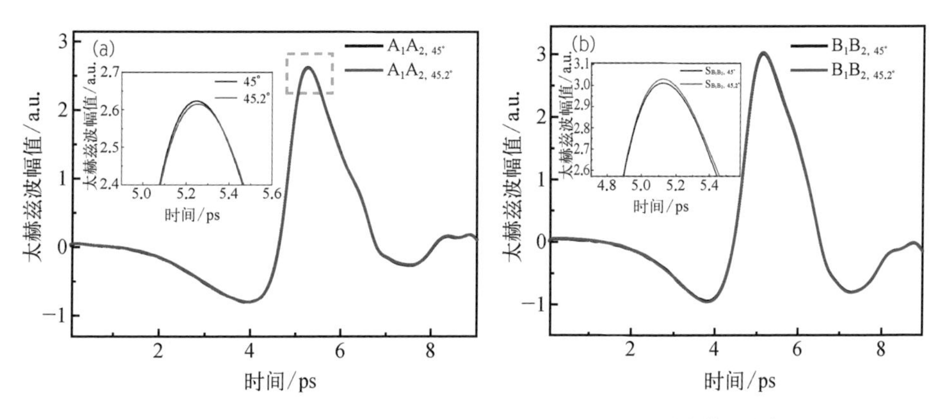

图 8-25 PCA 阵元(a) A_1、A_2 和(b) B_1、B_2 对偏振太赫兹波的灵敏度

探测器在 $\theta = \pm 45°$ 条件下测试了各信号通道的时域信号，如图 8-26(a)所示，PCA 阵列 A_1A_2、B_1B_2 所响应太赫兹时域信号幅值近似相同，但其波形并不严格完全重合，这是由于椭圆偏振特性的太赫兹波长轴和短轴方向的信号存在相位差。但两者的傅里叶变换的频谱具有较高的重合性，如图 8-26(b)所示，在 0.1～1.1 THz 频段，其频谱曲线重叠，太赫兹时域信号的差异在频谱中表现在 1.1 THz 频率以上。这在一定程度上表明了 2×2 PCA 阵列探测器具有的良好对称性，为了进一步直观地对该探测器结构的对称性进行判断，仍需要利用响应矩阵计算矩阵因子随频率的变化关系，响应矩阵因子 m_1 和 m_2 的实部和虚部随频率的变化关系如图 8-26(c)和图 8-26(d)所示，其 m_1 和 m_2 的实部和虚部数值随频率提高逐渐减小，这与 2×1 PCA 阵列探测器的响应矩阵因子特性相同，但 m_1 和 m_2 的实部和虚部的差异却较 2×1 PCA 阵列探测器更小，吻合程度更高，这表明该 2×2 PCA 阵列探测器具有更好的结构对称性。

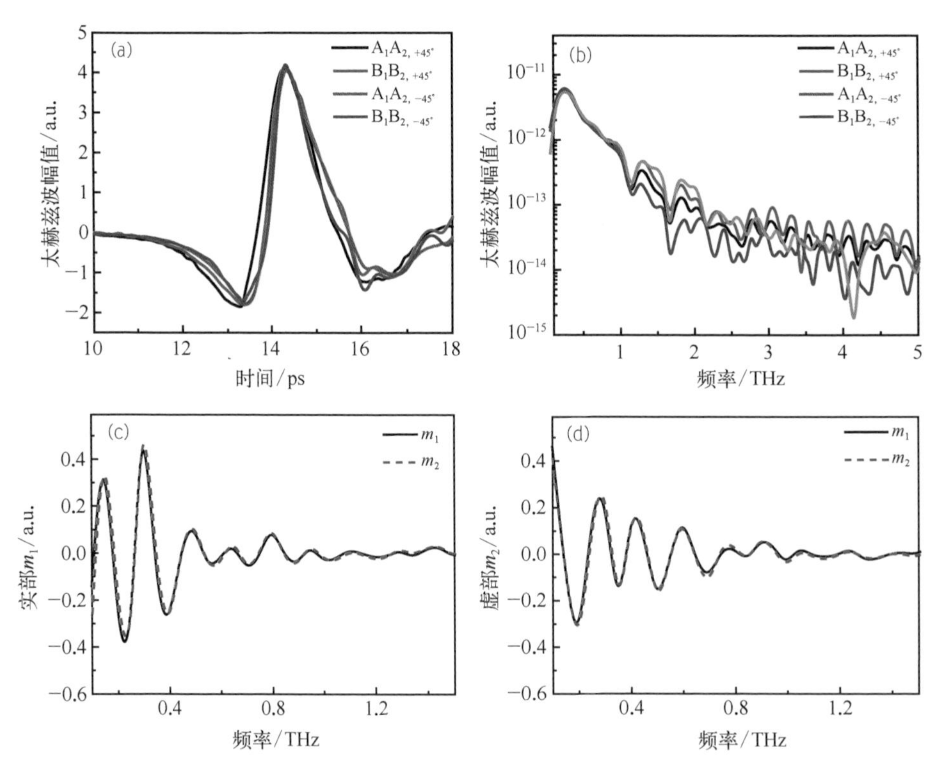

图 8-26　当 $\theta = 45°$ 时，PCA 阵列 A_1A_2 和 B_1B_2 所响应的(a)时域信号和(b)频谱信号，以及响应矩阵因子 m_1 和 m_2 实部(c)和虚部(d)与频率的关系

参考文献

[1] Zhang L L, Zhong H, Deng C, et al. Polarization sensitive terahertz time-domain spectroscopy for birefringent materials[J]. Applied Physics Letters, 2009, 94(21): 211106.

[2] Choi W J, Yano K, Cha M, et al. Chiral phonons in microcrystals and nanofibrils of biomolecules[J]. Nature Photonics, 2022, 16(5): 366 - 373.

[3] Bulgarevich D S, Shiwa M, Niehues G, et al. Linear dichroism detection and analysis in terahertz spectral range [J]. IEEE Transactions on Terahertz Science and Technology, 2015, 5(6): 1097 - 1099.

[4] Castro-Camus E, Lloyd-Hughes J, Fu L, et al. An ion-implanted InP receiver for polarization resolved terahertz spectroscopy[J]. Optics Express, 2007, 15(11): 7047 - 7057.

[5] Bulgarevich D S, Watanabe M, Shiwa M, et al. A polarization-sensitive 4-contact detector for terahertz time-domain spectroscopy[J]. Optics Express, 2014, 22(9): 10332 - 10340.

[6] Niehues G, Funkner S, Bulgarevich D S, et al. A matter of symmetry: Terahertz polarization detection properties of a multi-contact photoconductive antenna evaluated by a response matrix analysis[J]. Optics Express, 2015, 23(12): 16184 - 16195.

[7] Jones R C. A new Calculus for the treatment of optical SystemsI. description and discussion of the Calculus[J]. JOSA, 1941, 31(7): 488 - 493.

[8] Shi W, Wang Z Q, Li C F, et al. New antenna for detecting polarization states of terahertz[J]. Frontiers in Physics, 2022, 10: 850770.

[9] Wang Z Q, Shi W. Holographic detection of pulsed terahertz waves in terahertz time-domain spectroscopy[J]. Acta Physica Sinica, 2022, 71(18): 188704.

[10] Feng L, Ayache M, Huang J Q, et al. Nonreciprocal light propagation in a silicon photonic circuit[J]. Science, 2011, 333(6043): 729 - 733.

9 光电导天线的应用

太赫兹电磁波处于电子学与光子学的过渡区域，其在电磁波波谱中特殊的位置及独特的性质使其在生命科学、医学诊疗、信息技术和国防安全等领域已经展现出重要的科学研究价值和广阔的应用前景。本章将结合作者及其他研究团队的研究工作，介绍基于光电导天线的太赫兹时域光谱系统的一些典型应用。

9.1 检测交联聚乙烯绝缘电缆材料的老化特性

交联聚乙烯(Cross-Linked Polyethylene, XLPE)是高压传输线中常用的一种电缆绝缘材料，在使用过程中由于各种外部因素(高温、电场、机械应力、水蒸气等)的作用，电缆绝缘层中会发生一系列的物理、化学变化，导致电缆绝缘层老化，电缆寿命降低。因此，研究绝缘材料的老化判定对预期绝缘材料的使用寿命及可靠性十分重要。

目前，绝缘材料性能常用的检测方法有介电谱和 X 射线衍射谱。介电谱适用于研究材料的介电性能，其频率范围为 10^{-1}～10^{4} Hz，X 射线衍射谱常用于研究材料的晶格结构，但是 X 射线光子能量比较高。因此，有必要探索一种光子能量较低且方便可行的新的检测方法。

太赫兹波的光子能量只有毫电子伏(meV)的数量级，低于各种化学键的键能。例如，频率为 1 THz 的太赫兹波的光子能量大约只有 4 meV，大约为 X 射线光子能量的百万分之一，这样低的能量不会引起材料性能的改变。因此太赫兹波适用于进行无损检测，同时，太赫兹波还可以穿透大多数非极性电介质材料，适用于材料检测。本节将采用 THz - TDS 技术分析 XLPE 绝缘电缆的老化特性。

采用透射型 THz - TDS 系统测试 XLPE 样品的性能，样品取自国产 10 kV 级高压 XLPE 电缆，恒温老化箱的温度为 120℃，老化时间分别为 20 d 和 40 d。

利用 Dorney 等提出的太赫兹时域光谱技术提取材料光学常数的模型，并通过计算得到样品的折射率和介电常数，该方法可以用于鉴定电介质绝缘材料的老化程度。

加热温度为 120°时，三个 XLPE 样品及参考信号的太赫兹时域波形图和频谱如图 9 - 1 所示。所有样品在太赫兹波段的有效频谱宽度都相同，均为 0.2～2.5 THz。太赫兹波在经过不同老化程度的样品后，其幅值都低于参考信号的幅值，并且所有的时域波形都出现了不同程度的延迟。

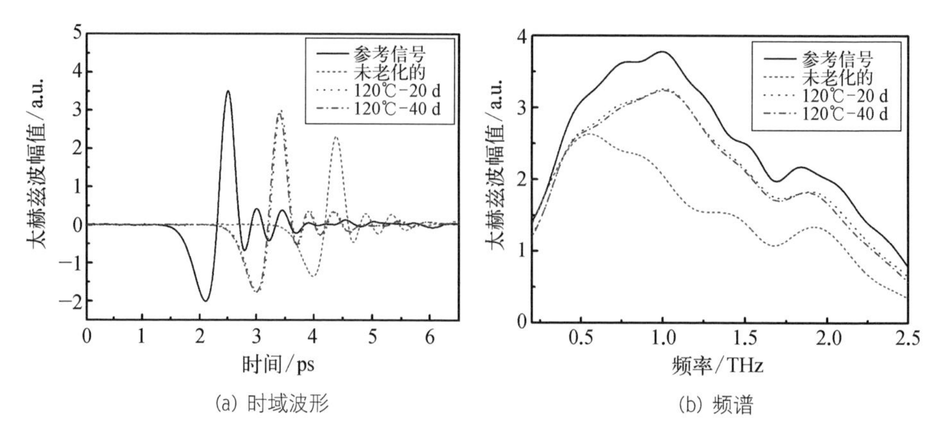

(a) 时域波形　　(b) 频谱

图 9-1　加热温度为 120℃时的三个 XLPE 样品及参考信号的太赫兹时域波形和频谱

图 9-2(a)和图 9-2(b)为三个 XLPE 样品的介电常数的实部和虚部。XLPE 样品的介电常数的实部和虚部都是频率的函数，随着频率的变化而改变。从图 9-2(a)所示的结果可知，在 0.7～2.5 THz 的频率范围内，未老化的 XLPE 样品的介电常数的实部最大，在 120℃恒温老化 20 d 的 XLPE 样品次之，而在 120℃恒温老化 40 d 的 XLPE 样品最小。根据图 9-2(b)，在太赫兹频段也得到了相同的结果：未老化样品的介电常数的虚部比热老化样品的大。

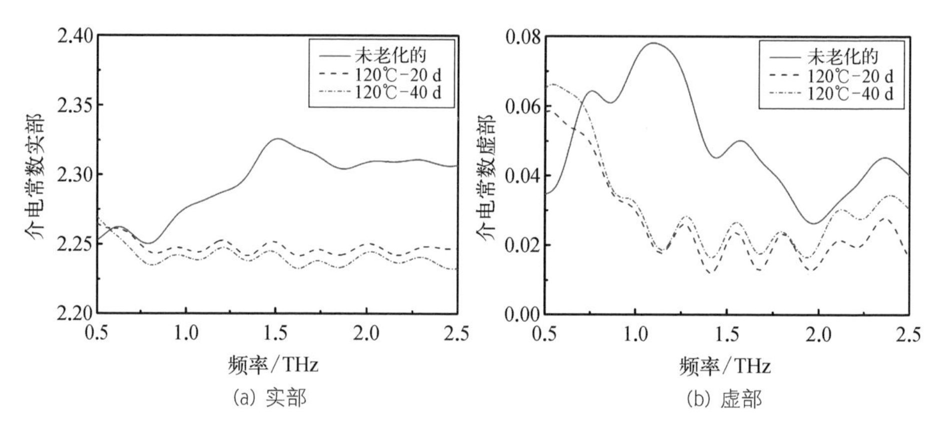

(a) 实部　　(b) 虚部

图 9-2　加热温度为 120℃时的三个 XLPE 样品的介电常数的实部和虚部

不同老化程度的 XLPE 样品经过太赫兹波后的吸收系数如图 9-3 所示。老化样品的吸收系数最大，这也说明经过热老化处理后的 XLPE 样品的大分子链被破坏断裂了。因此，XLPE 绝缘电缆在热老化过程中，热氧化现象和断裂现象同时发生了。

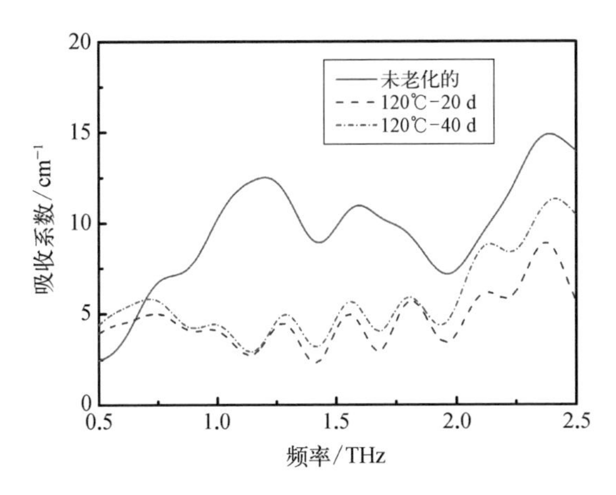

图 9-3　加热温度为 120℃时的三个 XLPE 样品的吸收系数

9.2　研究太赫兹波在非均匀等离子体中的传输特性

航天器返航进入大气层时由于航天器与大气的摩擦生热产生等离子体，等离子体浓度范围在 $10^{11}\sim10^{15}$ cm^{-3}，该等离子体对微波通信信号的吸收和反射导致航天器与地面通信中断，形成“黑障”。“黑障”使得航天人员存在巨大安全隐患，一直是航天领域亟须解决的问题。科研人员针对“黑障”问题，利用直流辉光放电产生等离子体、电弧放电产生等离子体、高压脉冲产生射流等离子体，实现了与“黑障”区等离子体浓度相同的等离子体的合成，进而研究太赫兹波在上述三种等离子体区的传输衰减、电导率、介电常数等特性。

等离子体产生部分采用 17 kHz 正弦波交流高压低温等离子体电源 CTP-2000K；铜电极 1、2 的宽度均为 10 mm，间距 20 mm，铜电极 2 距离石英管口 10 mm；石英管内径和外径分别为 5 mm 和 7 mm；工作气体为氦气和氖气，其纯度即体积分数为 99.99%，体积流量 3 L/min。

将等离子体放置在 TDS 系统中太赫兹波的焦点上(太赫兹波的直径约 2 mm)，在 TDS 系统中扫描太赫兹波从等离子体中透过前后的时域波形。根据穿透前后的强度变化，计算太赫兹波在等离子体中的衰减。为比较太赫兹波在不同情况等离子体中的传输特性，做太赫兹波在等离子体中传输实验时，分别进行了太赫兹波在石英管口的传输、太赫兹在电极间的传输、太赫兹波在石英管下方 2 cm 处的传输。

图 9-4 为太赫兹波在射流管管口下方 2 cm 处，通过氦射流等离子体前(ref)后(不同放电电压)的时域波形；图 9-5 为太赫兹波在射流管管口下方 2 cm 处，通过氦射流等离子体前(ref)后(不同放电电压)的频谱。从图中可以看出，太赫兹波穿过前后没有被明显吸收。

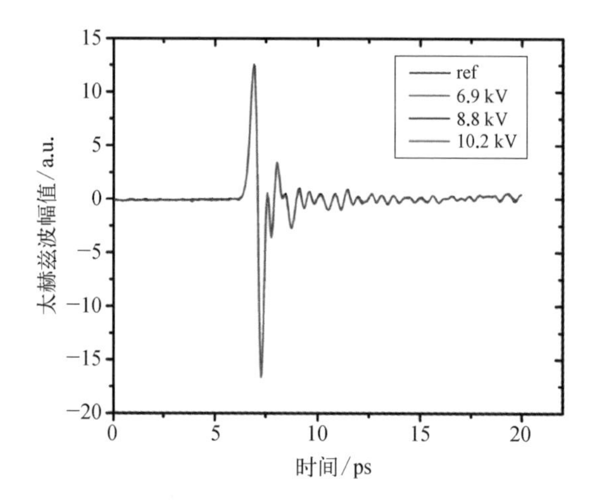

图 9-4　太赫兹波在射流管管口下方 2 cm 处，通过氦射流等离子体前(ref)后(不同放电电压)的时域波形

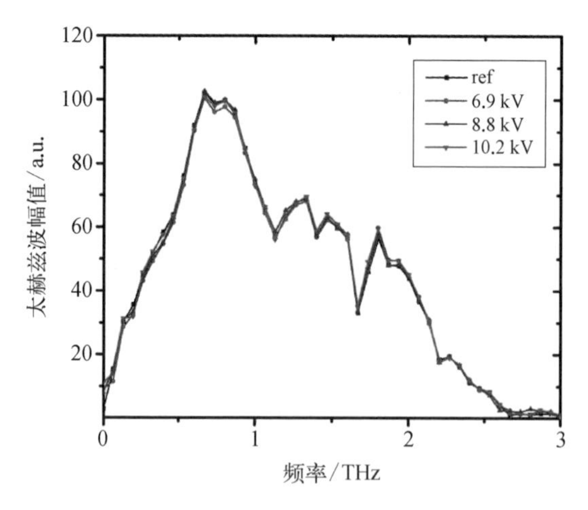

图 9-5　太赫兹波在射流管管口下方 2 cm 处，通过氦射流等离子体前(ref)后(不同放电电压)的频谱

图 9-6、图 9-7 分别是太赫兹波通过电极间氖射流等离子体前(ref)后(不同放电电压)的时域波形和频谱。通过单位长度氖射流等离子体，太赫兹波幅值的衰减百分比如图 9-8 所示。随着放电电压的增加，衰减百分比增大，当放电电压为

8.3 kV 时，衰减百分比达到 2.2%。这是由于随着放电电压的增加，等离子体浓度增加，等离子体浓度越高，透射性越差，从而衰减百分比增大。峰值频率太赫兹波穿透电极间氖射流等离子体的透射率如表 9－1 所示。

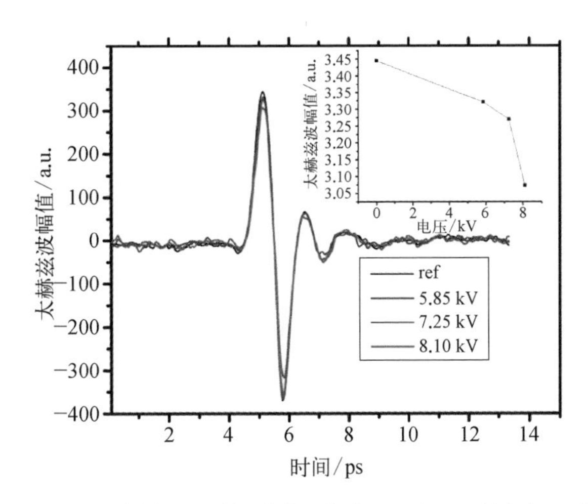

图 9－6　太赫兹波通过电极间氖射流等离子体前(ref)后(不同放电电压)的时域波形

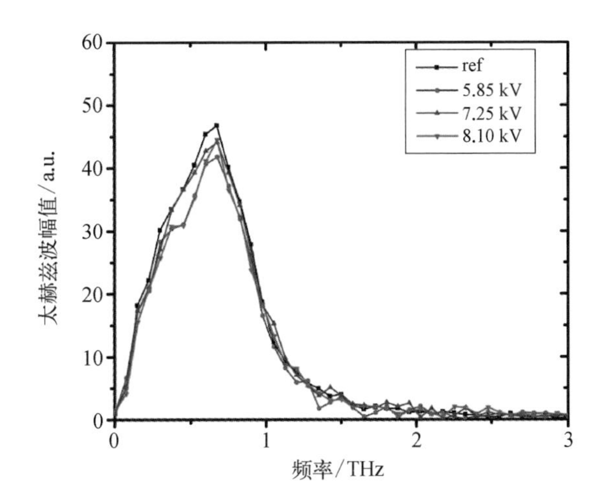

图 9－7　太赫兹波通过电极间氖射流等离子体前(ref)后(不同放电电压)的频谱

表 9－1　峰值频率太赫兹波穿透电极间氖射流等离子体的透射率

放电电压/kV	2.37	5.85	7.25	8.10
透射率(T)	0.947	0.964	0.949	0.892

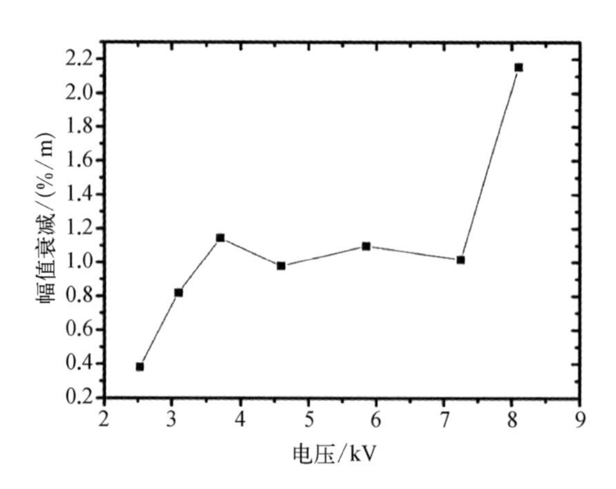

图 9-8　太赫兹波通过电极间单位长度氖射流等离子体幅值衰减百分比

图 9-9、图 9-10 分别是太赫兹波通过射流管管口时，氖射流等离子体前(ref)后(不同放电电压)的时域波形，从图中可以看出放电电压越大，太赫兹波在等离子体中的透射率越低。图 9-11 为太赫兹波通过射流管管口实验，由图可知，单位长度氖射流等离子体幅值衰减百分比的变化情况与在射流管电极间的透射情况相似，与之不同的是在相同的放电电压情况下，在电极间的透射率更低。峰值频率太赫兹波的透射率如表 9-2 所示。

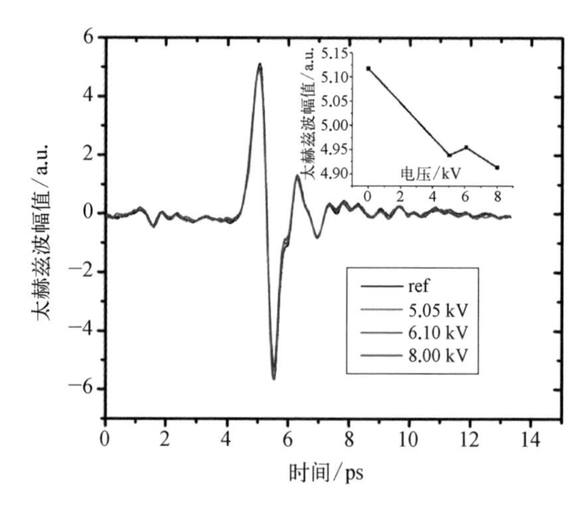

图 9-9　太赫兹波通过射流管管口时，氖射流等离子体前(ref)后(不同放电电压)的时域波形

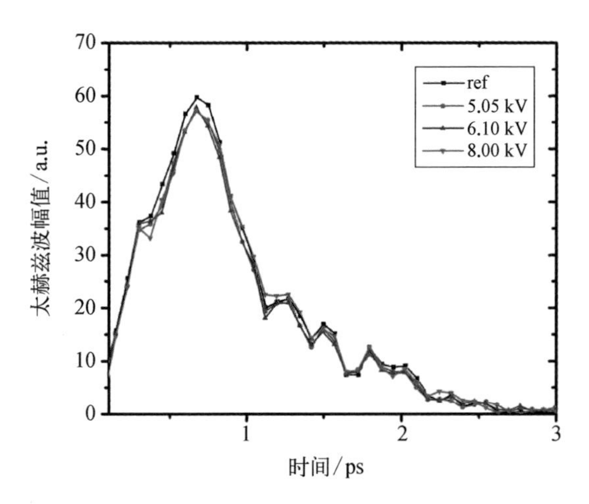

图 9-10 太赫兹波通过射流管管口时，氖射流等离子体前(ref)后(不同放电电压)的频谱

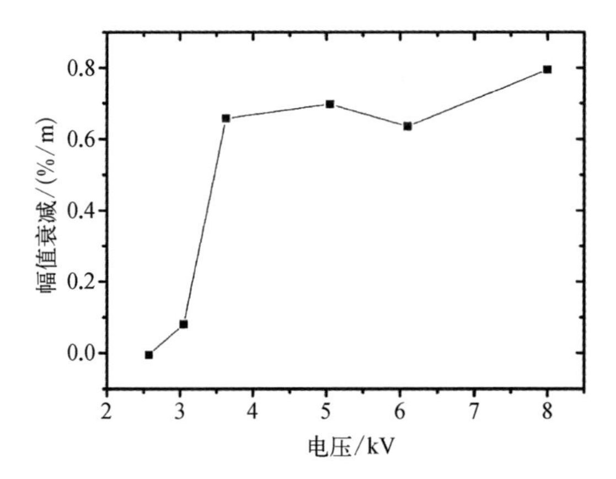

图 9-11 太赫兹波通过射流管管口，单位长度氖射流等离子体幅值衰减百分比

表 9-2 峰值频率太赫兹波穿透管口氖射流等离子体的透射率

放电电压/kV	2.57	3.05	3.63	5.05	6.10	8.00
透射率(T)	1.000	0.996	0.967	0.965	0.968	0.960

图 9-12、图 9-13 分别是太赫兹波通过管口下方 2 cm 处，氖射流等离子体前(ref)后(不同放电电压)的时域波形和频谱。在等离子体中，传输前后幅值没有明显变化，说明透射率几乎达到 100%。

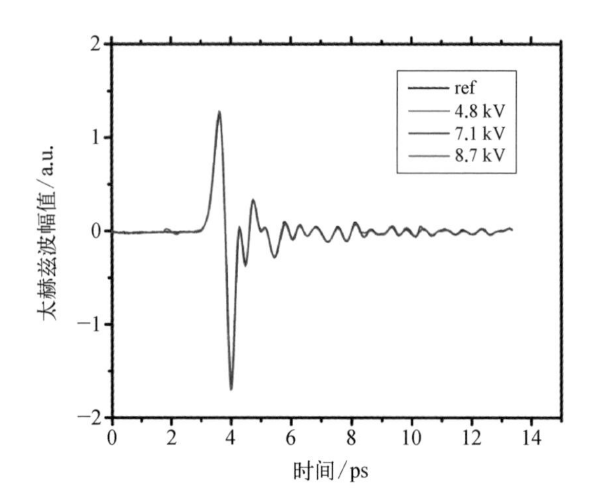

图 9-12　太赫兹波通过管口下方 2 cm 处，氖射流等离子体前(ref)后(不同放电电压)的时域波形

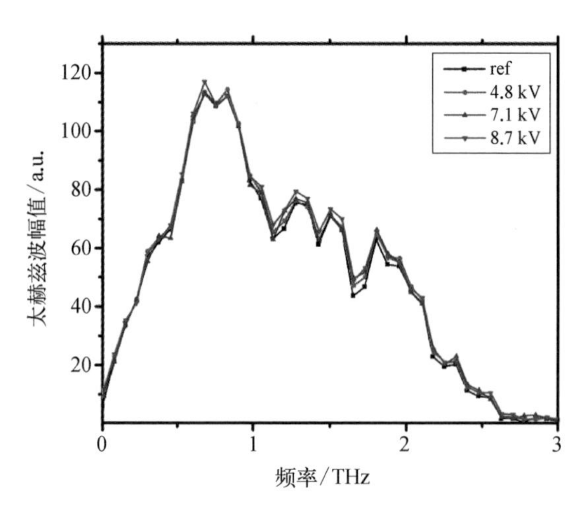

图 9-13　太赫兹波通过射流管管口下方 2 cm 处，氖射流等离子体前(ref)后(不同放电电压)的频谱

9.3　应用于生物检测领域

在生物医学诊疗方面，太赫兹光谱检测技术更是展现出了不可替代的优势。很多生物分子的振动及转动能级正好落在太赫兹波段，因此，该时间尺度下与组织和细胞中分子的生物学功能密切相关的构象信息可以用太赫兹波检测。来自分子内或分子间的低频分子振动能够激发弱相互作用和构象相关的相互作用，包括氢

键、范德瓦耳斯力和非结合(疏水)相互作用。此外,大多数低频生物分子运动,包括分子骨架的振动和旋转,都与太赫兹波辐射处于相同的频率范围。因此,通过它们独特的光谱指纹特性,这些分子特有的运动可以被有效地识别和表征。

太赫兹光子能量大约是手机辐射的几十分之一,一般只有毫电子伏特(meV)。光子能量为(0.662 4～66.24)$\times 10^{-22}$ J,频率为 1 THz 的电磁波光子能量只有大约 6.24×10^{-22} J,约为 X 射线光子能量的 $1/10^{6}$,低于很多化学键的键能,理论上不会对生物组织造成有害电离,因此适合利用太赫兹波对生物组织进行活体检查。

太赫兹光谱检测技术可以提供不能通过光学、X 射线和核磁共振的检测方法直接获得的信息。相较 X 射线,太赫兹波不会对检测物质尤其是活性物质造成损伤,同时,又弥补了超声技术分辨率低的缺憾。红外及拉曼光谱技术成为分析和表征生物分子结构的常用手段,但其只能得到分子中官能团振动或转动的结构信息。生物分子的弱相互作用力、大分子的骨架振动、偶极的旋转和振动跃迁以及晶格的低频振动刚好在太赫兹波段有很强的响应,因此太赫兹光谱技术可以用来表征物质微观特征。太赫兹波段的特征光谱除了包含分子的振动-转动模式信息以外,还能反映能级跃迁、水合生物物质、弱相互作用力等分子内或分子间的相互作用,可以用于探索分子的各种物理化学现象。因此,太赫兹技术为揭示生物分子结构、性质、功能以及与其他生物分子的相互作用等提供了新的技术手段。

然而,目前的太赫兹科学技术并不能满足人类日益丰富的生产与生活需求,尤其在生物医学诊疗方面,由于水的强吸收使其检测极为受限。大多数生物分子只能在液体环境中保持生物活性,因此突破检测液体生物分子的技术壁垒至关重要。其技术壁垒主要集中在以下三个方面: ① 缺乏高效率、高稳定以及高光束质量的太赫兹辐射源;② 缺乏低损耗的太赫兹波传导;③ 缺乏核心器件和系统技术。砷化镓光电导天线具备稳定高效的太赫兹辐射性能和相对较宽的频谱,结合检测核心器件的使用,能够提高检测信噪比及准确率,太赫兹时域光谱检测技术目前已逐渐被成功地应用到生物小分子、生物大分子、病毒以及细胞和组织的检测中。

9.3.1 基于 PCA 辐射源的微流控芯片检测含水生物样品

微流体是医学诊断和化学领域较有前景的分析工具。其优点包括能够减小样品体积、提高灵敏度、降低成本、具有便携性,以及具有高度集成到微全分析系统(TAS)的潜力。这种将太赫兹和微流体结合的技术可以产生新的分析方法,从而缩短分析过程。由于这些优异的特性,微流控芯片可以作为一种辅助手段被引入太赫兹生物传感器。如果通过微流控技术能够将被检测的生物分子(蛋白质、RNA、DNA等)溶解在液体样品中,那么集成了微流控芯片的太赫兹传感器将被广泛应用。然而由于远场太赫兹波的空间分辨率和它们对极性溶剂的强吸收,目前很难用太赫兹波进行超痕量测量。

(1) L-精氨酸分子从结晶态到溶解态的太赫兹光谱检测

生物大分子、细胞及组织通常在水中才能保持生物活性,由于水的强吸收掩盖了样品信号以及其他非目标分子的干扰,导致样品信噪比低,因此识别和定量分析变得尤为困难。使用TPX微流控样品池结合实验室制造的GaAs光电导天线辐射源的太赫兹时域系统直接检测。图9-14是实验室自行搭建的基于GaAs光电导辐射天线的太赫兹测量系统光路,这种测试方法具有操作简单、成本低、普适性高等优点,获取这些光谱信息可检测具有水化敏感病变的细胞和组织。

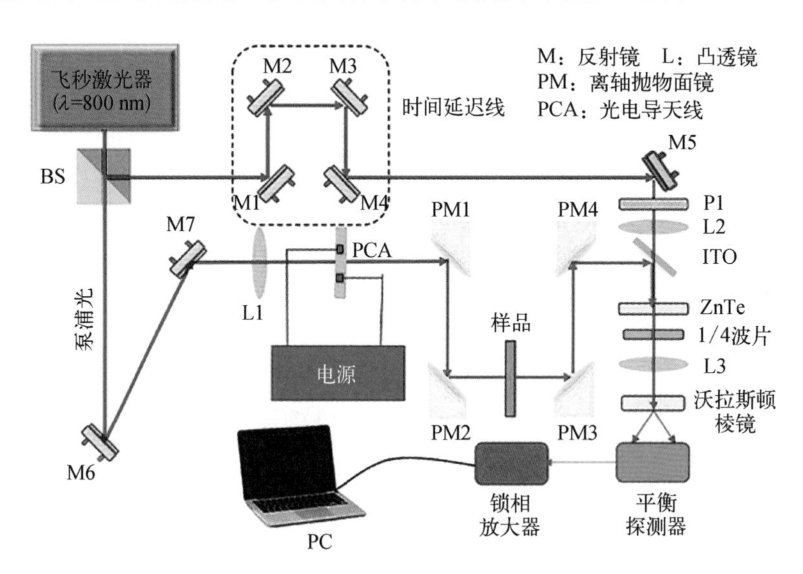

图9-14 基于GaAs光电导辐射天线的太赫兹测量系统光路

TPX微流控样品池与THz-TDS光谱系统相结合,测量了L-精氨酸分子从结晶态到溶解态的太赫兹光谱,可以获得L-精氨酸样品在0.1～2.0 THz范围内的三个吸收特征光谱,如图9-15所示。能够发现: ① L-精氨酸晶体及其水合物具有三个相同的吸收峰,分别位于0.99 THz、1.46 THz和1.70 THz; ② L-精氨酸溶液和自由水具有相同的特征吸收光谱趋势; ③ 三种L-精氨酸样品的吸收基线不同。此外,还对太赫兹光谱的一些信息(如折射率、介电常数的实部和虚部)进行了详细的分析和讨论,这些信息可以用来验证指纹图谱的可靠性。这些光谱信息的获取为检测具有水合敏感性病变的细胞和组织提供了可靠的技术手段。

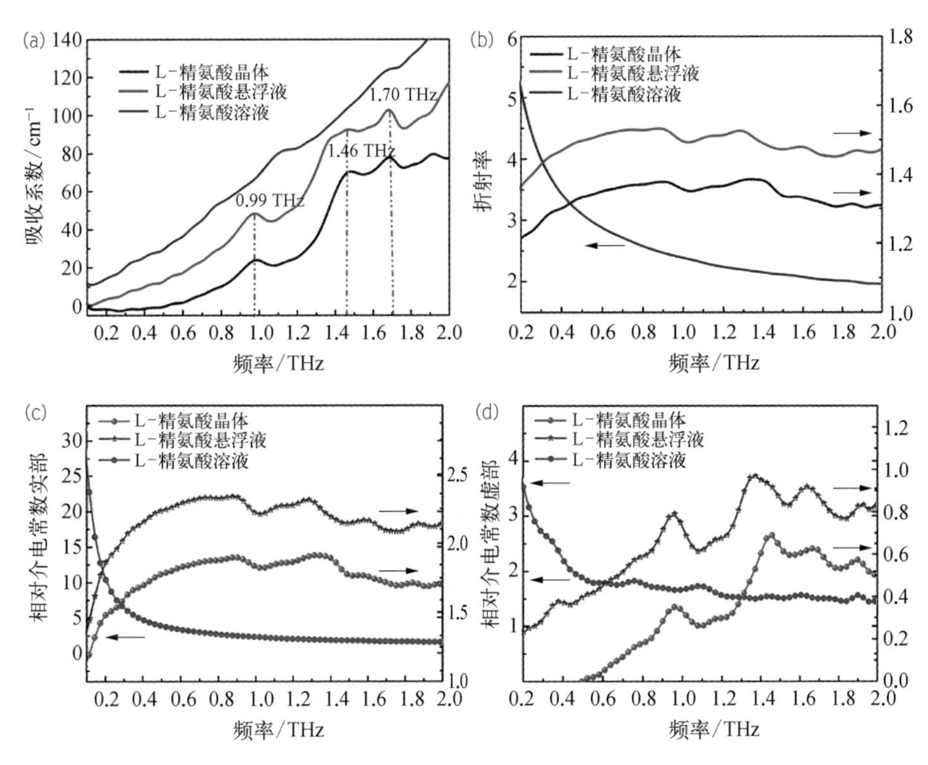

图 9-15　L-精氨酸晶体、悬浮液和溶液样品的吸收谱、折射率和介电常数(实部和虚部)

(2) 宫颈癌活细胞的检测

本节检测的宫颈癌活细胞(简称 HeLa 活细胞)爬片由中国人民解放军空军军医大学提供。

HeLa 最初源自一位美国人海瑞塔-拉克斯(Henrietta Lacks)的宫颈癌细胞系。为了定量、定性地检测 HeLa 活细胞在太赫兹频段的特征吸收谱,在直径为 2 cm 的 12 孔培养板上分别接种了三种不同细胞个数的 HeLa 活细胞,其细胞个数分别为 2.6×10^4、5.2×10^4 和 7.8×10^4,将它们分别制成活细胞爬片,样品厚度约为百微米量级。由于培养板底面积约为 4.5 mm^2,即三种 HeLa 活细胞爬片浓度分别为 5.78×10^3 个/mm^2、1.16×10^4 个/mm^2 和 1.74×10^4 个/mm^2。

制作细胞爬片前,首先盖玻片泡酸放置 12 h,后用蒸馏水反复冲洗 20 遍,然后置于无水酒精中浸泡 6 h,再用蒸馏水冲洗 3 遍,最后置于玻璃培养皿中进行高压消毒、烘干。种植细胞之前需要将盖玻片再次浸泡于 75%的酒精中消毒 10 min,用酒精灯烤干后放入培养皿中备用。

加细胞前，将 HeLa 活细胞悬浮在完全培养基中，用移液器充分吹打使之形成单细胞悬液并计数。随后开始添加细胞，在准备放爬片的位置滴少量培养基(防止加细胞悬液时玻片漂起，造成双层细胞爬片)，使玻片与培养皿靠培养基的张力黏结到一起，然后将圆形盖玻片平放在无菌的细胞培养皿内，再将三份细胞个数分别为 2.6×10^4、5.2×10^4 和 7.8×10^4 的细胞悬液均匀加入培养皿中，经过 8～12 h 恒温培养(5% CO_2，37℃)后，细胞均匀贴敷在圆形盖玻片表面。图 9-16 为 HeLa 活细胞爬片的光学显微镜下照片。

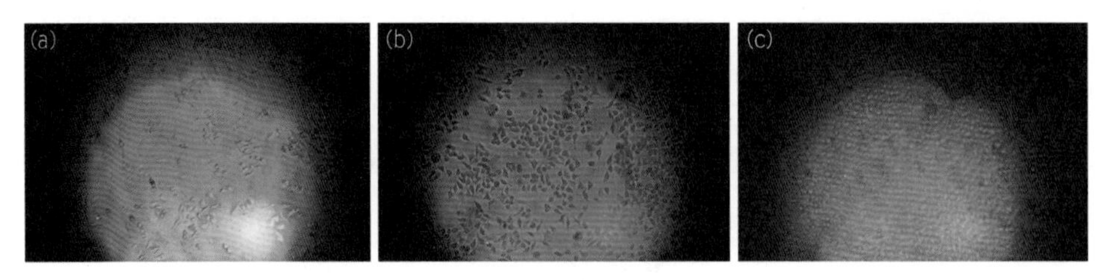

(a) 5.78×10^3 个/mm^2；(b) 1.16×10^4 个/mm^2；(c) 1.74×10^4 个/mm^2

图 9-16　HeLa 活细胞爬片的光学显微镜照片

太赫兹时域光谱系统中采用光电导天线辐射-自由空间电光采样方法探测，其工作条件如下：太赫兹辐射源采用间隙为 150 μm 的 GaAs 光电导天线、探测器采用 3 mm 厚的 ZnTe 非线性晶体、泵浦光 2 平均功率为 250 mW、探测光平均功率为 30 mW、偏置电压设置为 75 V、工作环境湿度为 8.5%、温度为 24℃。优化系统能够使静态测量模式的信噪比高于 10 000 dB，利用快速傅里叶变换后得到其频谱分辨率为 1 GHz，频谱宽度为 3 THz。然后依次将生物大分子样品按照含水样品和爬片进行分类检测，对不同样品逐一扫描后，得到对应的时域信息，再通过快速傅里叶变换(FFT)得到对应的频域信息。如图 9-17 所示，为 HeLa 活细胞应用的瞬态太赫兹光谱仪的空气参考时域谱图及相应的频谱图。

在 HeLa 细胞爬片(活细胞)的检测过程中，为了避免载玻片的吸收影响，将透过空载玻片的频谱信号规定为参考信号的强度，然后将不同浓度的 HeLa 细胞爬片的频谱信号规定为样品信号的强度，通过 Matlab 和 Origin 对数据进行处理，利用 Lambert-Beer 定律计算得到不同浓度的不同样品在太赫兹频段对应的吸收峰，其结果如图 9-18 所示。从图中可以发现，在 0.1～2 THz 的频谱范围内，不同浓度的 HeLa 活细胞有共同的特征吸收峰，分别是 1.106 THz、1.435 THz、1.584 THz、1.646 THz、1.772 THz 和 1.861 THz，但是只有在 1.584 THz 的吸收峰处其吸收系数随着活细胞浓度的增加而增加，而在 1.435 THz 和 1.646 THz 两处吸收峰，其吸收系数随着活细胞浓度的增加而逐渐减小，剩余的特征吸收峰则没有明显的规律。

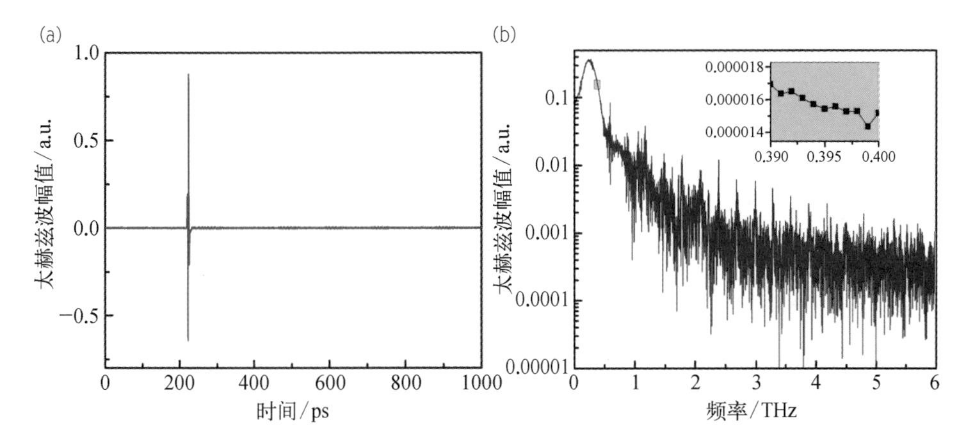

图 9－17　HeLa 活细胞应用的瞬态太赫兹光谱仪的时域谱图及频谱图

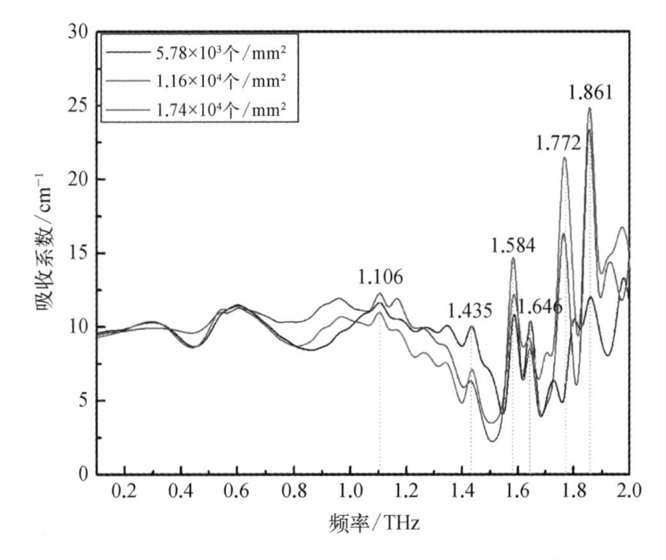

图 9－18　HeLa 细胞爬片(活细胞)不同浓度的吸收谱图

苏州大学附属第二医院科研团队开发了一种单细胞层微流控装置。在更换光学透明剂后，检测 H8、HeLa 和 SiHa 细胞系在贴壁和悬浮状态下的特性。对于混合悬浮细胞样本，使用主成分分析-支持向量机方法来识别良性和恶性细胞成分。在活细胞甲醛化后，基于太赫兹光谱振幅差异，评估细胞膜渗透性的变化以识别细胞存活状态。通过光谱分解技术分析不同细胞类型(良性和恶性宫颈上皮细胞)、细胞密度和细胞存活状态的太赫兹光谱特征。

在本研究中，活细胞培养在与微流体装置相匹配的细胞结合板上，如图 9－19(a)所示，细胞培养基液被毒性较低的光学透明剂氟油代替，能够克服水敏性的光透明剂用于活细胞的太赫兹光谱探测。该微流体装置不仅可以高选择性和高灵敏度地实现流体的有效传输、混合、分离和检测，还可以减少细胞样品的数量，从而提高便携性，降低耗材成本并简化实验。重要的是，微流控芯片还可以克服光学透明剂置换细胞外水层时液体样品层厚度不均匀的问题。太赫兹和微流体技术的集成可用于太赫兹生物传感器的未来发展。此外，无标记和无创的太赫兹光谱可以被用来表征宫颈癌细胞，从而为液体活细胞的检测提供实验基础。研究人员选择高密度 PET 载玻片集成到微流控平台中，替换氟油后，获得了 0.2～1.2 THz 的频域光谱吸收特性。如图 9－19(b)所示，比较良性和不同亚型恶性宫颈细胞的光谱指纹特征可知，SiHa 细胞的吸收率高于 H8 细胞[图 9－19(a)]，HeLa 细胞的吸收率低于良性 H8 细胞。太赫兹频谱功率中三种细胞类型的信号强度如下：HeLa>

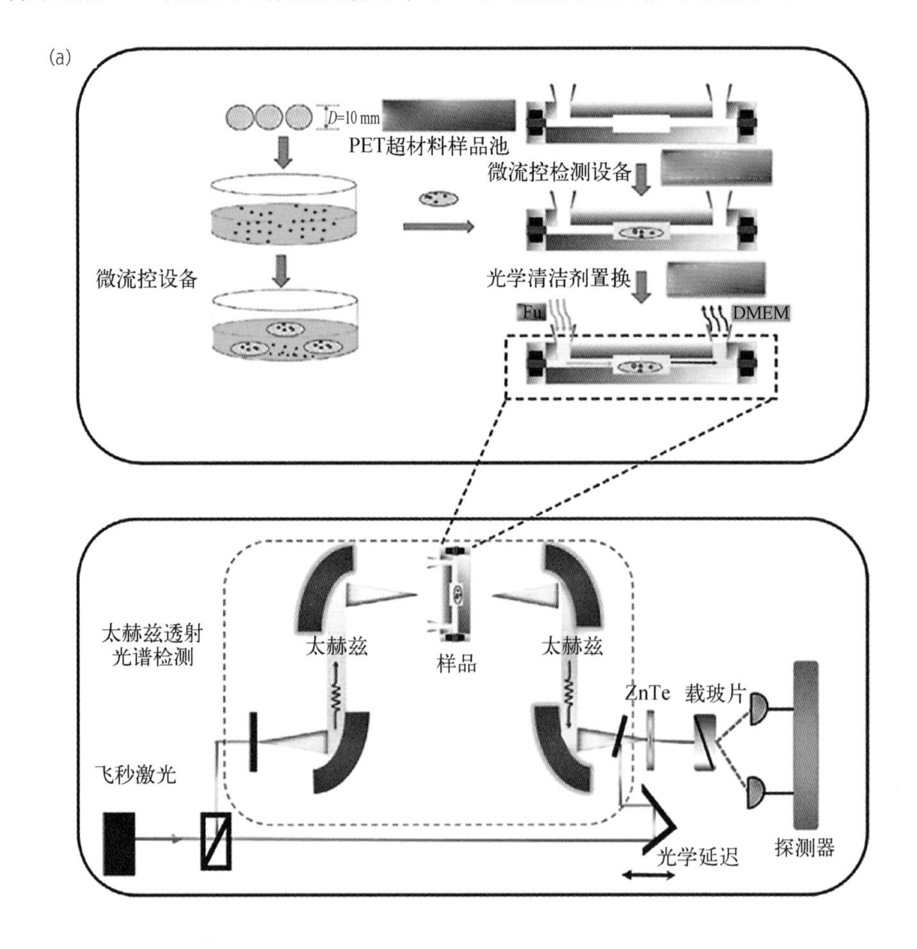

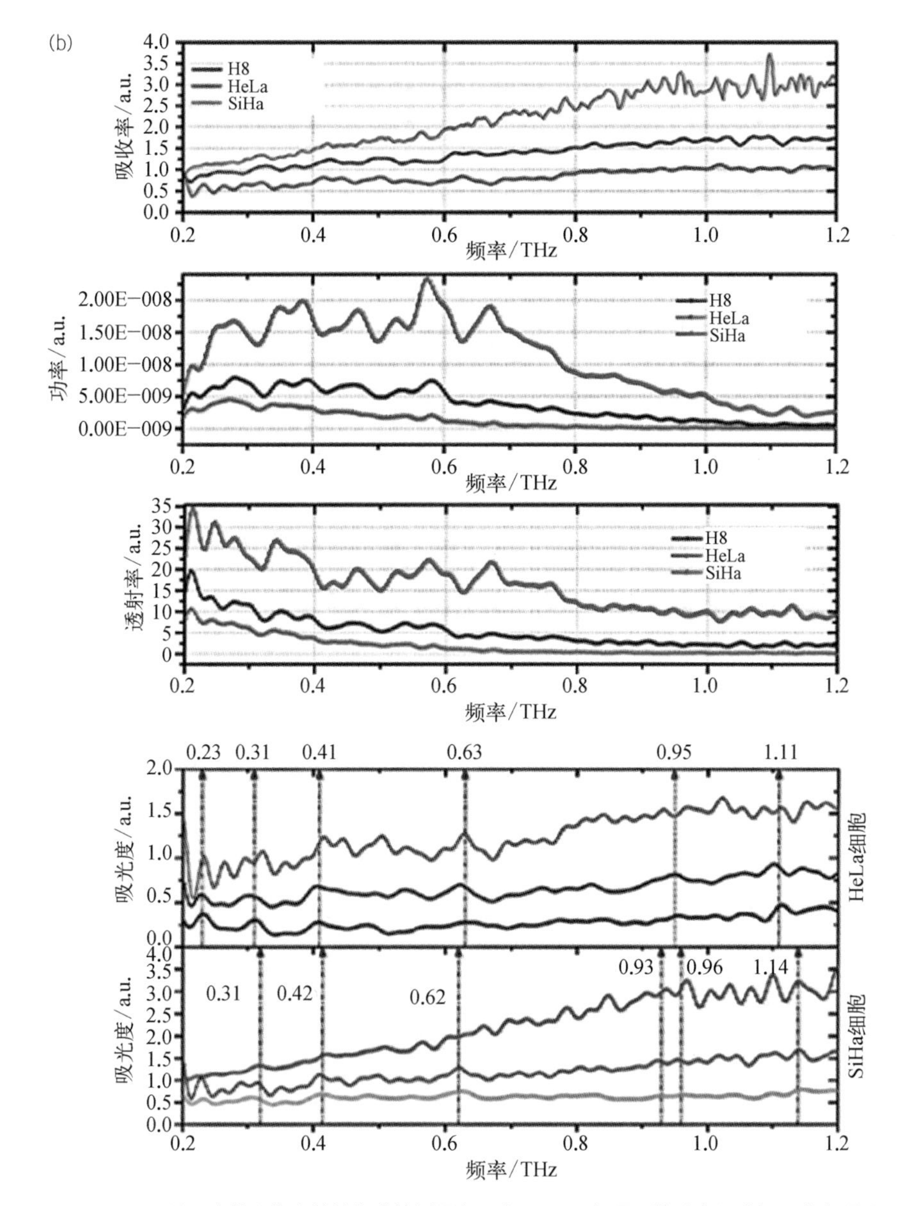

图 9-19 (a) 活细胞微流控太赫兹集成检测平台示意图；(b) 宫颈恶性肿瘤细胞与正常宫颈上皮细胞的太赫兹光谱特征比较。上边三图分别为吸收率、功率和透射率。灰色曲线代表 H8，红色曲线代表 HeLa，蓝色曲线代表 SiHa。下边两图为两种恶性宫颈细胞 HeLa 和 SiHa 的吸收特征的特征峰

H8>SiHa[图 9-19(b)]。三种细胞的透光率从最高到最低依次为 HeLa>H8>SiHa。图 9-19(b)下方的两图显示了宫颈癌细胞类型的太赫兹光谱差异的附加分析。HeLa 细胞在 0.23 THz、0.31 THz、0.41 THz、0.63 THz、0.95 THz 和

1.11 THz处具有特征峰，而 SiHa 细胞在 0.31 THz、0.42 THz、0.62 THz、0.93 THz、0.96 THz 和 1.14 THz 处具有特征峰。两种细胞系的吸收率随着细胞密度的增加而增加。

(3) 牛血清白蛋白(BSA)水溶液的检测

Klokkou 等基于太赫兹兼容聚四氟乙烯(PTFE)的微流控流动池，使用天线辐射源的太赫兹时域商用系统，对一系列浓度的 BSA 水溶液进行了太赫兹时域光谱分析，证明了该设备适用于生物分子相互作用研究。

在该研究中，氧等离子体处理和研磨的新颖组合分别用于增加和降低通道及周围基底的润湿性使之达到超疏水水平，与其他技术相比，该技术在接触角方面产生鲜明对比，允许表面张力效应将液体限制在通道中，如图 9 - 20(a)所示。PTFE 是一种化学惰性、生物相容的材料，在亚毫米波长下具有理想的光谱特性。透射光谱的太赫兹兼容微流体设备是克服水的强信号衰减的理想解决方案，因为有效光束路径长度显著缩短，这样可以减小样品交换的误差。这种生物介质太赫兹光谱的聚四氟乙烯流动池成为了具有优化水介质路径长度的流动池，其利用表面张力来实现对液体介质的限制，从而对生物大分子的水溶液进行太赫兹光谱测量。图 9 - 20(b)是牛血清白蛋白水溶液的太赫兹光谱，其复折射率和吸收系数可以通过频率和牛血清蛋白浓度的函数表征。这种限制固有的气液界面的方法为研究气体的相互作用对蛋白质水合的影响提供了一个极好的平台，如血红蛋白氧合，该技术可以检测气体敏感蛋白质构象的微小变化，并将这种变化反应在“芯片”上。

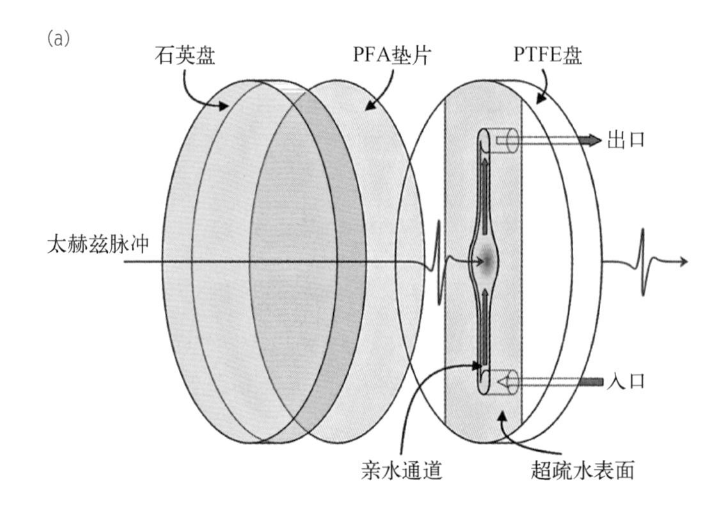

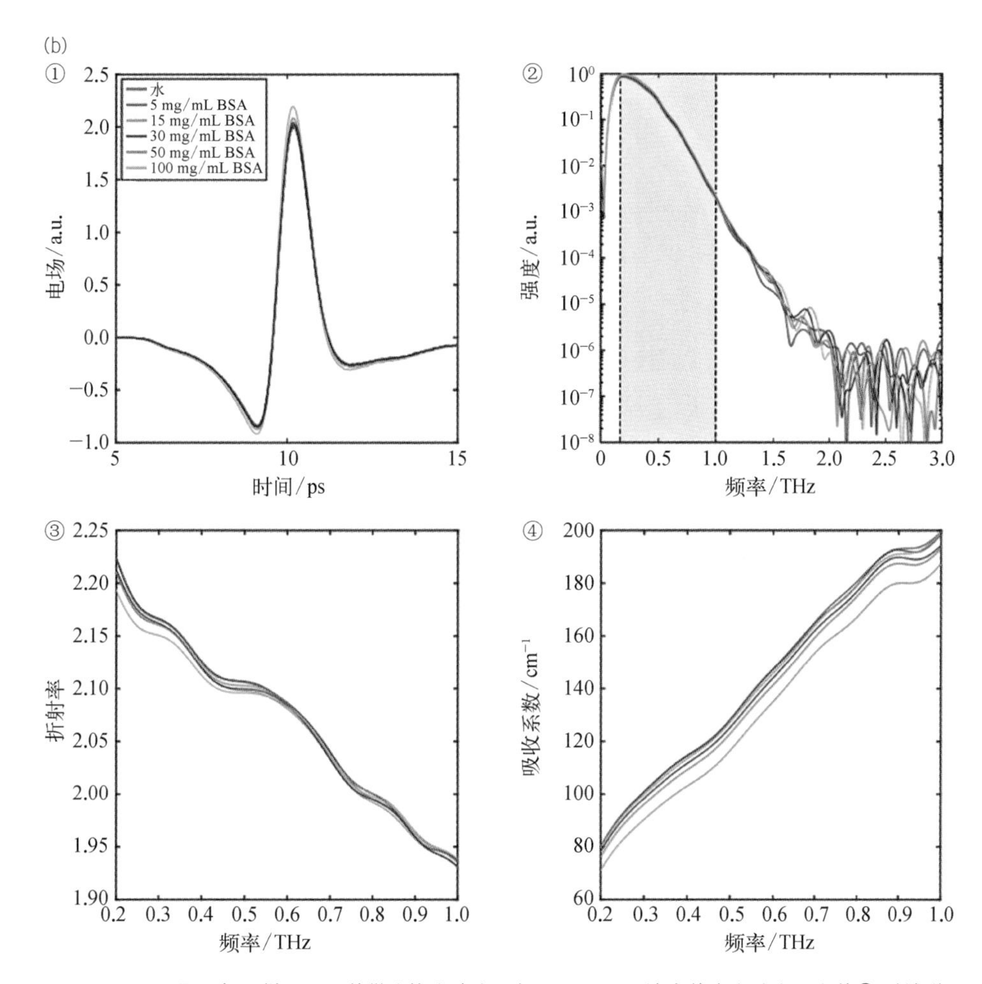

图 9-20 (a) 聚四氟乙烯(PTFE)的微流控流动池示意图;(b) 不同浓度的牛血清白蛋白的① 时域谱、② 频谱、③ 折射率和④ 吸收系数

9.3.2 基于 PCA 辐射源的 THz-ATR 技术检测含水生物样品

衰减内全反射(Attenuated Total Reflection, ATR)是 20 世纪在红外光谱研究中广泛使用的一种技术,用于克服透射法测量中难以进行检测的问题。21 世纪初,随着 THz-TDS 的发展,科研人员结合 THz-TDS 与 ATR 检测技术的优势进行了一系列的研究。该设计基于光的全反射原理,当光波从折射率较大的介质(棱镜材料)入射到折射率较小的介质(空气或者含水生物样品)时,若持续增大入射角使其满足 $\sin\theta_{in} > n_2/n_1$ 时,两介质分界面上所有的光均被反射回到原光密介质棱镜材料中,这种情况被称为全反射现象。在光疏介质和光密介质的分界面处有倏

逝波产生，如图 9－21 所示。倏逝波的幅值在分界面垂直方向上呈指数形式衰减，其穿透深度 d_p 的计算公式如下：

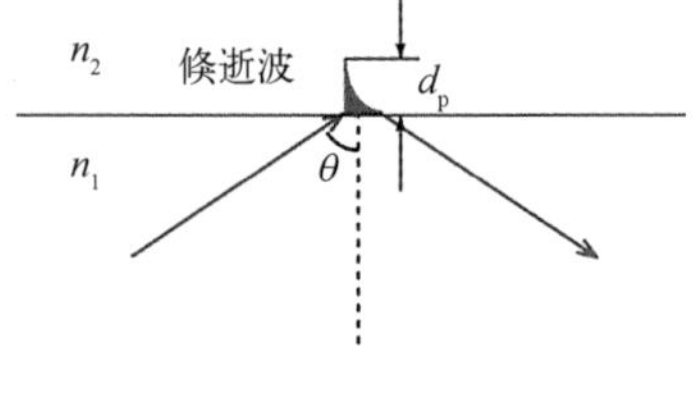

图 9－21　衰减全反射的产生倏逝波的原理图

$$d_p=\frac{\lambda}{2\pi\sqrt{n_1^2\sin^2\theta-n_2^2}} \tag{9-1}$$

式中，λ 为入射光波的波长；n_1、n_2 分别为两种介质的折射率，且满足 $n_1>n_2$；θ 为入射角。从式(9－1)可以看出，倏逝波入射到样品中的穿透深度与 n_1、n_2 以及 θ 相关，一般与 λ 同数量级，表明衰减全反射光谱可以提供距离界面微米级或者更薄层的光谱信息，即可用于微量生物样品检测。与其他光谱相比，衰减全反射光谱对待测样品的要求较低，制样简单；测量区域小，可以实现实时检测；同时有着容易操作、无破坏性和测量结果准确等优点。

(1) 基于 ATR－THz 技术不同长度的 DNA 寡核苷酸的单碱基突变

许多人类遗传病都是由基因序列中的单碱基突变引起的。由于具有单碱基突变的 DNA 分子极难区分，现有的检测方法总是复杂和耗时的。Tang 等自制了太赫兹衰减全反射(ATR)微流控池，并结合具有透射模式的商用天线发射源的 THz－TDS系统(Tera K15, Menlo Systems GmbH, Munich, Germany)来测量 THz－ATR 微流体池中 DNA 寡核苷酸溶液的太赫兹光谱。简而言之，泵浦光束照射在偏置光电导(PC)天线上，发射太赫兹脉冲，太赫兹脉冲透过样品的光通过与太赫兹波发射过程几乎相反的过程被探测到，采样数据用于重建太赫兹时域脉冲信号。

衰减全反射(ATR)有助于获得相互作用信息，倏逝太赫兹波和棱镜表面上的被测物体之间发生内部反射。倏逝波沿着物体的切线方向传播并且其振幅随着远离界面而指数形式地减小。在太赫兹波段，当振幅衰减到入射光振幅的 1/e 时，倏逝波的穿透深度通常是几十微米。因此，当要测量的样品被放置在 ATR 棱镜的表面上时，倏逝波通过棱镜透射到样品的底层，从而发射出太赫兹信号，该信号主要反映样品底层在太赫兹波段的物理化学性质(图 9－22)。

使用太赫兹衰减全反射微流体样品池作为 DNA 分子溶液的载体，倏逝波穿透深度只与样品折射率和太赫兹波长有关，与样品厚度无关。这就避免了透射检测法需要精确控制和测量样品厚度，简化了样品前处理过程。同时，这种反射检测方案不会带来驻波共振的干涉效应，简化了数据后处理过程。

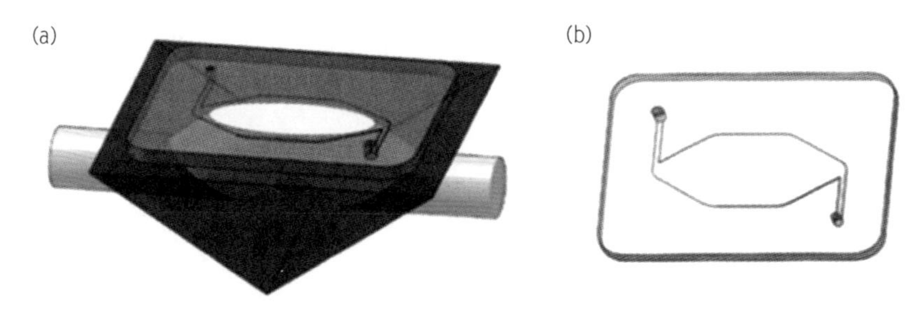

图 9-22 (a) 太赫兹 ATR 微流体的示意图;(b) 样品池的盖子

使用 ATR-THz 系统检测的目标浓度为 0.5 g/L 的四种寡核苷酸，分别是正常血红蛋白基因、镰状细胞性贫血基因(15 nt)、野生型 JAK2 基因、来自镰状细胞性贫血和血小板减少症的 JAK2 V617F 基因突变(39 nt)。四种寡核苷酸溶液在 0.3～1.4 THz 频率范围内的吸收系数如图 9-23 所示，在正常血红蛋白基因和镰状细胞性贫血基因溶液之间的太赫兹波吸收存在一些差异。从图 9-23 中可以看出，当寡核苷酸为 0.5 g/L 时，正常血红蛋白基因和镰状细胞性贫血基因之间的吸收系数差异大于野生型 JAK2 基因和 JAK2 V617F 基因突变体之间的吸收系数差异，并且 15 nt 的正常血红蛋白基因和镰状细胞性贫血基因之间的吸收系数差异比 39 nt 的吸收系数差异更显著，误差线重叠更少。

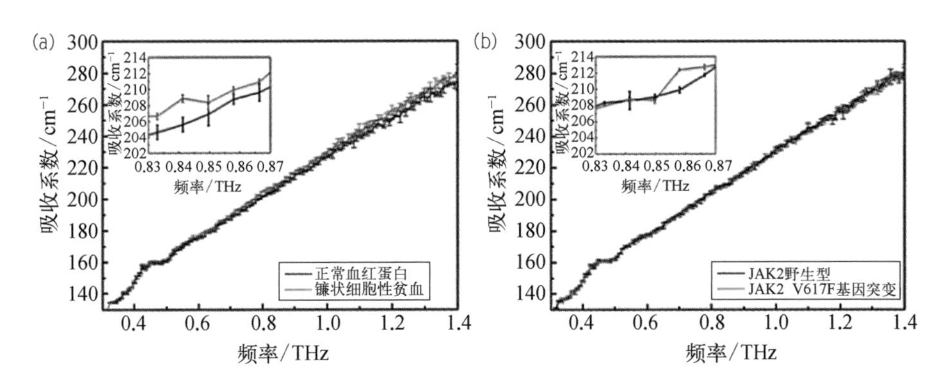

图 9-23 基于 THz-ATR 微流体池的浓度为 0.5 g/L 的(a) 两种短链寡核苷酸和 (b) 两种长链寡核苷酸的太赫兹吸收光谱

为了确定这种差异在统计学上是有意义的，并且可以用于区分四种样品，所以对每种寡核苷酸溶液使用超过 30 次的测量数据进行主成分分析(PCA)，以对四组寡核苷酸进行分类。图 9-24 显示了这四种单碱基突变 DNA 寡核苷酸的太赫兹光谱主成分分析的三维视图。前三个主成分的累计方差百分比为 99.23%。PC1

解释了95.85%的方差，PC2解释了2.77%的方差，PC3解释了0.61%的方差。由前三个PCs的分数表示的三维空间包括来自原始太赫兹数据的99.23%的信息，覆盖了其中绝大多数有用信息。

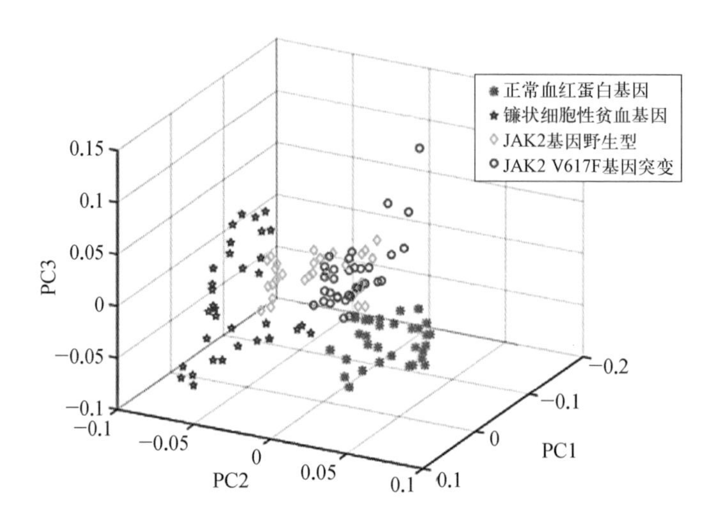

图9-24　基于ATR-THz微流控池的四种DNA寡核苷酸(0.5 g/L)太赫兹光谱的主成分分析

结果表明，太赫兹光谱结合ATR微流控池可以识别单碱基突变的寡核苷酸片段，只需要少量的样本就可以区分不同突变和长度的DNA分子溶液，并且单碱基突变的短寡核苷酸片段的识别效果优于长寡核苷酸片段。太赫兹生物传感器显示出具有高灵敏度的优势，并且可以用于在溶液环境中直接检测DNA分子。

(2) ATR-THz光谱研究活体胶质样细胞的介电特性

天津大学Wang等结合单界面和双界面ATR模型来确定活细胞介电响应，如图9-25所示。该研究采用了配备有高阻硅棱镜的太赫兹时域ATR光谱系统(Advantest TAS7500)。入射角度(57°)提供了全内反射条件。实验设计了相同规格的可重复使用的硅容器，在硅容器底部培养活细胞。该研究基于单界面和双界面样品模型的结合，提出了活细胞介电响应的计算方法。在实验中，准确地表征了活的胶质样细胞单层的介电参数，用THz-TDS系统研究了细胞数目和细胞类型对介电响应的影响。此外，神经胶质瘤细胞与太赫兹区域的神经胶质样细胞相比表现出不同的特性。

基于单界面和双界面模型组合，可以在没有细胞厚度的情况下确定活细胞单层的介电响应。用ATR-THz时域光谱系统实验测量了不同种类、不同细胞数的活细胞的特性。此外，胶质瘤细胞与正常细胞相比表现出不同的介电特性，如图

9-26,对活的胶质样细胞(PC12、SVG P12 和 HMO6)的实验结果表明,太赫兹区域中的介电响应与细胞数量、细胞内液体和细胞结构显著相关。此外,胶质瘤细胞(C6 和 U87)与胶质样细胞相比,表现出不同的介电特性,可以用于波诊断胶质瘤细胞组织。

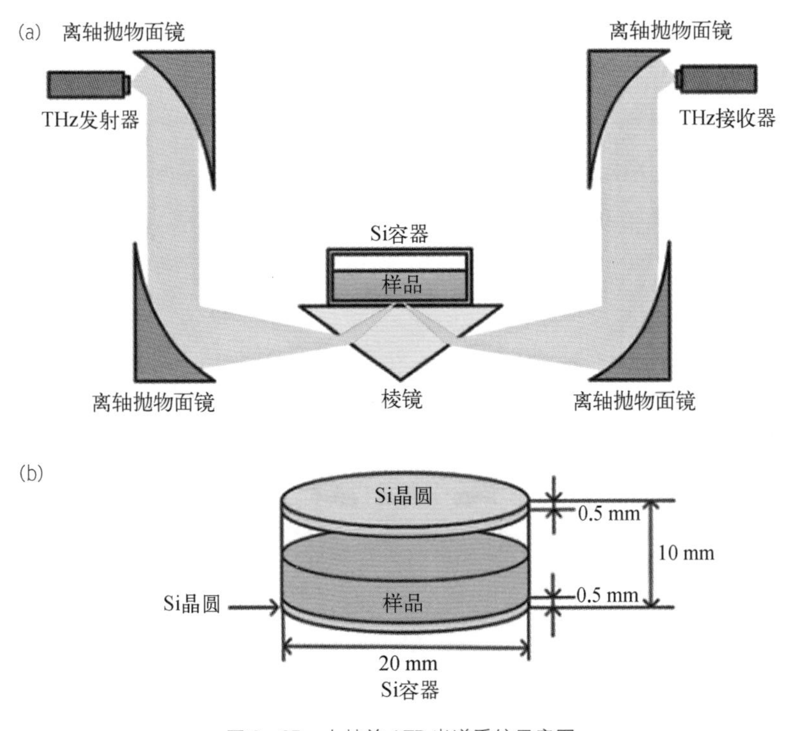

图 9-25 太赫兹 ATR 光谱系统示意图

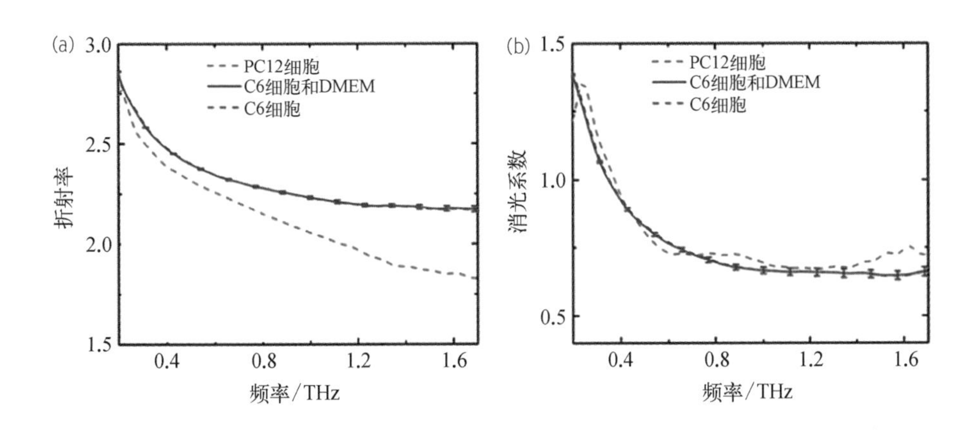

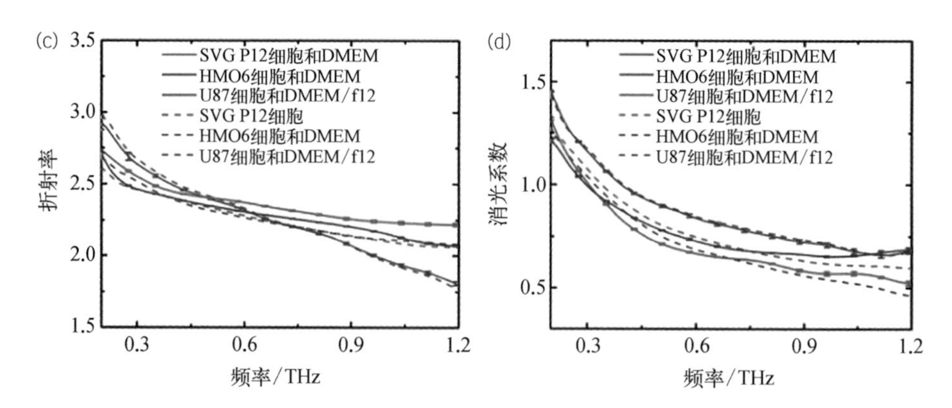

图 9－26　胶质样细胞(PC12、SVG P12 和 HMO6)和胶质瘤细胞(C6 和 U87)的光学特性

(a) 大鼠的 PC12 和 C6 细胞的折射率；(b) PC12 和 C6 细胞的消光系数。(c) SVG P12 细胞、HMO6 细胞和 U87 细胞的折射率；(d) SVG P12 细胞、HMO6 细胞和 U87 细胞的消光系数。

(3) THz－ATR 光谱结合多分类器识别临床微生物

随着对公共健康和安全相关领域的逐渐重视，快速和准确鉴定微生物的需求正在增长。府伟灵团队通过将太赫兹衰减全反射(THz－ATR)光谱与多分类器投票的自动识别方法相结合，展示了一种快速和无标记的微生物识别策略。图 9－27 是该研究所使用的带有由硅制成的样品池的 THz－ATR 光谱仪的示意图。

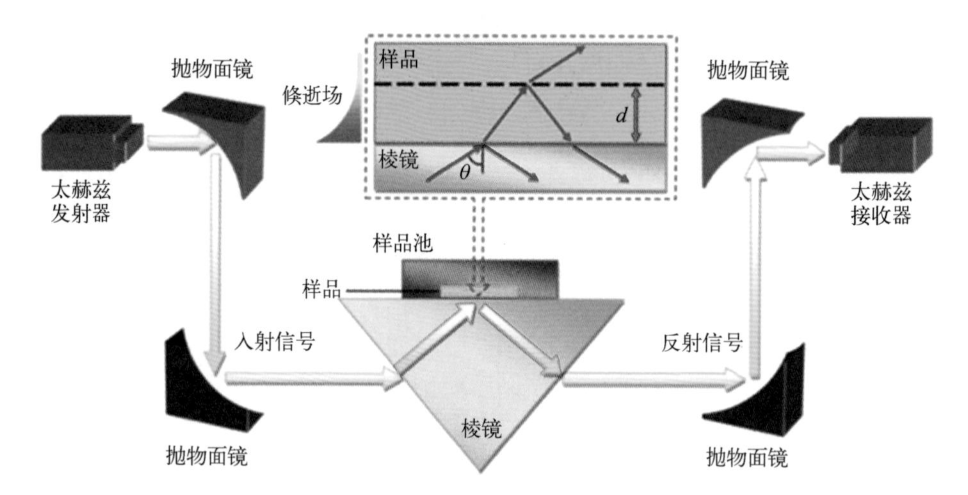

图 9－27　带有由硅制成的样品池的 THz－ATR 光谱仪的示意图

如图 9－28 和图 9－29 所示，可以通过与太赫兹吸收系数相关的水合状态的变化来识别一些细菌种类，但是很难仅仅通过它们的水合状态来准确地识别微生物，因为随着取样物种数量的增加，可能存在类似的水合状态。因此研究人员使用了

主成分分析法和最小二乘法来区分这三组微生物。虽然有少量样本重叠，但是最小二乘法可以初步区分不同的微生物类群。

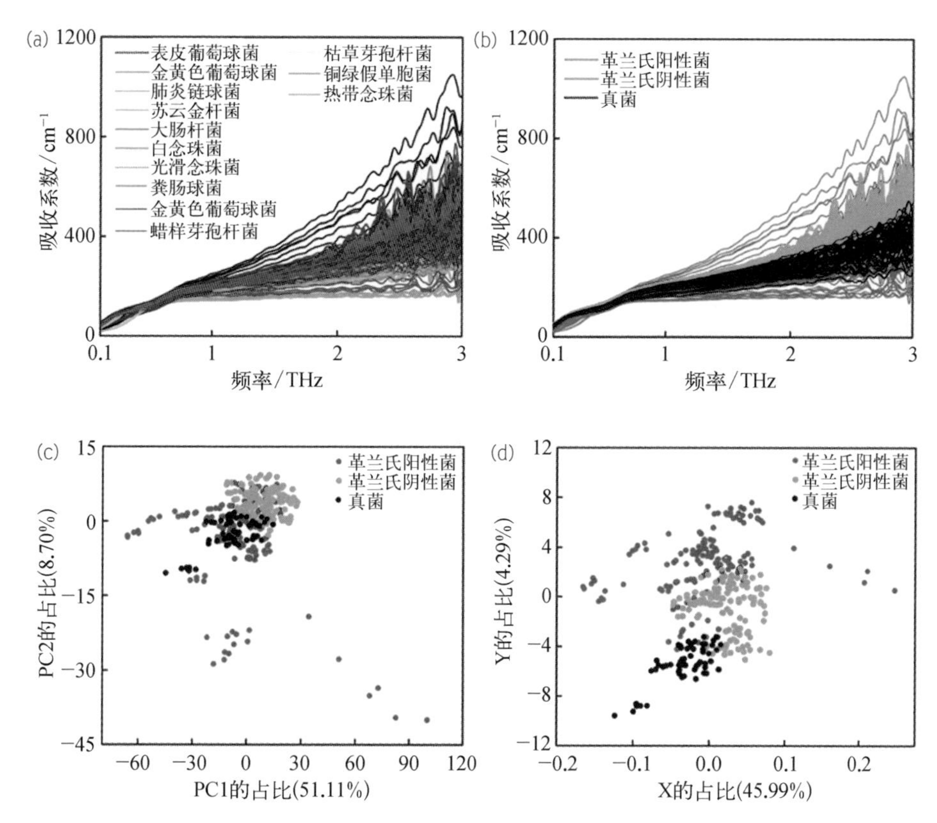

图 9-28　(a) 13 种标准微生物菌株的总共 387 条太赫兹吸收光谱曲线；(b) 8 种革兰氏阳性细菌菌株（红色）、2 种革兰氏阴性细菌菌株（绿色）和 3 种真菌（黑色）的太赫兹吸收光谱；(c) 革兰氏阳性细菌菌株（红色）、革兰氏阴性细菌菌株（绿色）和真菌（黑色）的太赫兹光谱的 PCA；(d) 革兰氏阳性细菌菌株（红色）、革兰氏阴性细菌菌株（绿色）和真菌（黑色）的太赫兹光谱的最小二乘分析表示

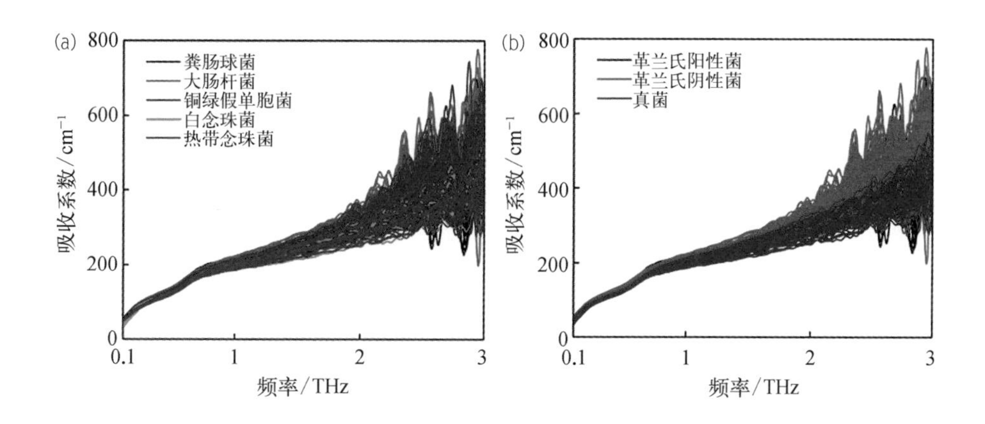

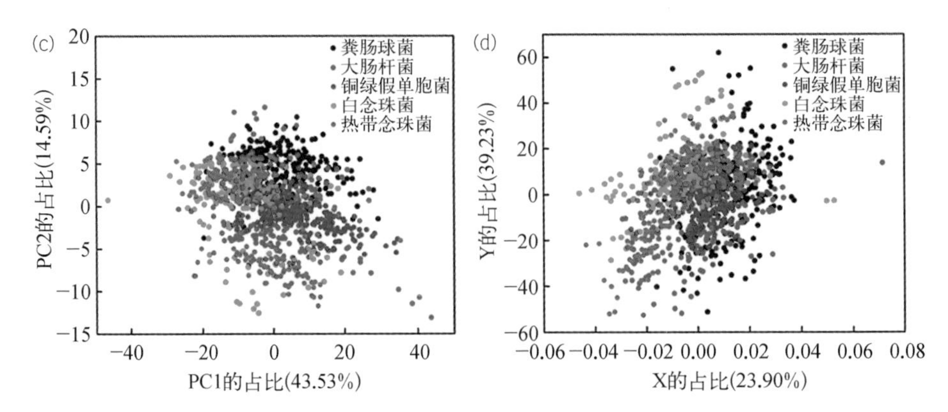

图 9-29 (a) 5 种临床菌株的总共 1 123 条太赫兹吸收光谱曲线，特别是粪肠球菌（黑色）、大肠杆菌（红色）、铜绿假单胞菌（蓝色）、白念珠菌（绿色）和热带念珠菌（紫色）；(b) 1 种革兰氏阳性细菌菌株（黑色）、2 种革兰氏阴性细菌菌株（红色）和 2 种真菌（蓝色）的太赫兹吸收光谱；(c) 上述 5 种临床菌株的太赫兹光谱的 PCA 表示；(d) 上述 5 种临床菌株的太赫兹光谱的最小二乘分析表示

结果表明，通过 THz－ATR 光谱，13 种标准微生物菌株可以分为三个不同的微生物组（革兰氏阳性菌、革兰氏阴性菌和真菌）。为了检测具有更好区分度的临床微生物菌株，考虑到其更大的样本异质性，该实验使用了一种基于多分类器投票的自动识别算法，它使用三种类型的机器学习分类器来识别五组不同的临床微生物菌株。结果表明，使用 THz－ATR 光谱可以在几分钟内快速准确地识别普通微生物，而传统的微生物鉴定方法需要花费大量时间。该研究所提出的自动识别方法通过光谱特征选择算法来优化，该算法能够识别最佳诊断指标，并且学习分类器与投票的组合方案。对于来自痰、血、尿和粪便的 1 123 个分离株，总诊断准确率达到 80.77%（对于粪肠球菌高达 99.6%）。这一研究结果表明太赫兹光谱结合多分类器的自动识别方法投票显著提高了光谱分析的准确性，有利于提高临床微生物无标记鉴定的效率。

9.3.3 基于 PCA 辐射源的超材料太赫兹技术检测含水生物样品

超材料是由亚波长结构组成的人工电磁材料。它们具有许多独特的电磁共振特性，例如电磁感应的负 RI 透明度和极端的环境敏感性。对周围环境敏感的超材料，尤其是由亚波长金属结构组成的超材料，已被广泛用于各种生物分子的检测中。

超材料通常由周期性排布的亚波长、深亚波长谐振器阵列组成。在入射电磁波的激发下，谐振器单元的共振产生了许多自然材料不具备的独特电磁特性。通过合理的材料选择与谐振器单元结构设计，可以灵活地实现所需的共振特性，并且在共振频率附近会产生强烈的局域场增强效应，极高的场增强因子将使痕量待测物与入射电磁波之间产生强烈的相互作用，这使得超材料具备对周围介质环境变化极度敏感的特性。这一概念可以很好地与太赫兹传感检测技术结合起来，实现太赫兹波段的痕量物质检测。太赫兹波与超材料的结合为生物医学分子提供了一种新的检测方法，不仅可以实现无标记检测，而且刷新了现有传感器的分辨率极限。此外，检测可以简单快速地使用少量的分析物而不必使用化学试剂。

（1）利用抗体修饰的太赫兹超材料生物传感器检测癌胚抗原浓度

人血清中癌症生物标志物的浓度为诊断癌症的一个重要指标，因为它可以为特定的研究提供重要的分子信息，用于癌症早期诊断。癌胚抗原（CEA）是在结肠直肠中产生的高度糖基化的蛋白质癌组织。Lin 等提出了一种利用抗体修饰的太赫兹超材料生物传感器，用于检测癌胚抗原（CEA）的浓度。

该研究通过天线辐射源的 THz - TDS 系统进行表征，如图 9 - 30 所示，实验设计了在一个单元中具有四个金属开口环谐振器（SRR）的生物传感器。该样品采用表面微加工工艺制造，以灵敏度为 76.5 GHz/RIU 的太赫兹超材料生物传感器来表征 CEA 和抗 CEA 之间的反应。采用时域有限积分法（FITD）对传感器进行模拟和优化，并采用表面微加工工艺制造样品。之后，传感器用于测试 CEA 和抗 CEA 的浓度，并表征其反应。

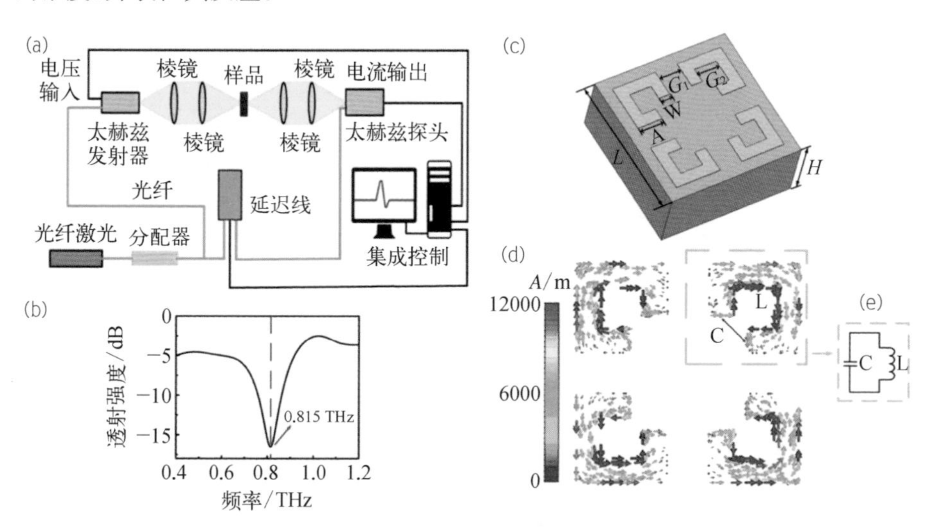

图 9 - 30　基于光电导天线的（a）等效电路图；（b）太赫兹时域光谱系统；（c）超材料设计示意图及（d）表面电流分布图

实验结果如图 9-31,结果表明,生物传感器的共振频率随着表面分析物浓度的增加而降低。用抗 CEA 修饰生物传感器检测 CEA 的浓度,生物传感器的响应严重依赖于生物传感器表面修饰的抗 CEA 的浓度,当抗 CEA 浓度为 20 ng/mL 时,共振频移与 CEA 浓度呈良好的线性关系,检测限为 0.1 ng/mL。该研究为灵敏检测生物分子、癌症生物标志物和免疫反应开辟了新的途径,对癌症的早期诊断具有重要意义。

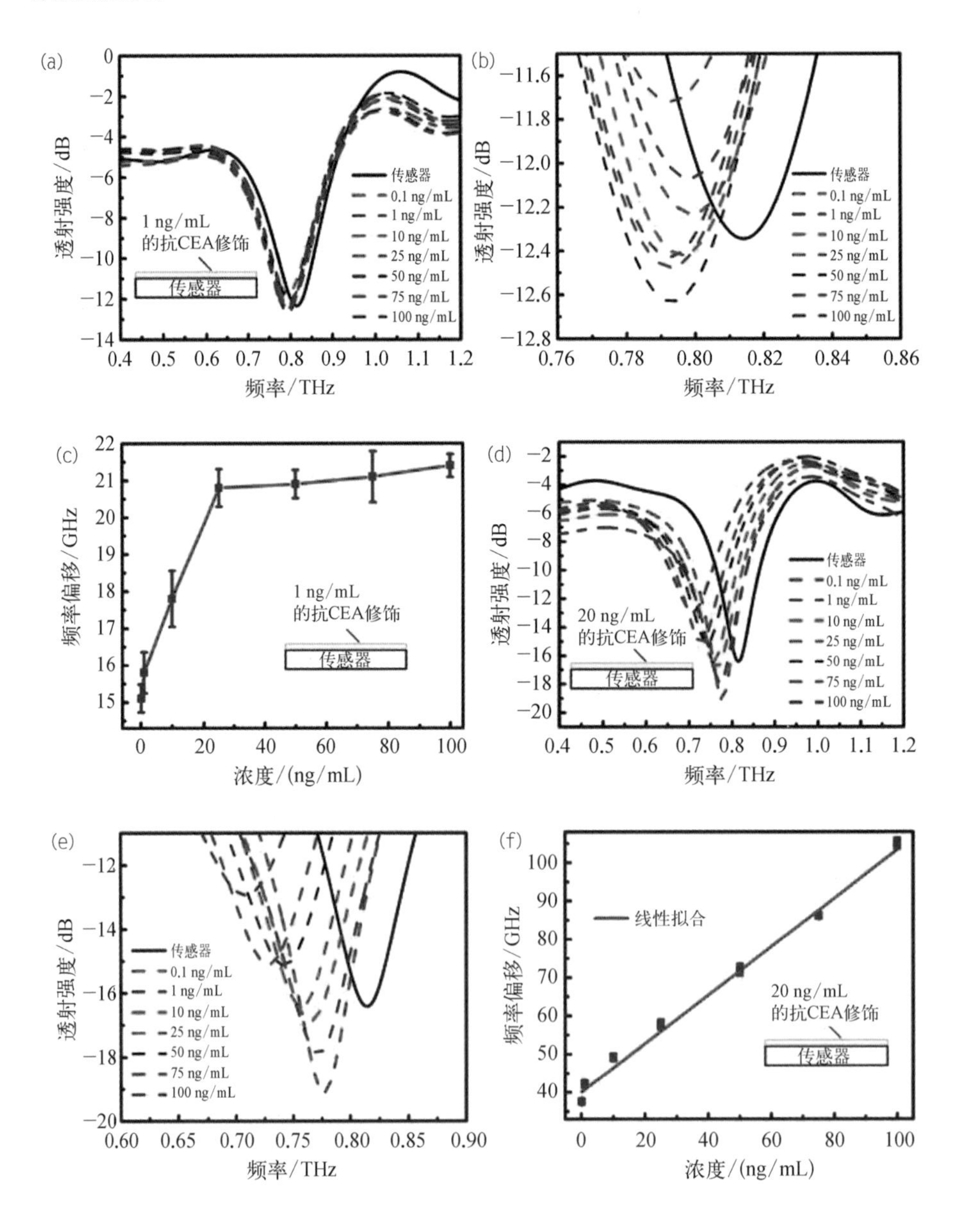

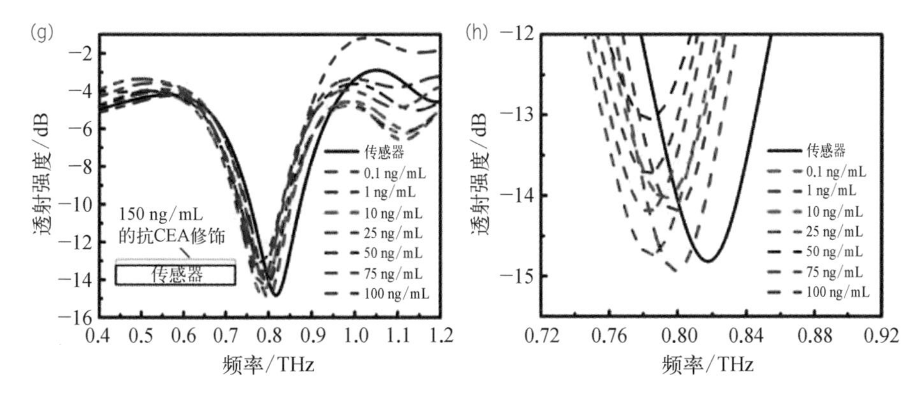

图 9-31　(a)～(c)是用 1 ng/mL 抗 CEA 修饰的传感器的结果;(d)～(f)是用 20 ng/mL 抗 CEA 修饰的传感器的结果;(g)～(h)是用 150 ng/mL 抗 CEA 修饰的传感器的结果

(2) 超材料太赫兹传感器通过血浆诊断直肠癌

外泌体由于在体液中具有稳定性,因此作为结肠直肠癌(CRC)早期诊断的生物标志物已经引起了研究人员越来越多的关注。为了验证血浆外泌体具有作为新型生物标志物监测结直肠癌的潜力,Wang 等研制了一种用于检测外泌体的太赫兹超材料(MMs)生物传感器和检测光路,如图 9-32(a)和图 9-32(b)所示。基于有限积分时域(FITD)法,利用全波电磁仿真软件设计了具有两个谐振频率的生物传感器,并采用表面微加工工艺制作。首先使用金纳米粒子(AuNPs)修饰生物传感器表面,然后在组装有 HS-聚乙二醇-COOH(HS-PEG-COOH)的 AuNPs 上修饰对外泌体特异的抗 KRAS 和抗 CD147。参照外来体分离和纯化试剂盒中的说明提取实验中使用的外泌体,并通过使用透射电子显微镜(TEM)、蛋白质印迹(WB)和纳米粒子追踪分析(NTA)进行鉴定。与健康对照来源的外来体相比,血浆来源为 CRC 患者的外来体覆盖的生物传感器具有不同的共振频移。

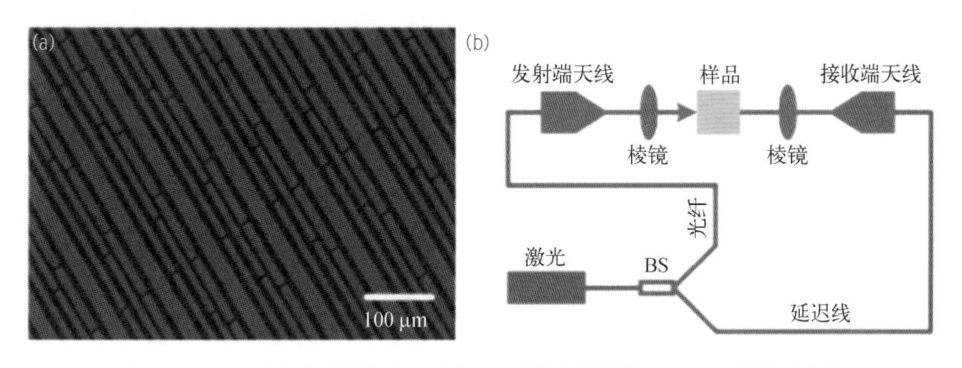

图 9-32　(a) 生物传感器的 SEM 图像;(b) 天线辐射源的 THz-TDS 系统示意图

该生物传感器具有两个共振频率，高共振频率对周围环境的变化非常敏感。因此，高共振频率被用于表征外来体和抗体之间的反应。通过用 AuNPs、抗 KRAS 和抗 CD147 的顺序修饰，该生物传感器对外泌体具有高灵敏度和特异性。检测结果如图 9-33 所示，基于由外来体引起的共振频移，很容易将 CRC 患者与健康对照区分开。这项研究表明，血浆外泌体检测可能对 CRC 患者的重复性和非侵入性诊断有帮助，特别是对于在治疗选择前没有机会进行活检的患者。这种改进的太赫兹超材料生物传感器在实现高灵敏度、高特异性和可重复性的现代临床和药理学设备方面具有巨大的潜力。

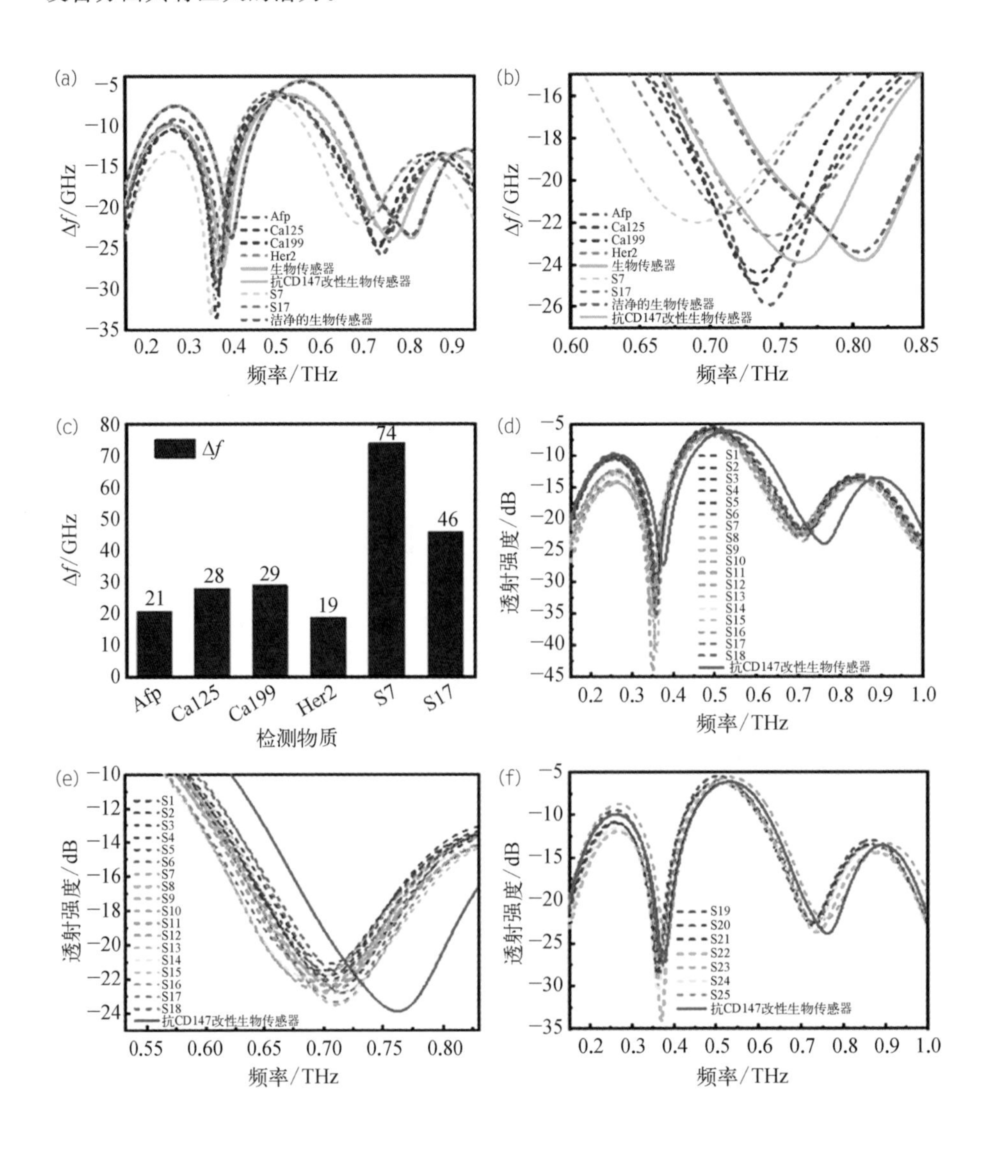

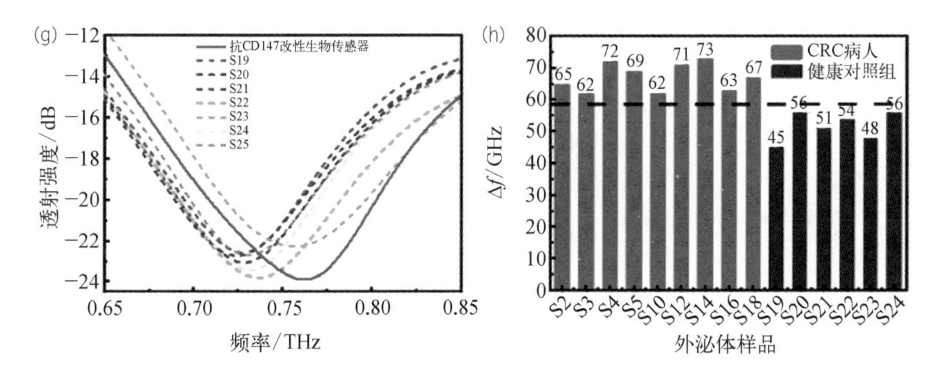

图 9-33 (a) 滴加不同测试物质后修饰的抗 CD147 生物传感器的透射光谱;(b) 图(a)的放大图;(c) 六种测试物质的共振频率偏移直方图;(d) 来自 CRC 患者和(f) 健康对照的外来体样品的透射光谱;(e) 图(d)的放大视图;(g)图(f)的放大视图;(h) 具有 CRC 和健康对照的共振频率偏移的直方图

(3) 超材料太赫兹生物传感器高度灵敏度 miRNA 检测

府伟灵团队开发了一种基于超材料与纳米粒子和链置换扩增(SDA)耦合的新型太赫兹生物传感器,如图 9-34,它由一个平面阵列的四隙电开口环谐振器(SRR)组成。基于这些超材料谐振器,加上信号增强纳米粒子,结合 SDA 方法,该装置可用于检测 microRNA(miRNA)样品。在这种方法中,SDA 反应扩增靶 miRNA 并产生大量次级 DNA 分子(触发 DNA),这些次级 DNA 分子随后与金属纳米粒子结合,形成纳米粒子触发的 DNA 复合物。当与大折射率金属纳米粒子(如金)连接时,这些复合物会产生显著的超材料频移。从实验和理论上研究了超材料谐振对纳米颗粒直径和金属类型的依赖关系。

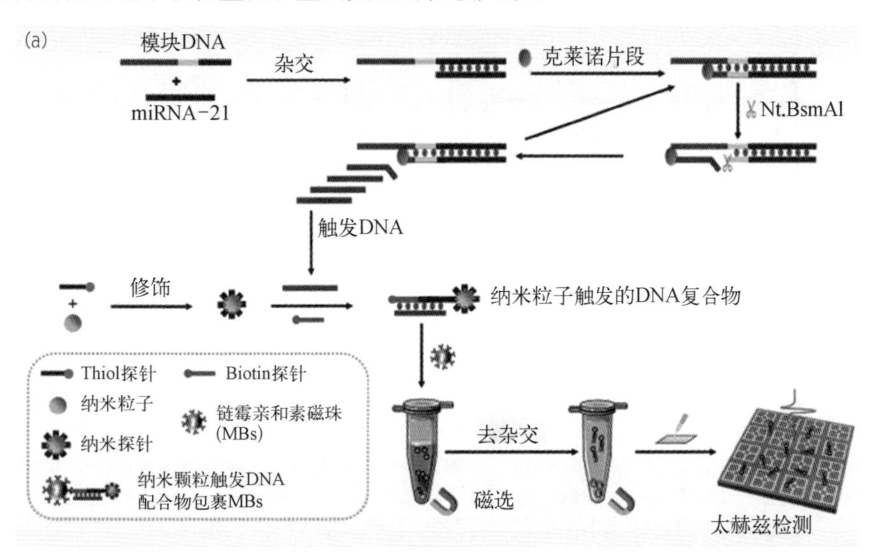

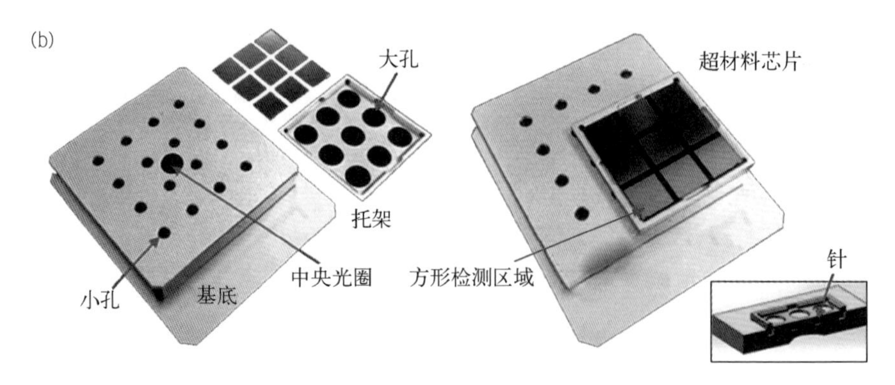

图 9-34　(a) 用于 miRNA 检测的太赫兹超材料生物传感器的示意图；
(b) 太赫兹超材料和芯片支架的图像

具体传感结果如图 9-35 和图 9-36 所示，由于金属纳米颗粒的高折射率，miRNA-21 SDA 产物和纳米颗粒的复合物在超材料中表现出大的太赫兹频移。两者实验和模拟结果表明，50 nm 金纳米粒子是增强太赫兹信号的最佳纳米粒子尺寸。基于双重信号增强策略，生物传感器在预检测 miRNA-21 时具有良好的灵敏度，LOD 为 14.54 aM。它还表现出较好的特异性，能够区分仅相差一个取代碱基的 miRNAs 之间的差异。如图 9-36 所示，经计算，加标临床血清样品中 miRNA-21 的回收率为 90.92%～107.01%，具有非常高的灵敏性。这些发现证明了新型太赫兹生物传感器能够提供高度灵敏和特异的 miRNA 检测，在核酸分析和癌症诊断中具有巨大的应用潜力。

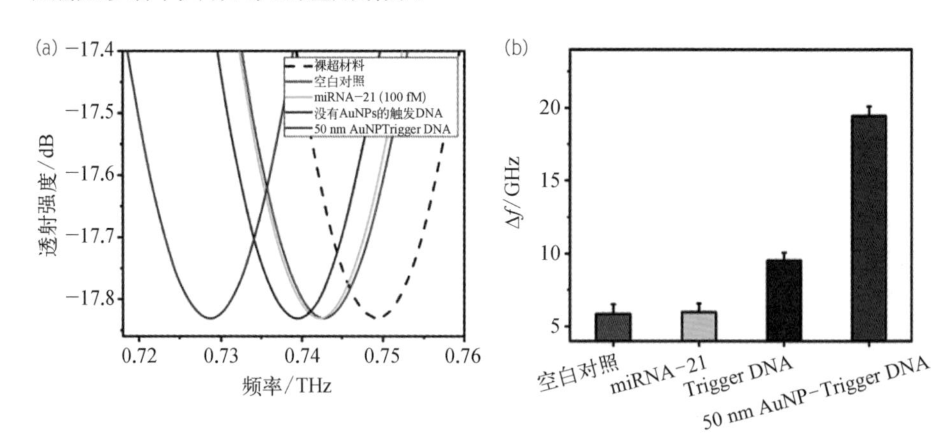

图 9-35　(a) 裸超材料、空白对照、miRNA-21(100 fM)、没有 AuNPs 的触发 DNA、50 nm AuNPTrigger DNA 复合物的归一化太赫兹透射光谱；(b) 空白对照、miRNA-21(100 fM)、无 AuNPs 的触发 DNA 和 50 nm AuNP-Trigger DNA 复合物的超材料频移(Δ*f*)

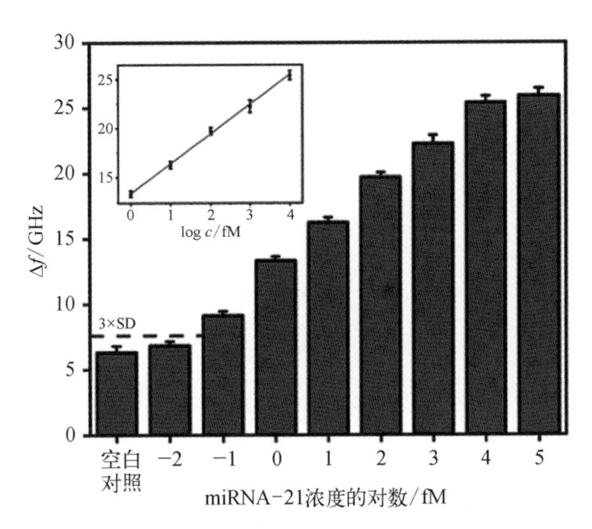

图 9-36　太赫兹超材料生物传感器检测 miRNA-21 的灵敏度（图中插图显示了 Δf 和 miRNA-21 浓度对数之间的线性关系）

（4）基于超材料的太赫兹生物传感器对 AFB_1 和 AFB_2 的高灵敏度识别

黄曲霉毒素（Aflatoxin，AF）毒性极大，通常存在于农产品和食品中。因此，快速准确地检测和鉴定这些物质对于预防因食用这些物质而导致的人类和动物的健康问题至关重要。科研人员研发了一种基于超材料的太赫兹生物传感器，它具有高灵敏度，能够定量识别极少量 AFB_1 和 AFB_2。通过结合传统的天线太赫兹时域光谱系统和 Maxwell-Garnett 有效介质理论，能够直接获得这些黄曲霉毒素的折射率、吸收系数和介电函数的精确信息，这些信息是了解它们的物理性质并进行鉴别的必要参数。此外，该研究所提出的生物传感器的共振频率被设计在观察到两种黄曲霉毒素之间最大差异的频率范围内。更多的分裂将导致更大的间隙电容，最终导致更大的红移和更高的灵敏度。此外，通过在薄的低介电常数基底上制作太赫兹超材料可以显著提高太赫兹生物传感器的灵敏度。他们设计了具有三个开口的开口环形谐振器（SRR），如图 9-37 所示，与单个或两个 SRR 相比，可以进一步提高灵敏度。

图 9-38 是纯 AFB_1 和 AFB_2 的频率相关折射率、消光系数、吸收系数和介电常数的实部，通过这些参数可以定性区分 AFB_1 和 AFB_2。

通过超材料传感器可以研究剂量依赖特性，检测样品包括具有固定浓度但不同体积的 AFB_1 和 AFB_2 溶液。用体积为 0～15 μL 的溶液涂覆由 AFB_1 和 AFB_2

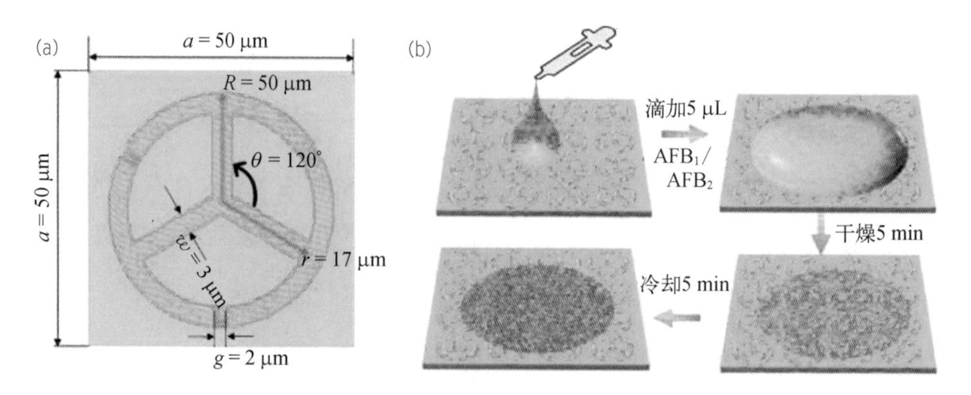

图 9-37　设计的 TSR 生物传感器及溶液滴进示意图

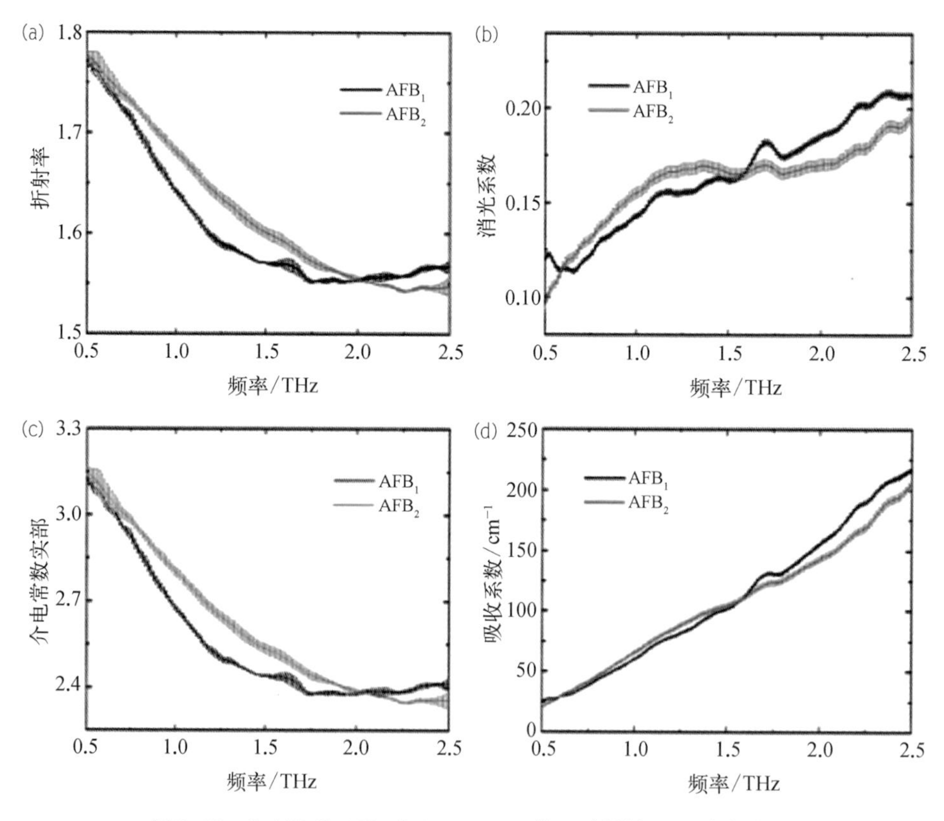

图 9-38　纯 AFB_1 和 AFB_2 在 0.5～25 THz 的(a) 折射率;(b) 消光系数;(c) 介电常数的实部;(d) 吸收系数

这两种类型制备的覆盖层。具有不同剂量的 AFB_1 和 AFB_2 的三分裂谐振环的测量透射光谱如图 9-39 所示,由于 MMs 周围的介电介质的变化,不同量的 AFB_1 或 AFB_2 产生了明显的透射变化和明显的共振频率偏移。虽然 AFB_1 和 AFB_2 的行为方式非常相似，但由于 AFB_2 的频率偏移比 AFB_1 高，因此它们可以相互区分。圆形三分裂谐振环在 1.278 THz、1.236 THz、1.203 THz 和 1.189 THz 处呈现为 LC 谐振器，分别覆盖 0 μL、5 μL、10 μL 和 15 μL 的 AFB1 溶液[图 9-39(a)]；这些值略高于 AFB_2 的相应共振频率，分别为 1.278 THz、1.212 THz、1.194 THz 和 1.175 THz[图 9-39(b)]。

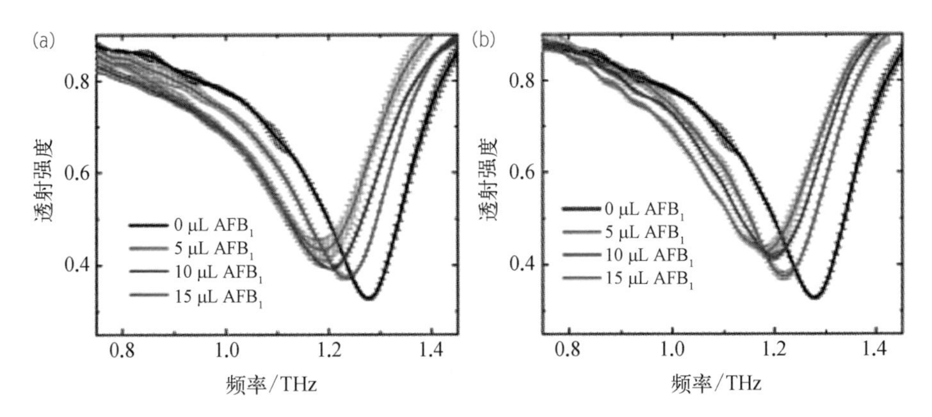

图 9-39　不同剂量[0 μL(黑色)、5 μL(红色)、10 μL(蓝色)和 15 μL(紫色)]下沉积(a) AFB_1 和(b) AFB_2 之后，基于 MM 的三分裂谐振环的太赫兹透射光谱

因此，该研究设计的超材料的太赫兹生物传感器可以定性和定量地实现无标记的痕量 AFB_1 和 AFB_2 的鉴定。

9.3.4　基于 PCA 辐射源的波导太赫兹技术检测含水生物样品

平行平板波导由两个金属平板构成，具有结构简单、剖面低和插损小等优异特性。不同于常规波导，它具备 TEM 模、TE 模以及 TM 模三种波导传输模式。其中 TEM 模的优点是低损耗、无截止频率和可忽略的群速度色散。较小的平行平板间距 d 对应 TE 模与 TM 模较高的截止频率，因此在一定低频范围内仅支持 TEM 模传输，改善平行平板波导中太赫兹脉冲因色散以及模式间的干涉带来的脉冲劈裂，更加适用于时间窗口有限的单次测量；同时，较小的平行平板间距 d 可实现电磁场的局域增强效果，从而使得光与物质作用更加充分，有利于微量样品的测量。平行平板波导中传播的 TEM 模式具有低损耗、无截止频率和可忽略的群速度色散等优良特性。

本书作者及天津大学团队设计了喇叭形渐变波导，将自由空间中太赫兹波耦合至平行平板波导中传播的 TEM 模式。无氧铜在太赫兹波段是近似完美的电导体，本研究以无氧铜为材料，构建间隔 $d=100\ \mu m$ 的平行平板波导。图 9－40 是带有 HSTPPW 的自制 THz－TDS 系统的示意图。天线辐射产生的太赫兹波通过抛物面镜 PM1 准直，以 100 μm 的间隙耦合到 HSTPPW 中，并且将样品放在它的中心。带有样品信息的透射太赫兹波被 PM2、PM3 和 PM4 收集并聚焦在 ZnTe 上。探测信号被探测器接收并由计算机记录。

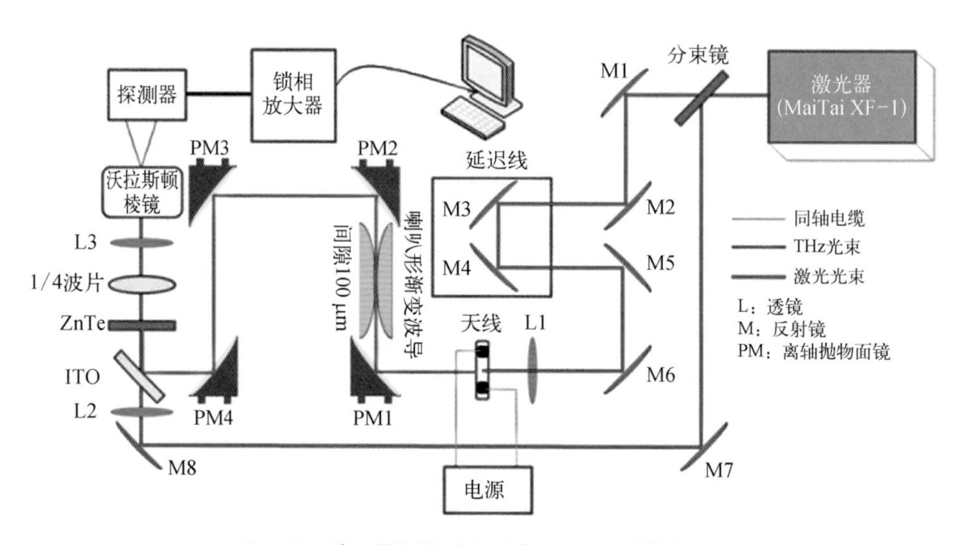

图 9－40　采用喇叭形渐变波导的 THz－TDS 系统原理图

图 9－41(a)显示了水和 α－乳糖水溶液的太赫兹波的时域波形。由于水对太赫兹波的影响，波形看起来更杂乱。因此使用 5 次扫描的平均波形来提高信噪比。图 9－41(b)是 α－乳糖水溶液的太赫兹吸收光谱。为了消除水的影响，乳糖水溶液的太赫兹光谱幅值与去离子水的太赫兹光谱幅值相除。α－乳糖在 0.50 THz、1.17 THz、1.38 THz 的三个峰依然存在，可以清晰区分。然而，由于水溶液的影响，它的峰位置与 α－乳糖一水合物晶体略有不同。在较高浓度溶液的光谱中，1.22 THz 处出现一个小峰，这可能是溶液中 α－乳糖转化为 β－乳糖的吸收峰。光谱中还有一些其他的峰，如 0.17 THz、0.35 THz、0.74 THz、0.94 THz 和 1.50 THz 处。它们是对应于乳糖和水形成的新化学键的吸收峰。在实验中，乳糖溶液的浓度很低，质量百分比浓度分别为 $5\times10^{-4}\%$、$5\times10^{-8}\%$ 和 $5\times10^{-10}\%$，溶质质量为 10^{-5} g、10^{-9} g 和 10^{-11} g，相应的物质含量为 2.78×10^{-8} mol、2.78×10^{-12} mol 和 2.78×10^{-14} mol。

该研究提出了一种简便可行的检测含水物质太赫兹光谱的方法。该方法设计了一种喇叭形渐变波导，可以增强入射太赫兹波中心位置的电场，从而在太赫兹时域光谱系统中获得水合物质的太赫兹光谱信息。实验对 α-乳糖稀溶液进行了检测，光谱范围为 0.1～1.5 THz，灵敏度可达飞秒量级。该方法在痕量水合物质、细胞和生物分子的原位检测中具有应用前景。

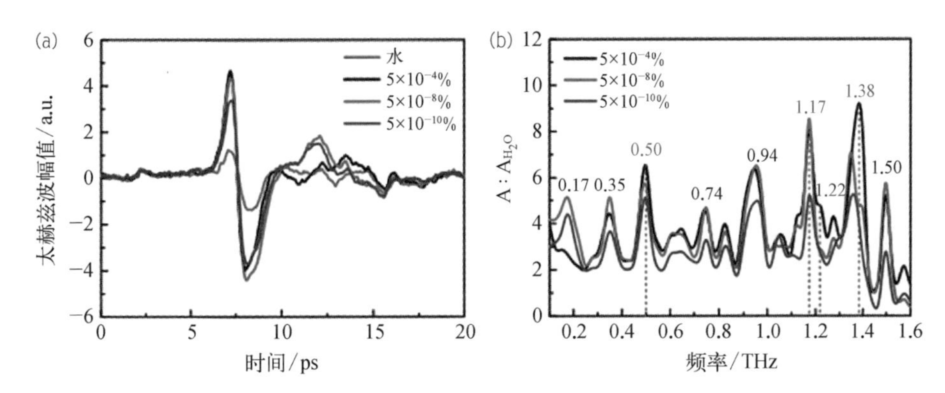

图 9-41　(a) 用自制的平行平面波导太赫兹时域光谱系统测量的太赫兹波通过水和 α-乳糖水溶液的时域波形；(b) α-乳糖水溶液的太赫兹吸收光谱纵坐标表示乳糖水溶液的太赫兹频谱与水的太赫兹频谱的幅值之比

9.4　脉冲太赫兹全信息探测天线阵列的应用

9.4.1　手性特征介质概述

手性物质指由具有手性特征的分子或结构组成的各向同性物质，这类物质的特点如下：第一，具有各向同性，即物体的物理、化学性质不因介质方向变化而有所变化的特性在不同方向所测得的性能数值是相同的；第二，具有手性特征，手性又称对掌性，如果某物体与其镜像不同，且其镜像是不能与原物体重合的，就如同左手和右手互为镜像而无法叠合，则其被称为“手性的(Chiral)”。手性物体与其镜像被称为对映体，在有关分子概念的引用中也被称为对映异构体，如图 9-42 所示。大多数的糖类、氨基酸类物质均具有手性特征，人工合

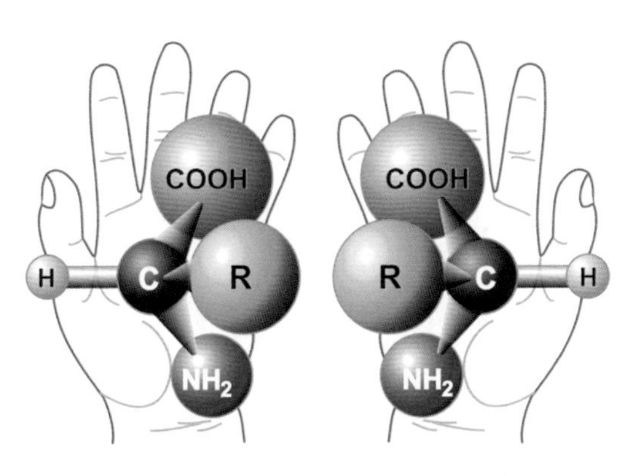

图 9-42　两种对映异构体的氨基酸手性结构

成类材料也可以设计为单元重复排列的结构，相关人工材料的研究已有大量报道。

手性及手性物质只有两类："左手性"和"右手性"。有时为了对比，补充"无手性"（也称"中性手性"）的概念。在化学中根据取代基优先权的排列方式分别将手性分子对映体命名为 R 和 S。在生物学中，同手性是氨基酸和碳水化合物的共同特性，DNA 双螺旋也是手性的（就像任何一种螺旋都是手性的）。有时，一种化合物的两个对映体在味道、气味和其他性质上有显著差异。例如，在橙子中发现的（＋）-柠檬烯和在柠檬中发现的（－）-柠檬烯，由于在人类鼻子中不同的生化相互作用，这两种物质会显示出不同的气味，（＋）-香芹酮有香菜籽油的气味，而（－）-香芹酮有绿薄荷油的气味。

此外，对于包括手性药物在内的人工化合物，两种对映异构体有时在其生物作用的效果上表现出显著差异。Darvon（右丙氧芬）是一种止痛药，而它的对映异构体 Novrad（左丙氧芬）是一种抗咳嗽剂。在青霉胺的作用下，右丙氧芬可用于治疗原发性慢性关节炎，而其异构体没有治疗作用，并且具有剧毒，在某些情况下，治疗活性较低的对映异构体会引起副作用。例如，（S）-萘普生是一种镇痛剂，但其异构体会导致肾脏问题。在这种情况下，人们可以将外消旋体转换为单一对映体药物以获得更好的治疗效果。这种从外消旋体药物变为对映体纯药物的转换称为手性转换。

在物理中，根据介质对偏振光的旋光特性将左手性用"Laevus"或者"L"表示，右手性用"Dexter"或者"D"表示，中性手性用"M"表示。电磁波的旋向性与其偏振有关，电磁波的偏振特性描述了电场矢量的方向，即随时间变化的方向和幅值。例如，左旋或右旋圆偏振波的电场矢量在空间中形成相反方向的螺旋，而相反手性的圆偏振波以不同的速度（圆双折射性）和不同的损耗（圆二色性）在手性介质中传播，这两种现象统称为旋光性。

当偏振电磁波穿过由手性分子组成的固体或液体介质时，电磁波的幅值、相位及偏振方向将发生变化，如旋光、圆二色性和线二色性等，本章根据手性介质与太赫兹波的相互作用，利用光电导特性全信息探测器对手性介质引起的太赫兹波偏振态的变化进行检测。虽然当前有学者制备了各类基于光电导材料的太赫兹波偏振探测器并对其性能进行了表征，但将其应用于手性物质的光学特性的研究不多，本节将基于所研制的脉冲太赫兹全信息探测器，对 L/D-谷氨酸-5-甲酯在太赫兹波段的特性展开研究。

9.4.2 谷氨酸-5-甲酯的太赫兹波光学特性

L/D-谷氨酸-5-甲酯，是谷氨酸众多衍生物之一，也是合成多种氨基酸和氨基酸药物的重要原料。L/D-谷氨酸-5-甲酯的分子式为 $C_6H_{11}NO_4$，其3D结构如图9-43所示，其中红色表示氧，灰色代表碳，蓝色表示氮，两个官能团分别是酯基和羟基，L/D-谷氨酸-5-甲酯的区别在于氮基和连接氮基氢键的朝向不同，两者的物理性质和化学性质基本相同，仅其光学性质不同。

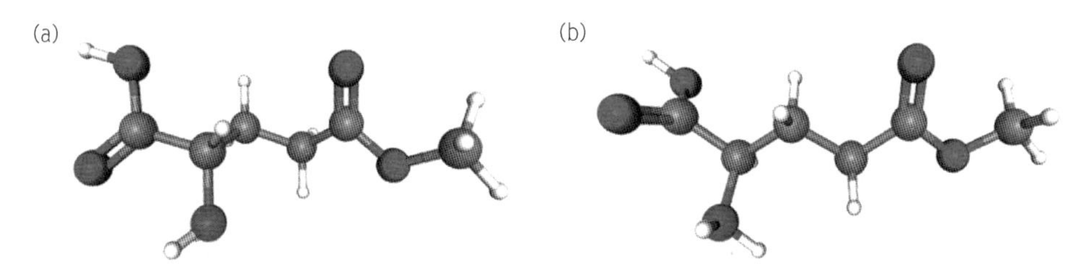

图9-43 (a) L-谷氨酸-5-甲酯；(b) D-谷氨酸-5-甲酯

实验中利用纯度为99.8%以上的L/D-谷氨酸-5-甲酯与聚乙烯(Polyethylene, PE)混合，制作样品压片，压片直径13 mm，压力为10 kN，虽然压力6～8 kN即可制成片状样品，但样品均匀性较差。当偏振光通过手性物质时，其旋光度不仅与电磁波波长、物质厚度、物质浓度等有关，还与实验温度有关，因此实验中环境温度恒为23℃。

由手性物质样品引起的偏振光偏振态的变化，原因主要有两种：① 样品本身由物质的手性特征引起的旋光效应；② 压片制作的多晶样品颗粒各向异性不能完全相互抵消。为区分经过样品的太赫兹波偏振态的变化是否由物质手性引起，可旋转样品，或测量穿过样品正反表面的太赫兹波偏振态。对于各向同性的均匀样品，无论样品如何旋转或翻转，样品引起的太赫兹波偏振态的变化均是相同的。而对于各向异性样品，当电磁波从不同表面入射或将样品旋转90°时，样品引起的偏振态的变化不同。

对于手性物质的旋光性，溶质完全溶解的溶液不需要考虑其各向异性，而对于固体压片需要考虑。在测量固体样品的光学特性前，考虑到样品压片需要与PE混合，所以在对压片进行光学特性研究以及区分手性和非手性材料研究时，需对粉末PE压片进行光学测试。通过空气和PE压片的太赫兹电场在 x 和 y 方向的时域信号投影分量如图9-44(a)(b)所示，由于入射光为具有一定椭圆形状的椭圆偏振光，x 和 y 方向的太赫兹波时域信号具有相位差，与通过PE压片的信号偏振情况相同，对太赫兹波时域信号的傅里叶变换，将通过 PE 压片信号除以空气的参考信号，得到 PE 信号在 x 和 y 方向的透过率，如图 9-44(c)所示，在 x 方向太赫兹波对 PE 的透过率在 0.1～0.8 THz 范围内维持在 1 附近，在 y 方向由于其信噪比较低，出现较大的透过率波动，但这并不影响将 PE 的透过信号作为参考信号。同时利用 Stokes 参数计算透过空气和 PE 的太赫兹电场偏振方位角，如图 9-44(d)所示，透过空气和 PE 的太赫兹电场偏振方位角在 0.1～0.8 THz 的范围内互相吻合，其偏振方位角处于 0°附近，这表明 PE 不会改变太赫兹波的偏振方向。

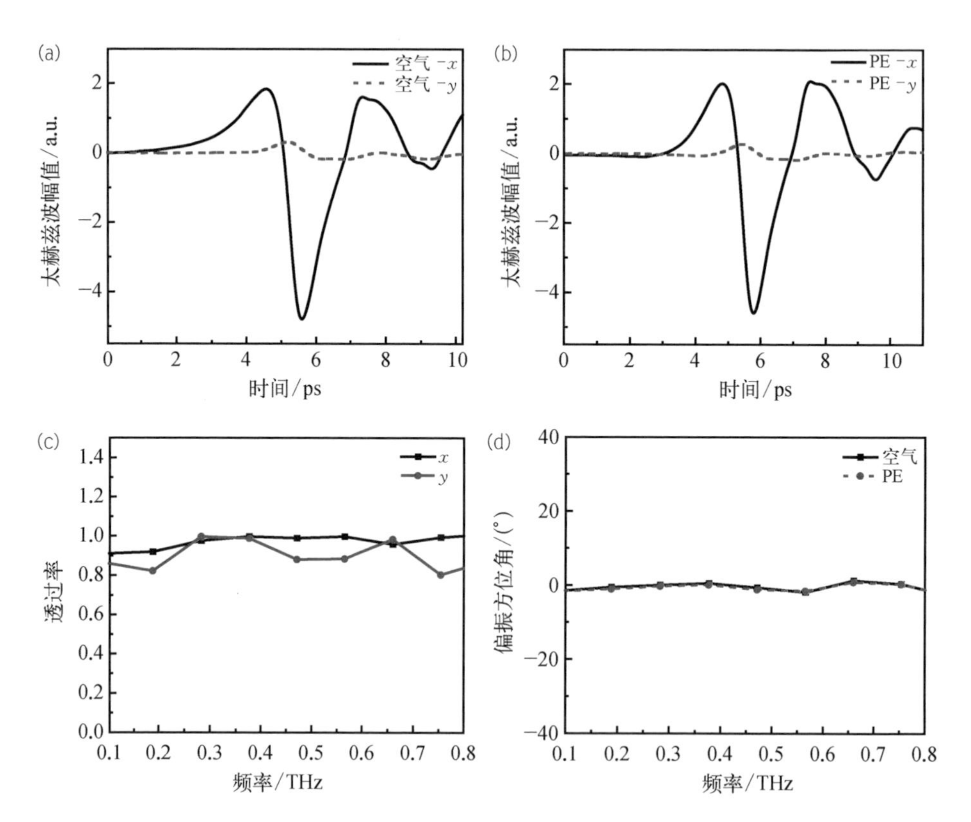

图 9-44　透过(a) 空气和(b) PE 的太赫兹时域信号在 x 和 y 方向的投影分量；透过空气和 PE 的太赫兹电场(c) 在 x 和 y 方向透过率和(d) 偏振方位角

通过对透过空气和 PE 的太赫兹时域信号进行傅里叶变换，可进一步获取相应的 *DOP* 和椭圆率角，这两个参数都对太赫兹电场的椭圆偏振程度进行了表征，如图 9-45(a)(b)所示，在 0. 1～0.8 THz 范围内，通过 PE 与空气的 *DOP* 和太赫兹椭圆率角随频率的变化曲线是相匹配的，*DOP* 均保持在 99.8 以内，而太赫兹椭圆率角均在 2°～6°范围内。

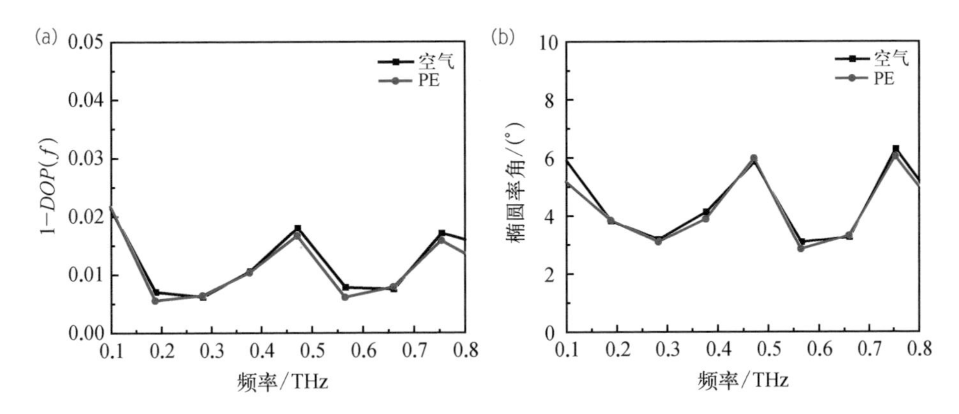

图 9-45 透过空气和 PE 的 THz 电场的(a) 偏振度 *DOP* 和(b) 椭圆率角

上述研究表明 PE 在用于样品混合压片时既不影响太赫兹电场的偏振方位角，也不影响太赫兹电场的椭圆度，因此，PE 与单一生物粉末进行混合后，既可以增加混合物的黏性进而使之更容易形成固体压片，又不会影响生物样品的光学特性。

为验证压片制作的多晶样品可能存在的各向异性会引起太赫兹偏振光的旋光，科研人员制作了具有各向异性的多晶样品。具体方法如下：在制作多晶压片的过程中将 D-谷氨酸-5-甲酯与 PE 进行不同比例的均匀混合，总质量保持 300 mg，混合后的样品不经过研磨直接压片以保留样品的各向异性，压力 7.5～8 kN，将压片进行编号，如表 9-3 所示。

表 9-3 具有各向异性的不同含量的 D-谷氨酸-5-甲酯样品及对应所用 PE 样品的粉末质量及样品厚度

编号	D-谷氨酸-5-甲酯样品质量/mg	PE 样品质量/mg	样品厚度/mm
A_1	100	200	1.2
A_2	150	150	1.3
A_3	200	100	1.3
A_4	250	50	1.5

由于 D-谷氨酸-5-甲酯为颗粒状物质，在形成压片的过程中，颗粒物质之间挤压程度和挤压空间不均匀会导致多晶样品压片之间的各向异性不同。实验测试了样品 A_1～A_4 在旋转 90°前后通过样品的太赫兹电场在 x 和 y 方向投影的太赫

兹时域信号变化，如图 9－46 所示，无论样品是否旋转，穿过样品 $A_1 \sim A_4$ 的偏振太赫兹电场在 x 和 y 方向投影的太赫兹时域信号振幅略有差别，主要有以下两点原因：① 各样品厚度不同，导致太赫兹波被吸收的程度不同；② 各样品的各向异性不同，导致对偏振太赫兹波的吸收有所差别。但太赫兹时域信号振幅的差异并不影响对穿过样品的太赫兹波偏振态的分析。同时对比样品旋转前后，除 A_1、A_4 样品外，穿过样品的太赫兹电场在 x 和 y 方向的时域波形均相同，主要由于混合物中 PE 含量较少，样品压片难以压实或压得不均匀，这可能会导致两种可能的情况：① 样品旋转过或翻转后太赫兹波在样品表面发生不同情况的反射和折射；② 样品内部不均匀，旋转过程中样品几何中心和转轴不对准，造成样品旋转后太赫兹波对样品的辐射点发生偏移。

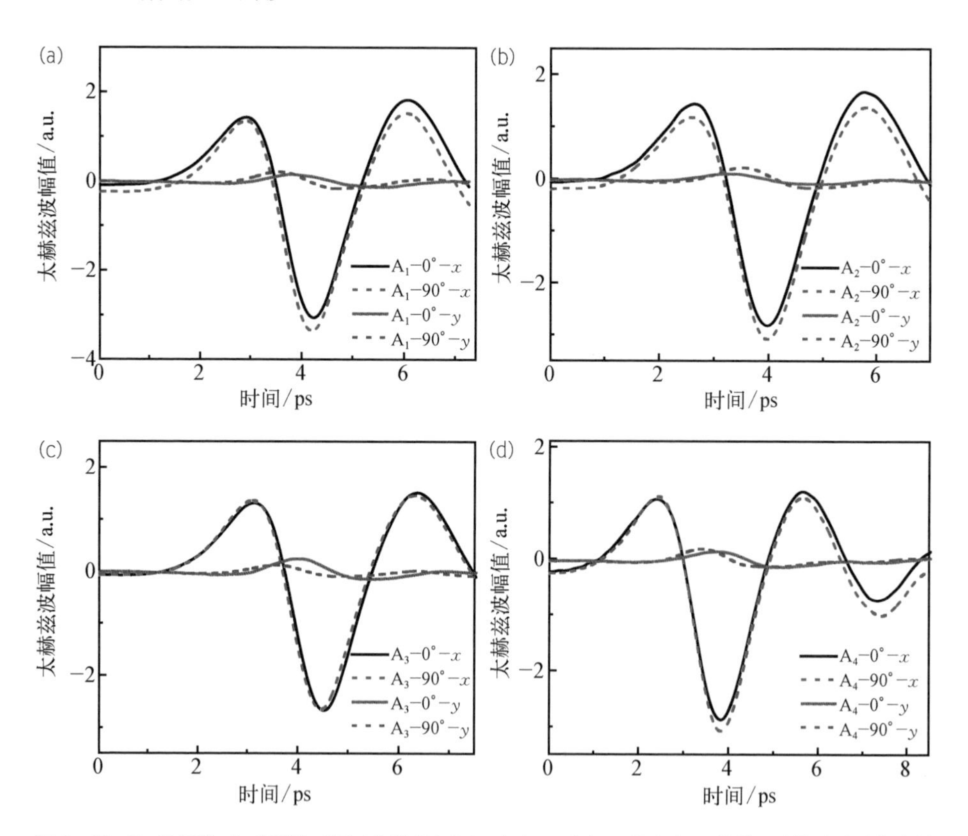

图 9－46　D－谷氨酸－5－甲酯与 PE 压片样品(a) A_1、(b) A_2、(c) A_3 和(d) A_4 旋转 90°前后透过的太赫兹电场在 x 和 y 方向投影的时域信号的变化

对已测得的太赫兹波时域信号进行处理，可通过斯托克斯参量直接获得太赫兹电场偏振方位角，进而计算其偏振旋转角(Polarization Rotation Angle，PRA)，

如图 9-47 所示，样品 $A_1 \sim A_4$ 在旋转 90°后，其电场旋转角随频率近似地关于 0°对称。此外，四种样品的 PRA 各有不同，样品 A_1 不管旋转与否，其 PRA 均在 0°附近分布，而样品 A_3 和 A_4 的最大 PRA 达到 10°，这表明虽然四种样品都具有各向异性，但每个样品的各向异性却不完全相同。四种各向异性样品的实验结果表明，未经过充分研磨的手性物质具有一定的各向异性，这种各向异性对于研究手性物质与太赫兹波的相互作用至关重要。

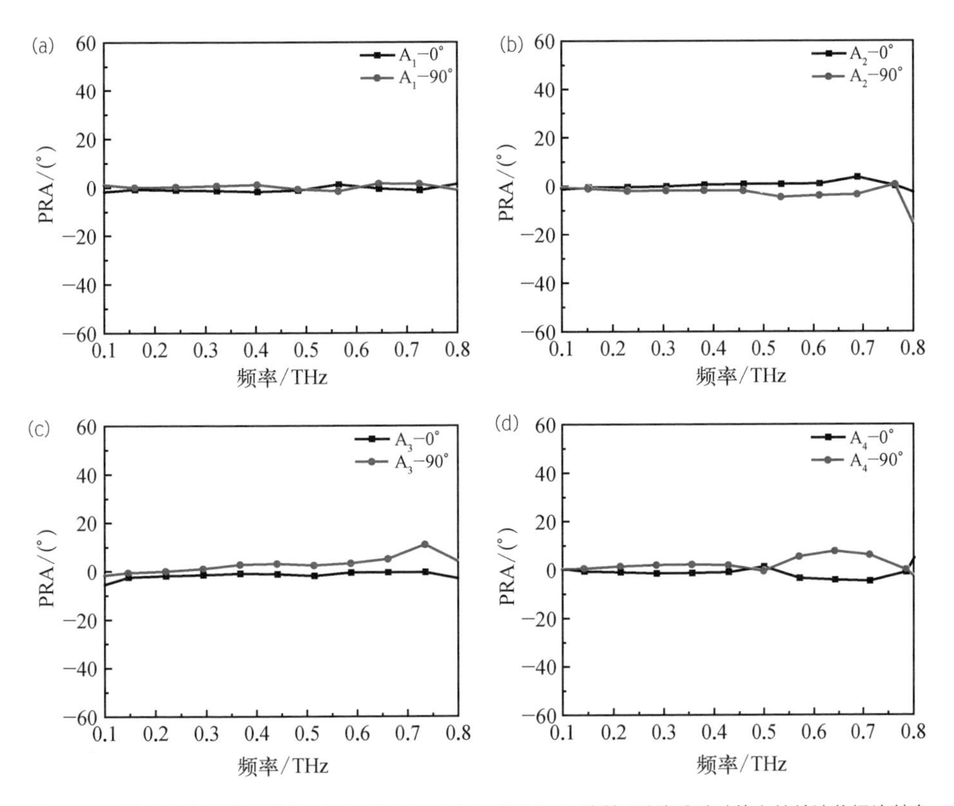

图 9-47　具有各向异性的样品(a) A_1、(b) A_2、(c) A_3 和(d) A_4 旋转 90°前后透过的太赫兹波偏振旋转角

同时，各向异性样品除了影响太赫兹电场的偏振旋转角外，对太赫兹波偏振度同样具有影响，如图 9-48(a)(b)所示，样品 A_1、A_2 在旋转前后透过太赫兹电场的 DOP 在 0.3 THz 以内互相吻合且在 99.99%以上，在 0.3～0.8 THz 波段，样品旋转后其 DOP 具有增大趋势，尤其是在 0.8 THz 处具有较大突变。而样品 A_3、A_4 则出现相反的变化，在 0.4～0.8 THz 波段，样品在旋转后的 DOP 稳定分布在 99.9%以上，而样品旋转前的 DOP 则在 0.8 THz 处发生了较大突变，这表明不同程度的各向异性样品对太赫兹波电场的偏振度具有不同程度的影响。因此，对于手性样品，

在太赫兹波段进行光学特性研究时，需先对样品的各向异性做初步检测，以排除物质的各向异性对光学特性研究的影响。

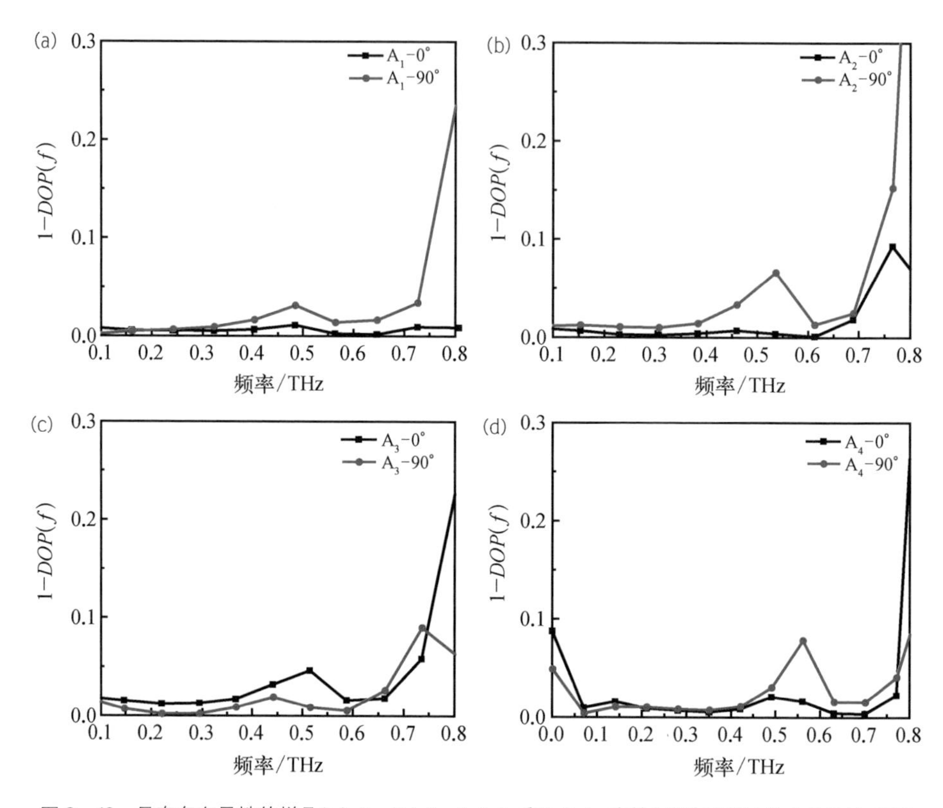

图 9-48 具有各向异性的样品(a) A_1、(b) A_2、(c) A_3 和(d) A_4 旋转 90°前后透过的太赫兹波 *DOP*

此外，为验证合理制备的手性物质压片不存在各向异性，保证后续的各向同性手性物质在太赫兹波段的光学特性研究的准确性，需要对经过充分混合、研磨、高压力的样品进行各向异性的排除。例如 D-谷氨酸-5-甲酯与 PE 混合压片，压片压力 9.5～10 kN，利用与上文相同的实验方法对其进行测试，结果如图 9-49(a)所示，样品旋转 90°前后，穿过 D-谷氨酸-5-甲酯的时域信号在 x 和 y 方向投影分量是近似重合的，因此其频域的复频谱数据也近似相等，通过复频谱数据得到了 DOP、PRA 和椭圆率角随频率的变化关系，如图 9-49(b)～(d)所示，样品旋转 90°前后的 DOP 不仅相吻合且分布在 99.5%以上，尤其是 0.1～0.4 THz 范围内的分布达到 99.9%以上，同时 PRA 的测试结果也显示出高度的重合，其旋光角度最大达到 2.5°，且随频率变化均分布在 0°附近，此外，样品旋转前后的椭圆率角在 0.1～0.8 THz 范围内也具有较高的吻合度。该实验表明经过充分研磨后的样品具有各向同性的特点，各向同性样品的旋转对太赫兹电场的时域信号、DOP、PRA和椭圆率角没有影响。

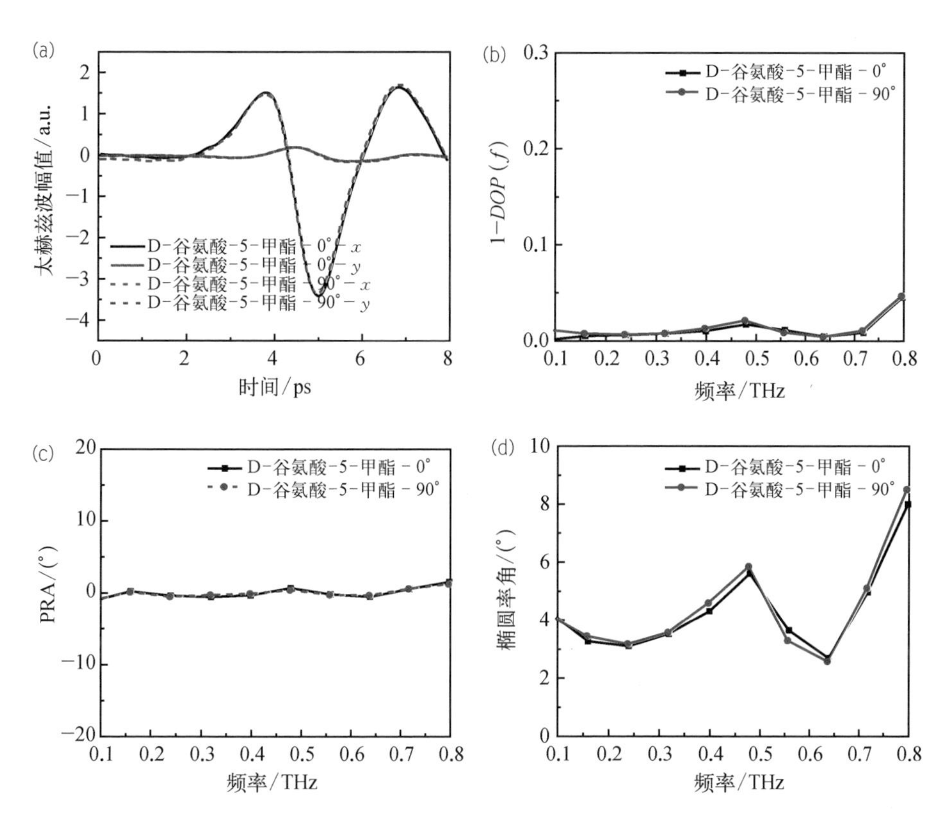

图 9-49　各向同性的D-谷氨酸-5-甲酯在旋转90°前后透过的太赫兹波的(a)时域信号；(b) *DOP*；(c)偏振旋转角和(d)椭圆率角

9.4.3　谷氨酸-5-甲酯的旋光性

(1) 不同含量D/L-谷氨酸-5-甲酯压片的旋光性

为区分左旋和右旋手性物质对太赫兹波偏振态的变化，实验中配备了各向同性的不同含量的D/L-谷氨酸-5-甲酯压片样品，压力9.5～10 kN，并对各样品进行编号，如表9-4所示，在总质量相同的条件下，随着D/L-谷氨酸-5-甲酯含量的提高，样品压片的厚度具有小幅度的提高，但不影响对手性物质的左旋光和右旋光特性的研究。实验对样品D_1～D_6和L_1～L_6的旋光特性测试，被探测的太赫兹时域信号如图9-50所示，太赫兹时域信号在x方向的极大值为负，在y方向的极大值为正，这种相位差是由脉冲太赫兹全信息探测器接收在x方向和y方向太赫兹电场的电极所决定的，但这仅仅关系到太赫兹电场偏振方向角的正负，而不影响PRA的计算。在样品制备过程中，由于仪器误差原因等导致同一含量的D/L-谷氨酸-5-甲酯的厚度有所偏差，因此其时域信号表现出D/L-谷氨酸-5-甲酯峰值的时间错位和幅值的偏差，而且随着D/L-谷氨酸-5-甲酯含量越高，其时间错位越大，这表明在太赫兹波段D/L-谷氨酸-5-甲酯的折射率大于PE的折射率。然而，这种太赫兹时域信号在x和y方向的时间错位是同步的，因此不影响对于D/L-谷氨酸-5-甲酯峰值的太赫兹波偏振方位角和椭圆度的独立计算。

表9-4　不同含量的D/L-谷氨酸-5-甲酯样品及对应所用PE样品的粉末质量及样品厚度

编号	D-谷氨酸-5-甲酯样品质量/mg	PE样品质量/mg	样品厚度/mm	编号	L-谷氨酸-5-甲酯样品质量/mg	PE样品质量/mg	样品厚度/mm
D_1	25	275	1.08	L_1	25	275	1.06
D_2	50	250	1.14	L_2	50	250	1.08
D_3	100	200	1.12	L_3	100	200	1.10
D_4	150	150	1.14	L_4	150	150	1.10
D_5	200	100	1.18	L_5	200	100	1.14
D_6	250	50	1.20	L_6	250	50	1.22

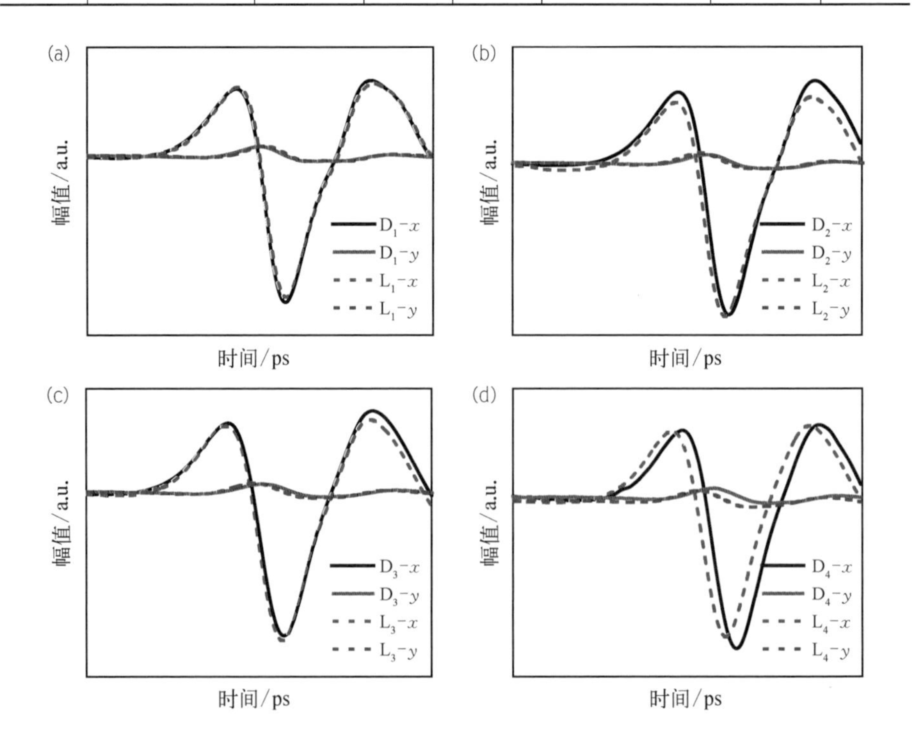

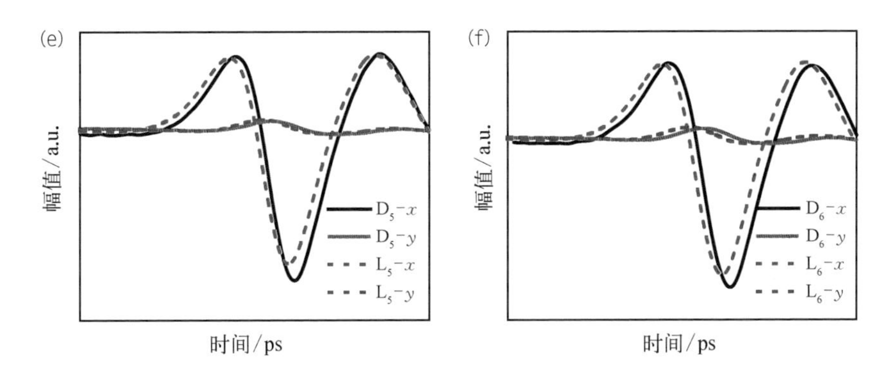

图 9-50　穿过样品 D_1～D_6 和 L_1～L_6 的太赫兹波在 x 和 y 方向投影的时域信号分量

根据对各样品所测量的太赫兹时域信号计算 D/L-谷氨酸-5-甲酯对太赫兹波的 RPA，如图 9-51 所示。

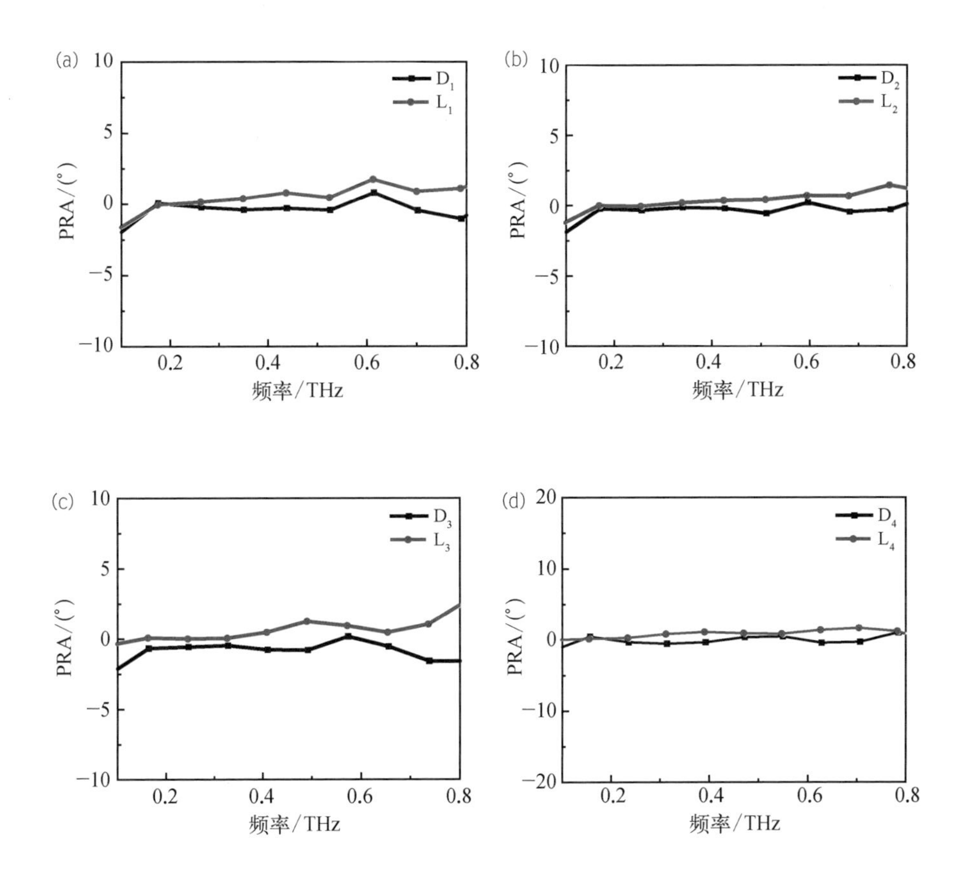

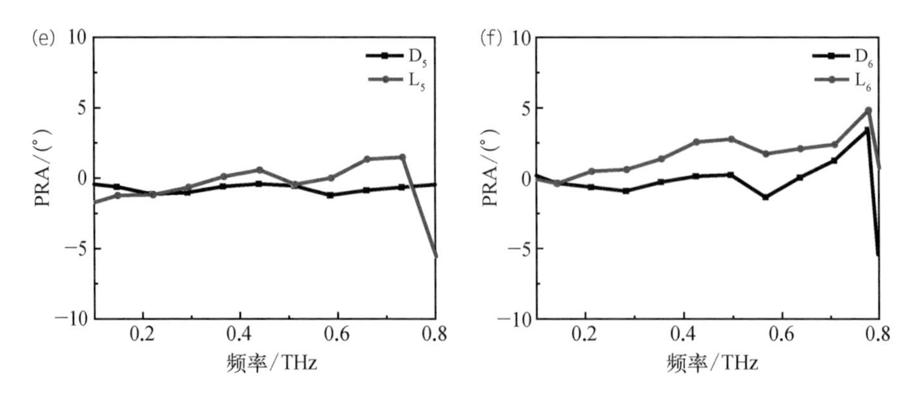

图 9-51　穿过不同含量的 D/L-谷氨酸-5-甲酯压片的太赫兹偏振旋转角

D/L-谷氨酸-5-甲酯对太赫兹波的 RPA 近似关于 0°对称，在 0.1～0.3 THz 波段，D-谷氨酸-5-甲酯引起的太赫兹电场 PRA 大于 0°，在 0.3～0.8 THz 波段，D-谷氨酸-5-甲酯引起的太赫兹电场的 PRA 下降到 0°以下，而 L-谷氨酸-5-甲酯引起的太赫兹电场的 PRA 变化则相反。此外，随着固体压片中 D/L-谷氨酸-5-甲酯含量的提高，PRA 在太赫兹波段整体提高，特别是在高频波段，例如 D_6、L_6 引起的太赫兹电场在 PRA 在 0.8 THz 处达到+/—5°。

同时，为了便于展示透过不同含量的 D 和 L 谷氨酸-5-甲酯的太赫兹电场椭圆率角，将 Stokes 参量在 x 和 y 方向的信号相位差取绝对值，得到 D/L-谷氨酸-5-甲酯在 0°以上的太赫兹椭圆率角，如图 9-52 所示，不同含量的 D/L-谷氨酸-5-甲酯在每个太赫兹频点的椭圆率角数值不同，这是样品在制备中的厚度差别造成的，尽管如此，其随太赫兹频率的变化规律是相同的。此外，D/L-谷氨酸-5-甲酯的椭圆率角随着频率的提高整体趋势上升，且随着 D/L-谷氨酸-5-甲酯含量的提高，太赫兹电场椭圆率角增大。由上述 D/L-谷氨酸-5-甲酯对太赫兹电场的

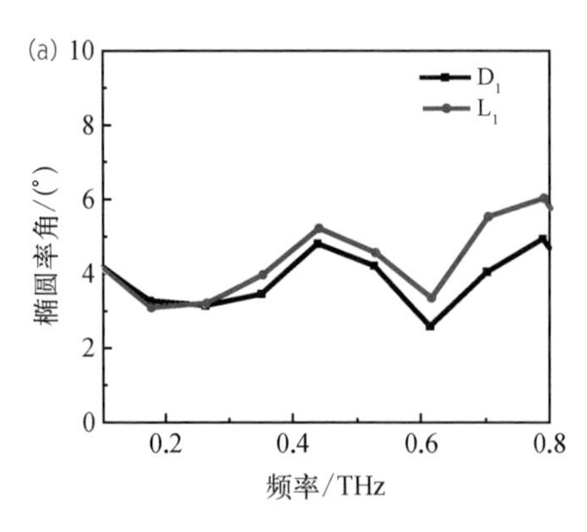

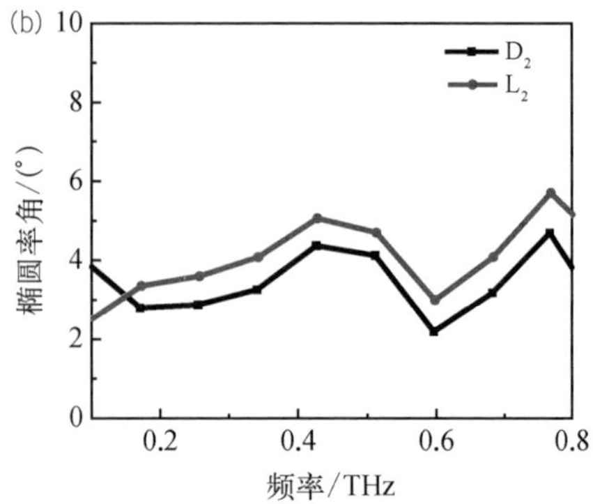

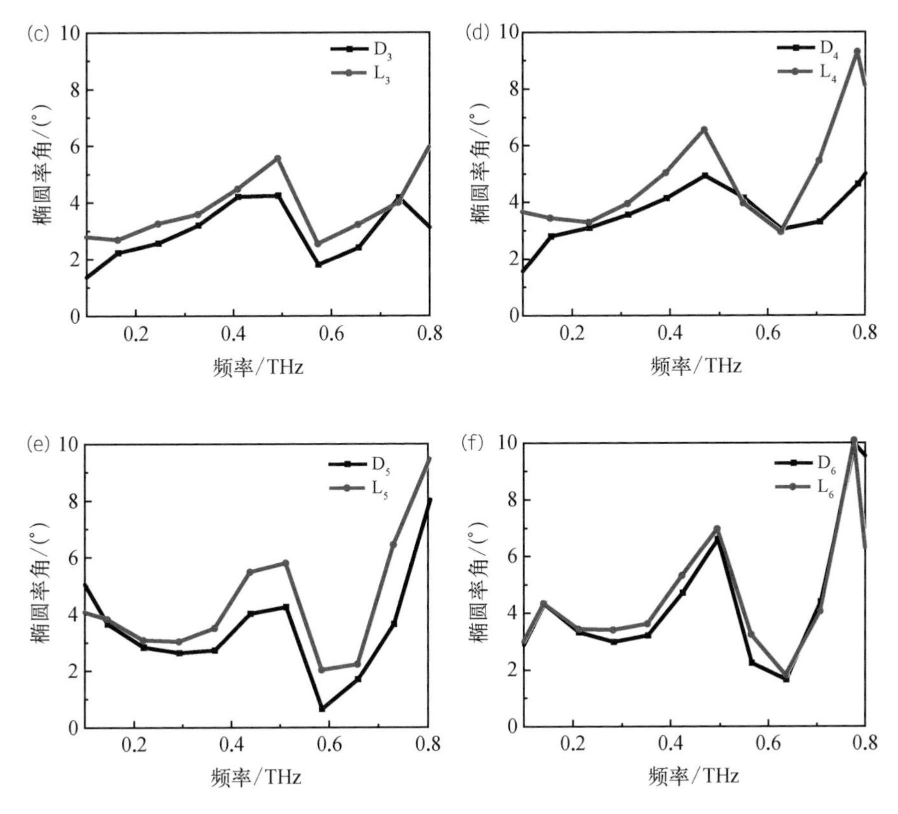

图 9-52　不同含量的 D/L-谷氨酸-5-甲酯的太赫兹椭圆率角

PRA 和椭圆率角的研究结果分析可知，太赫兹电场在经过 D/L-谷氨酸-5-甲酯后，太赫兹电场偏振方位角分别发生相反的旋光变化，太赫兹椭圆率角随着太赫兹频率提高而逐渐增长，这表明脉冲太赫兹全信息探测器对 D/L-谷氨酸-5-甲酯的探测结果符合手性物质的光学特性。

(2) 不同厚度 D/L-谷氨酸-5-甲酯压片的旋光性

固定 D/L-谷氨酸-5-甲酯与 PE 样品含量的比例，可研究不同厚度的样品压片对偏振太赫兹电场的旋光特性。实验中对 1∶1 比例的 D/L-谷氨酸-5-甲酯和 PE 混合样品进行压片，压力 10 kN，实验测试时将各样品所处环境保持一致，包括温度、湿度以及脉冲太赫兹全信息探测器检测方向等，以避免不利因素对测量造成的影响。表 9-5 为不同含量的 D_7～D_9 和 L_7～L_9，样品所用 D/L-谷氨酸-5-甲酯粉末质量和 PE 质量及制成片状样品后的厚度。

图 9-53 为太赫兹波穿过不同厚度的 D/L-谷氨酸-5-甲酯样品压片的时域信号，分别用实线和虚线表示 x 和 y 方向的太赫兹波投影分量，从图中沿 x 方向

探测到的太赫兹时域信号的变化可知，随着样品压片厚度的增加，所透过的时域信号的振幅有明显降低，这是由于较厚的压片所含有的 D/L-谷氨酸-5-甲酯样品含量较大，从而导致被吸收的太赫兹波程度较大，其时域信号具有明显的相位延迟，这主要压片厚度增大从而导致太赫兹波在压片内的光程增大。由于投影在 y 方向的时域信号振幅较低，因此难以观察到明显的幅值下降和相位延迟。

表 9-5 不同含量的 D/L-谷氨酸-5-甲酯样品及对应所用 PE 样品的粉末质量及样品厚度

编号	D-谷氨酸-5-甲酯样品质量/mg	PE 样品质量/mg	样品厚度/mm	编号	L-谷氨酸-5-甲酯样品质量/mg	PE 样品质量/mg	样品厚度/mm
D_7	50	50	0.32	L_7	50	50	0.38
D_8	100	100	0.8	L_8	100	100	0.88
D_9	200	200	1.7	L_9	200	200	1.68

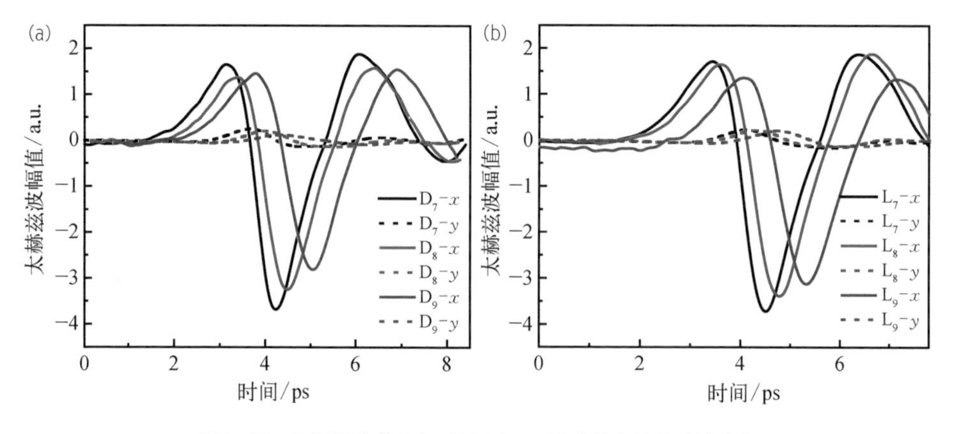

图 9-53 不同厚度的 D/L-谷氨酸-5-甲酯的太赫兹时域响应

利用同样的方法对穿过不同厚度的 D/L-谷氨酸-5-甲酯时域信号进行处理，得到其太赫兹电场 PRA 和椭圆率角。如图 9-54(a)(b)所示，在 0.1～0.8 THz 范围内，除 D/L-谷氨酸-5-甲酯的 PRA 具有相反的旋光特性外，随着样品厚度的提高，PRA 也逐渐提高，这与不同含量的 D/L-谷氨酸-5-甲酯所测量的结果是吻合的。同时如图 9-54(c)(d)所示，L-谷氨酸-5-甲酯与 D-谷氨酸-5-甲酯的太赫兹电场椭圆率角近似关于 0°对称，对于 L-谷氨酸-5-甲酯的太赫兹电场椭圆率角的负值与斯托克斯参数中 S_3 的计算有关，S_3 的计算中涉及 x 和 y 方向的信号相位差，因此仅表示其旋光方向，其数值大小表示椭圆程度。尽管不同的厚度样品所对应太赫兹电场的椭圆率角曲线并不重合，但同时也没有出现随样品厚度变化的规律。

此外，在图 9－54(d)中，L_9 样品的太赫兹电场椭圆率角曲线表现出在 0°附近分布，这与 L_7 和 L_8 样品的太赫兹电场椭圆率角在曲线波形随频率的变化方向是相同的，这表明样品的厚度变化并不影响太赫兹电场的椭圆程度。随着样品厚度增加，穿过样品的太赫兹电场椭圆率角的规律性不变，穿过样品后的太赫兹波偏振态与其厚度或含量无关，这与手性物质的基本光学特性是相符合的。

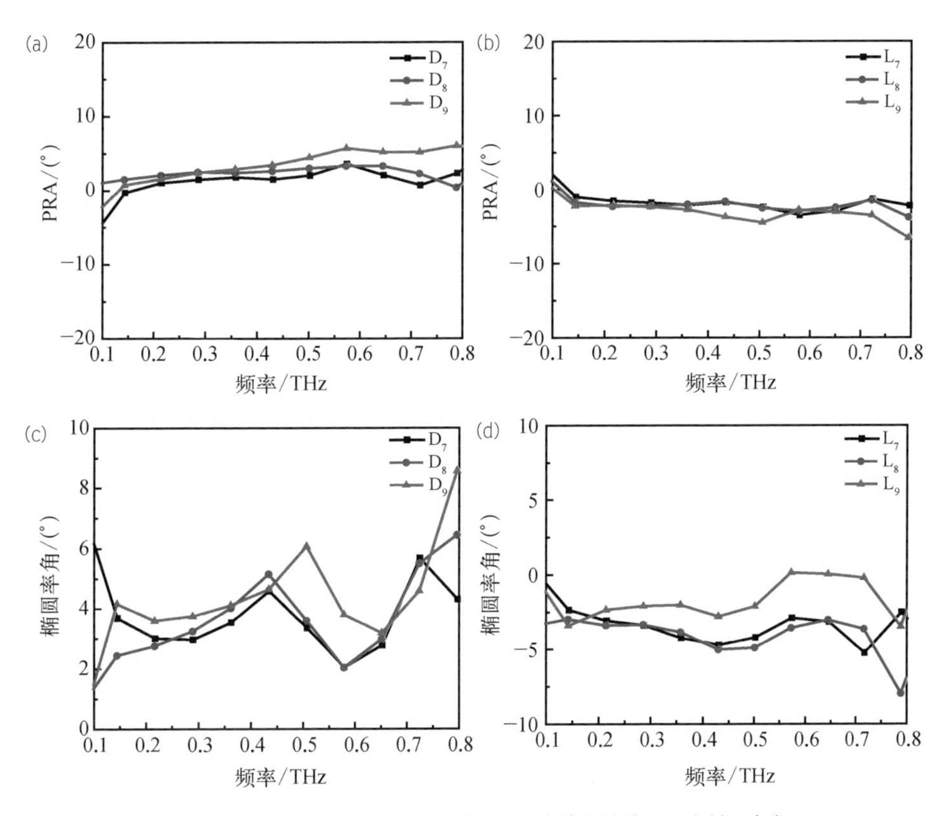

图 9－54 不同厚度的 D/L-谷氨酸-5-甲酯的太赫兹 PRA 和椭圆率角

参考文献

[1] Yang X, Zhao X, Yang K, et al. Biomedical applications of terahertz spectroscopy and imaging[J]. Trends in Biotechnology, 2016, 34(10): 810 - 824.

[2] 伊如汉,彭瑞云,王波,等.太赫兹波辐射生物效应研究现状与展望[J].中华放射医学与防护杂志,2018,38(3): 6.

[3] Hu M D, Tang M J, Wang H B, et al. Terahertz, infrared and Raman absorption spectra of tyrosine enantiomers and racemic compound[J]. Spectrochimica Acta Part A: Molecular and Biomolecular Spectroscopy, 2021, 254: 119611.

[4] Wang H Q, Shi W, Hou L, et al. Effect of THz spectra of L-Arginine molecules by the combination of water molecules[J]. iScience, 2022, 25(2): 103788.

[5] Yang X Y, Li M, Peng Q, et al. Label-free detection of living cervical cells based on microfluidic device with terahertz spectroscopy[J]. Journal of Biophotonics, 2022, 15(1): e202100241.

[6] Klokkou N T, Rowe D J, Bowden B M, et al. Structured surface wetting of a PTFE flow-cell for terahertz spectroscopy of proteins[J]. Sensors and Actuators B: Chemical, 2022, 352: 131003.

[7] Tang M J, Zhang M K, Xia L P, et al. Detection of single-base mutation of DNA oligonucleotides with different lengths by terahertz attenuated total reflection microfluidic cell[J]. Biomedical Optics Express, 2020, 11(9): 5362 - 5372.

[8] Wang Y Y, Jiang Z N, Xu D G, et al. Study of the dielectric characteristics of living glial-like cells using terahertz ATR spectroscopy[J]. Biomedical Optics Express, 2019, 10(10): 5351 - 5361.

[9] Yu W J, Shi J, Huang G R, et al. THz-ATR spectroscopy integrated with species recognition based on multi-classifier voting for automated clinical microbial identification[J]. Biosensors, 2022, 12(6): 378.

[10] Lin S J, Xu X L, Hu F R, et al. Using antibody modified terahertz metamaterial biosensor to detect concentration of carcinoembryonic antigen[J]. IEEE Journal of Selected Topics in Quantum Electronics, 2021, 27(4): 1 - 7.

[11] Wang Y, Wang Y L, Hu F R, et al. Surface-functionalized terahertz metamaterial biosensor used for the detection of exosomes in patients[J]. Langmuir, 2022, 38(12): 3739 - 3747.

[12] Yang K, Li J N, Lamy de la Chapelle M, et al. A terahertz metamaterial biosensor for sensitive detection of microRNAs based on gold-nanoparticles and strand displacement amplification[J]. Biosensors and Bioelectronics, 2021, 175: 112874.

[13] Zhao R, Zou B, Zhang G L, et al. High-sensitivity identification of aflatoxin B1 and B2 using terahertz time-domain spectroscopy and metamaterial-based terahertz biosensor

[J]. Journal of Physics D: Applied Physics, 2020, 53(19): 195401.

[14] Hou L, Shi W, Dong C G, et al. Probing trace lactose from aqueous solutions by terahertz time-domain spectroscopy[J]. Spectrochimica Acta Part A: Molecular and Biomolecular Spectroscopy, 2021, 246: 119044.

[15] 徐新龙,黄媛媛,姚泽瀚,等.手性超材料的设计、电磁特性及应用[J].西北大学学报(自然科学版),2016,46(1): 1－12.

[16] Sanganyado E, Lu Z J, Fu Q G, et al. Chiral pharmaceuticals: A review on their environmental occurrence and fate processes[J]. Water Research, 2017, 124: 527－542.

[17] Solomons T W G, Fryhle C B. Organic chemistry[M]. 9th ed. Hoboken: John Wiley & Sons, 2008.

[18] Yan Z J, Shi W, Hou L, et al. Investigation of aging effects in cross-linked polyethylene insulated cable using terahertz waves[J]. Materials Research Express, 2017, 4(1): 015304.

索引

B

C

D

F

G

J

K

M

O

P

Q

R

S

T

X

Y